U0383010

多媒体应用技术

包含Dreamweaver，Flash，Photoshop的网页设计技术

主编　董燕燕　刘爱国　晏莉娟

重庆大学出版社

图书在版编目(CIP)数据
多媒体应用技术：包含Dreamweaver，Flash，Photoshop的网页设计技术/董燕燕，刘爱国，晏莉娟主编.--重庆：重庆大学出版社，2017.8
ISBN 978-7-5689-0560-2

Ⅰ.①多… Ⅱ.①董… ②刘… ③晏… Ⅲ.①网页制作工具 Ⅳ.①TP393.092.2

中国版本图书馆CIP数据核字（2017）第107470号

多媒体应用技术
——包含Dreamweaver，Flash，Photoshop的网页设计技术
主 编 董燕燕 刘爱国 晏莉娟
策划编辑：王晓蓉 陈一柳
责任编辑：陈一柳 版式设计：胡本万
责任校对：邹 忌 责任印制：张 策
*
重庆大学出版社出版发行
出版人：易树平
社址：重庆市沙坪坝区大学城西路21号
邮编：401331
电话：（023）88617190 88617185（中小学）
传真：（023）88617186 88617166
网址：http://www.cqup.com.cn
邮箱：fxk@cqup.com.cn（营销中心）
全国新华书店经销
重庆长虹印务有限公司印刷
*
开本：787mm×1092mm 1/16 印张：14 字数：335千
2017年8月第1版 2017年8月第1次印刷
ISBN 978-7-5689-0560-2 定价：55.00元

本书如有印刷、装订等质量问题，本社负责调换
版权所有，请勿擅自翻印和用本书
制作各类出版物及配套用书，违者必究

前言

随着网络技术的飞速发展，以网络方式获取和传播信息已成为现代信息社会的重要特征之一。网站是网络提供服务的门户和基础，而网页是宣传网站的重要窗口。内容丰富、制作精美的网页能吸引更多的访问者浏览，是网站生存和发展的关键。网站的建立需要结合使用多种软件，网站的建设者不仅需要学习网页制作的技巧，还需掌握网站制作的流程。而“互联网 +”概念的提出，使网站建设方面的信息化人才的需求量空前。

本书旨在为学习者提供专业、实用的学习网站建设的教材。Dreamweaver，Photoshop 和 Flash 这 3 款软件以强大的功能和易学易用的特性，被称为“网页建设三剑客”，是多媒体网站设计制作的梦幻组合。本书循序渐进地分别对 Dreamweaver CS6，Photoshop CS6 和 Flash CS6 这 3 款软件的基础知识和基本操作进行了详细的讲解，帮助学习者掌握网页制作、图像处理和动画设计的基本技能以及如何将零散的网页元素组合成网站。

本书共 12 章，分 3 个部分介绍了网页设计制作软件的相关知识点和操作方法。各部分内容概括如下：Dreamweaver CS6（第 1—6 章）：详细讲解了 Dreamweaver CS6 软件的操作方法和各知识点，包括网站建设的基础知识、创建和编辑网页的基本方法、网页设计各类基本元素的编辑等，另外，还介绍了使用 AP Div 与行为实现网页特效、CSS 样式与 DIV+CSS 布局、表格与框架布局、模板和库等网页制作的高级功能。通过该部分的学习，读者可以掌握

Dreamweaver CS6 软件的操作和网页制作过程中各方面的知识。Photoshop CS6（第7—9章）：详细讲解了 Photoshop CS6 的工作界面和文件的基本操作方法，各种绘图工具、文本、图层、路径的使用方法和技巧。通过该部分内容的学习，读者可以掌握 Photoshop CS6 的使用方法及常见网页元素的设计和表现方法。Flash CS6（第10—12章）：介绍了 Flash CS6 中绘图工具、修改工具、填充工具等基本工具的使用方法，并对文本与对象的操作、元件与“库”、ActionScript、测试发布与导出动画进行了讲解，重点讲解了各种不同类型的 Flash 动画的制作方法。通过该部分的学习，读者可以掌握 Flash CS6 软件的使用方法，并能制作出网页中常见的动画效果。

本书突出了“网页建设三剑客”的基础知识和操作技能，并注意了3个软件之间功能的交互与综合。从基础开始，内容梯度从易到难，讲解由浅入深，循序渐进，适合各个层次的学习者阅读。在描述知识点的同时，贯穿了各种形式的典型实例，给出了大量的制作技巧及相关技术讲解，最大限度地提升学习者的阅读兴趣，让学习者在潜移默化中掌握网站制作开发的精髓。本书结构编排合理，图文并茂，实例丰富，适合作为高等院校计算机、电子商务、多媒体等专业的网页制作教材，也可作为信息技术培训机构的培训用书，还可作为网页设计与制作人员、网站建设与开发人员、多媒体设计与开发人员的参考资料。

本书由董燕燕、刘爱国、晏莉娟担任主编，第1—4章由晏莉娟编写，第5—6章由刘爱国编写，第7—12章由董燕燕编写。编者多年来一直从事计算机应用类的基础课程教学工作，具有丰富的教学实践经验，在课程教学改革方面开展相关研究并取得多项成果。

由于时间仓促，书中疏漏和不足之处在所难免，敬请广大读者批评指正。

编　者

2017年5月

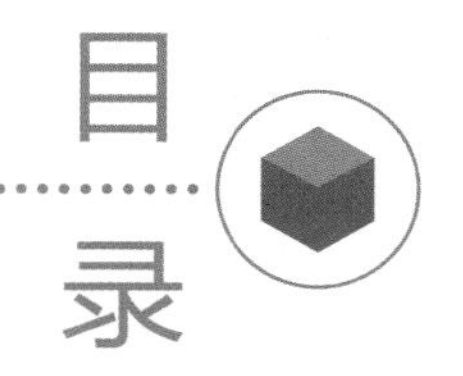

目录

第1章　网页设计基础

计算机网络，简单地说，就是用通信线路把若干计算机连起来，再配以适当的软件和硬件，以达到计算机之间资源共享和信息交换。Internet（中文名称为因特网或国际互联网）是目前世界上应用最广的计算机网络，它已经成为一个全球性的综合信息网。Internet提供的服务主要有万维网（WWW）服务、电子邮件（E-mail）服务、文件传输（FTP）服务、远程登录（Telnet）服务和新闻与公告类（Usenet）服务等。

网页能存放在全球的任何一台计算机上。一旦与WWW连接，用户就可以轻松地接收全球任何地方的信息。Internet上链接在一起的网页构成了一个庞大的信息网。Internet上信息的基本组织形式是网站和网页，因此，具备网页和网站设计的基本技能就显得非常有必要。

网页设计与制作是一门综合技术。本章将介绍网页设计的基础知识，包括网页的基本概念、HTML的基本语法、初识Dreamweaver、网站建设的流程等。

1.1　网页设计中的基本概念

1.1.1　WWW的基本概述

20世纪90年代，WWW（万维网）诞生在瑞士的欧洲粒子物理实验室（CERN）。最初开发设计WWW是为了研究的需要，希望能开发出一种共享资源的远程访问系统。这种系统能够提供统一的接口来访问不同类型的信息，包括文字、图像、音频、视频信息等。经过多年的发展，WWW已经可以让全世界的人一起共同使用了。WWW是当前Internet上最受欢迎、最为流行、最新的信息检索服务系统。它把Internet上现有资源统统连接起来，使用户能在Internet上浏览已经建立了WWW服务器的所有站点提供的超文本媒体资源文档。

WWW客户程序在Internet上被称为浏览器（Browser），它是用户通向WWW的桥梁和获取WWW信息的窗口。当你想进入万维网上一个网页，或者查找其他网络资源的时候，你首先要在浏览器上键入你想访问的网页的统一资源定位符（Uniform Resource Locator，URL）或者通过超链接方式链接到某个网页或网络资源。然后，URL的服务器名部分被名为域名系统的分布于全球的因特网数据库解析，并根据解析结果决定进入哪一个IP地址（IP Address）。接着是为所要访问的网页，向在那个IP地址工作的服务器发送一个HTTP请求。在通常情况下，HTML文本、图片和构成该网页的一切其他文件很快会被逐一请求并发送回用户。网络浏览器接下来的工作是把HTML，CSS和其他接受到的文件所描述的内容，加上图像、链接和其他必须的资源显示给用户。这些就构成了你所看到的“网页”。

1.1.2 网页

网页(Web Page)是构成网站的基本元素，是承载各种网站应用的平台。网页的内容可体现网站的全部功能。网页实际上是一个文件，存放在世界某个角落的某一台计算机中，而这台计算机必须是与互联网相连的。网页经由网址(URL)来识别与存取，当用户在浏览器地址栏中输入网址之后，经过一段复杂而又快速的程序运作，网页文件就会被传送到用户的计算机中，再通过浏览器解析网页的内容，最终展示到用户的眼前。

通常把进入网站首先看到的第一个页面称为首页，大多数首页的文件名是index，default，main或portal加上扩展名。网站首页应易于了解该网站提供的信息，并引导互联网用户浏览网站其他部分的内容。如图1.1所示为教育部网站首页。

图1.1　教育部网站首页

网页有多种分类，笼统意义上的分类是动态页面和静态页面。

静态网页是网站建设的基础，早期的网站一般都是由静态网页制作的。静态网页是标准的HTML文件，它的文件扩展名是.htm或.html，静态网页是相对于动态网页而言，是指没有后台数据库、不含程序和不可交互的网页。实际上静态网页也不是完全静态，它也可以出现各种动态的效果，如GIF格式的动画、Flash、滚动字幕等。静态网页可以包含文本、图像、声音、Flash动画、客户端脚本、ActiveX控件及Java小程序等。尽管在静态网页上使用这些对象后可以使网页动感十足，但是，这种网页不包含服务器端运行的任何脚本，网页上的每一行代码都是由网页设计人员预先编写好后，再放置到Web服务器上，发送到客户端的浏览器上后不再发生任何变化，因此称其为静态网页。静态网页的内容相对稳定，更容易被搜索引擎检索，静态网页没有数据库的支持，在网站制作和维护方面工作量较大，相对更新起来比较麻烦，适用于一般更新较少的展示型网站。图1.2为静态页面示例。

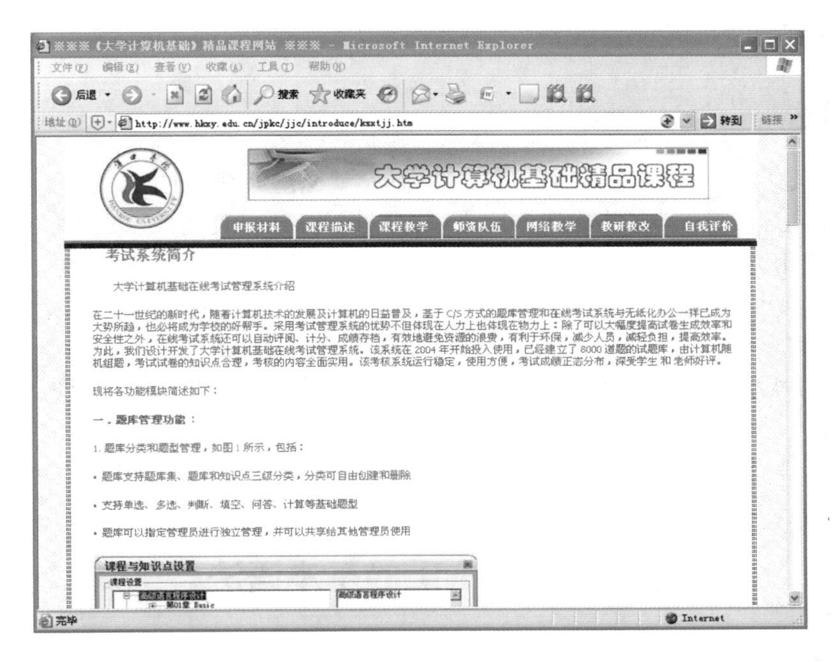

图1.2　静态页面示例

所谓动态网页，就是服务器端可以根据客户端的不同请求动态产生网页内容。动态网页一般以数据库技术为基础，可以大大降低网站维护的工作量。采用动态网页技术的网站可以实现更多的功能，如用户注册、用户登录、在线调查、用户管理、订单管理等。动态网页URL的后缀有.asp，.jsp，.php，.perl，.cgi等。图1.3为动态页面示例。

图1.3　动态页面示例

从网站浏览者的角度来看，无论是动态网页还是静态网页，都可以展示基本的文字和图片信息，但从网站开发、管理、维护的角度来看就有很大的差别。动态网页以数据库技术为基础，可以大大降低网站维护的工作量。但动态网页实际上并不是独立存在于服务器上的网页文件，只有当用户请求时服务器才返回一个完整的网页，因此动态网页在访问速度和搜索引擎收录方面并不占优势。

1.1.3 网站

网页间通过超级链接形成网站。访问网站其实就是访问其中的网页。

网站（Website）开始是指在因特网上根据一定的规则，使用HTML（标准通用标记语言下的一个应用）等工具制作的用于展示特定内容相关网页的集合。简单地说，网站是一种沟通工具，人们可以通过网站来发布自己想要公开的资讯，或者利用网站来提供相关的网络服务。人们可以通过网页浏览器来访问网站，获取自己需要的资讯或者享受网络服务。

在因特网早期，网站还只能保存单纯的文本。经过几年的发展后，图像、声音、动画、视频，甚至3D技术都可以通过因特网得到呈现。通过动态网页技术，用户也可以与其他用户或者网站管理者进行交流，也有一些网站提供电子邮件服务或在线交流服务。

1.2 HTML的基本语法

1.2.1 什么是HTML

在Internet上丰富多彩的内容是用一种简单的超文本标志语言实现的，这种语言可以指示浏览器如何按照一定的格式显示文字、得到图形以及播放声音等。它就是Hyperext Markup Language（超文本标志语言），缩写为HTML。

HTML语言不受用户平台的限制，能够将文本、多媒体文件、邮件和命令菜单等巧妙地连接在一起，而且每个超文本文件都可以通过链接互相访问，突破了传统文件的限制。

用HTML编写的文档实际上是一种典型的带有标记（Tags）的文本文件，其扩展名通常为.htm或.html。

生成一个HTML文档通常可以通过以下4种方式：

①利用各种文本编辑器（如Windows的记事本）直接使用HTML语言编写。

②借助HTML的编辑工具，如FrontPage，Dreamweaver等。

③由其他格式的文档（如Word文档）转换成HTML文档。

④由Web服务器实时动态地生成。

1.2.2 HTML文档的基本结构

下面先看一个例子。新建一个记事本，输入例1.1中的HTML代码。

【例1.1】

```
<html>
    <head>
```

```
        <title>示例1.1</title>
        </head>
        <body>
        <h1>这是一个简单的HTML文件示例</h1>
        <p> HTML还是很好学的</p>
        <p>如果你有疑惑的地方，你可以求助度娘<a href="http://www.baidu.com">
百度</a> </p>
        </body>
    </html>
```

单击记事本菜单栏中的“文件”→“保存”菜单，弹出“另存为”对话框，在对话框中选择存盘的文件。然后在“保存类型”下拉列表框中选择“所有文件”选项，在“编码”下拉列表框中选择“ANSI”选项。保存文件名为 ，如图1.4所示。

然后再回到存盘的文件夹。打开examle1.html就能看到该代码描述的HTML文档的显示效果，如图1.5所示。

图1.4　保存HTML文件

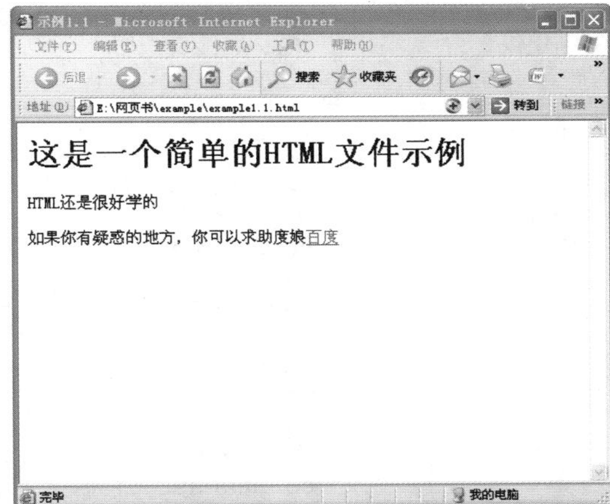

图1.5　显示效果

所有的HTML文档都应该有一个<html>标签，<html>标签可以包含两个部分：<head>和<body>。<head>标签用于包含整个文档的一般信息，如文档的标题（<title>标签用于包含标题）、对整个文档的描述、文档的关键字等。文档的具体内容就要放在<body>标签里了。<a>标签用于表示链接，在浏览器（如IE，Firefox等）中查看HTML文档时，单击<a>标签括起来的内容时，通常会跳转到另一个页面。这个要跳转到的页面的地址是由<a>标签的href属性指定。上面的<a href="http://www.baidu.com">中，href属性的值就是http://www.baidu.com。

1.文档标记<html>…</html>

此标记可告知浏览器其自身是一个HTML文档。<html> 与 </html> 标签限定了文档的开始点和结束点，在它们之间是文档的头部和主体。

2.文档头标记<head>…</head>

<head>标签用于定义文档的头部，它是所有头部元素的容器。<head>中的元素可以用

于引用脚本、指示浏览器在哪里找到样式表、提供元信息等。文档的头部描述了文档的各种属性和信息，包括文档的标题、在 Web 中的位置及和其他文档的关系等。绝大多数文档头部包含的数据都不会真正作为内容显示给读者。下面这些标签可用在 head部分：<base>，<link>，<meta>，<script>，<style>，<title>等。其中，<title>是定义文档的标题，它是 head 部分中唯一必需的元素。

3.文档标题标记<title>…</title>

<title>元素可定义文档的标题。浏览器会以特殊的方式来使用标题，并且通常把它放置在浏览器窗口的标题栏或状态栏上。同样，当把文档加入用户的链接列表或者收藏夹或书签列表时，标题将成为该文档链接的默认名称。

4.文档主体标记<body>…</body>

<body>元素定义文档的主体。<body>元素包含文档的所有内容（如文本、超链接、图像、表格和列表可选的属性）。其可选属性的具体作用见表1.1。

表1.1　可选属性

属　性	值	作　用
alink	rgb(×, ×, ×) #×××××× colorname	规定文档中活动链接（Active Link）的颜色
background	URL	规定文档的背景图像
bgcolor	rgb(×, ×, ×) #×××××× colorname	规定文档的背景颜色
link	rgb(×, ×, ×) #×××××× colorname	规定文档中未访问链接的默认颜色
text	rgb(×, ×, ×) #×××××× colorname	规定文档中所有文本的颜色
vlink	rgb(×, ×, ×) #×××××× colorname	规定文档中已被访问链接的颜色

1.2.3　HTML文件的常用标记

1. 文本结构标记

当要在浏览器中显示文本时，我们可以用文本结构标记来实现，但要注意，文本结构标记是位于<body></body>标记之间的。常用的文本结构标记有以下几种。

(1) <p></p>

<p></p>标记对是用来创建一个段落，在此标记对之间加入的文本将按照段落的格式显示在浏览器上。另外，<p>标记还可以使用align属性来说明对齐方式。其语法是：

<p align="left/center/right">文字</p>

【例1.2】　以下程序效果如图1.6所示。

```
<html>
<body>
<head>
 <title>段落标记示例</title>
</head>
<h1>春晓</h1>
<p>
   春眠不觉晓，
     处处闻啼鸟。
       夜来风雨声，
         花落知多少。
</p>
<p>注意，浏览器忽略了源代码中的排版（省略了多余的空格和换行）。</p>
</body>
</html>
```

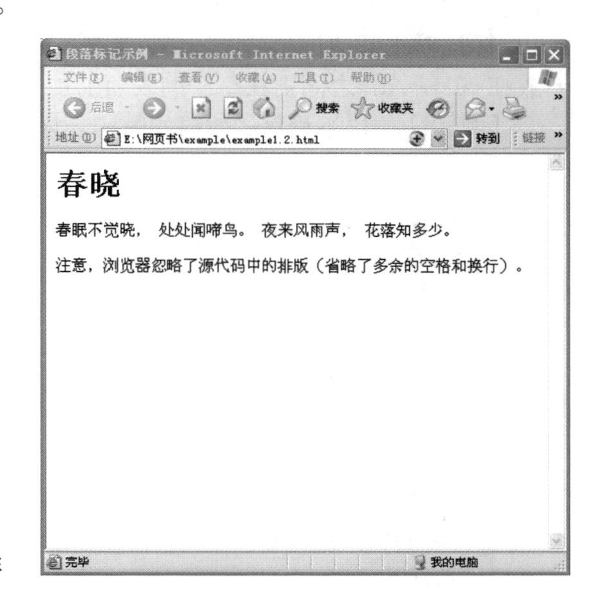

图1.6　段落标记示例

（2）

是一个单一的标记，没有结束标记，其作用是用来创建一个回车换行。如果把
放在<p></p>标记对的外边，将创建一个行距较大的回车换行，若把
放在<p></p>标记对的里边，将创建一个行距较小的回车换行。

（3）<blockquote></blockquote>

在<blockquote></blockquote>标记对之间加入的文本将会在浏览器中按两边缩进的方式显示出来。

（4）<div></div>

<div></div>标记对用来排版大块的HTML段落，也用于格式化表，此标记对的用法与标记对<p></p>非常相似，同样有align对齐方式。

2.列表标记

网页中的列表使用以下的标记来创建。

（1）<dir></dir>

<dir></dir>标记对用来创建目录表，作为无序列表。

（2）<menu>

<menu>用来创建菜单列表，作为无序列表。

（3）<dl></dl>，<dt></dt>与<dd></dd>

<dl></dl>标记对用来创建一个普通的列表，<dt></dt>标记对用来创建表中的上层项目，<dd></dd>标记对用来创建列表中的最下层项目。<dt></dt>标记对和<dd></dd>标记对都必须放在<dl></dl>标记对之间。

（4）<ol></ol>，<ul></ul>和<li></li>

<ol></ol>标记对用来创建一个标有数字的列表，<ul></ul>标记对用来创建一个标

有圆点的列表，<li></li>标记对用来创建一个列表项，该标记对只能在<ol></ol>或<ul></ul>标记对之间使用。若<li></li>放在<ol></ol>之间则在每个列表项前加上一个数字，若放在<ul></ul>之间则在每个列表项前加上一个项目符号的圆点。

【例1.3】 以下程序的效果如图1.7所示。

```
<html>
<body>
<ol>
  <li>红豆牛奶</li>
  <li>香蕉牛奶</li>
  <li>巧克力牛奶</li>
</ol>
<ol start="50">
  <li>红豆牛奶</li>
  <li>香蕉牛奶</li>
  <li>巧克力牛奶</li>
</ol>
</body>
</html>
```

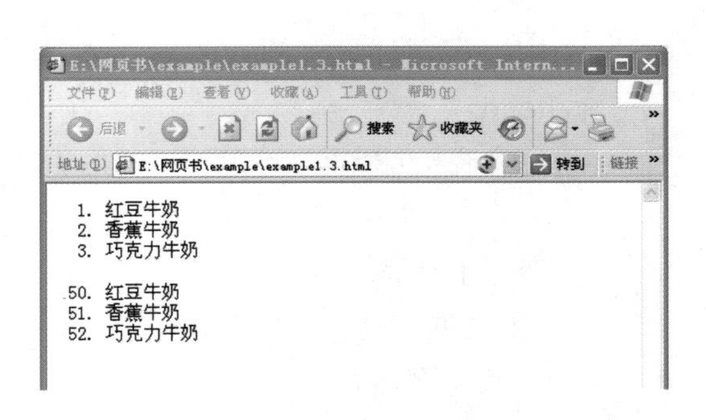

图1.7 数字列表标记示例

3.超级链接标记

超级链接是HTML语言的一大特色，正因为有了它，我们对内容的浏览才能够具有灵活性和网络性。

（1） <a href=" "></a>

本标记对的属性herf是不可缺少的，标记对之间加入需要链接的文本或图像。herf的形式可以是URL形式，即网址或相对路径，也可以是mailto形式，即发送E-mail形式。

如：

<a href="http：//www.jd.com/">这是一个购物的网站</a>

或者：

<a href="mailto：wangyesheji@163.com/">这是我的电子邮箱</a>

此外，<a href=" "></a>还具有target属性，此属性用来指明浏览的目标框架。这将在框架标记中作详细的说明。简单地说，如果不使用target属性，当浏览者单击链接之后，将在原来的浏览窗口中浏览新的html文档；如果使用target属性且其值等于“-blank”，则单击链接之后，将打开一个新的浏览窗口来浏览新的html文档。

（2）<a name=" "></a>

本标记对要结合<a href=" "></a>标记对使用才有效果。<a name=" "></a>标记对用来在html文档中创建一个标签，属性name是不可缺少的，它的值也即是标签名，如：

<a name="标签名">此处创建了一个标签</a>

创建标签是为了在html文档中创建一些链接，以便能够找到同一文档中的有标签的地

方。要找到标签所在地，就必须使用<a href=" "></a>标记对。如要找到“标签名”这个标签，就要编写如下代码：

```
<a href="#标签名">单击此处将使浏览器跳到“标签名”处</a>
```

【例1.4】　以下程序的效果如图1.8所示。

```
<html>
<body>
<p>
<a href="#C4">查看 Photoshop》》》
</a>
</p>
<h2>CorelDraw</h2>
<p>通过CorelDRAW9全方面的设计及网页功能融合到现有的设计方案中，制作矢量的插图、设计及图像，出色地设计公司标志、简报、彩页、手册、产品包装、标识、网页及其他。</p>
<h2>PageMaker</h2>
<p>学习排版设计的基本法则、使用方法与技巧，工具箱、快捷键的使用，菜单功能及操作技巧，出版物、书籍、宣传彩页、出片输出注意事项、报纸杂志等的高级专业排版制作的方法。</p>
<h2>Illustrator</h2>
<p>学习图形绘制、包装、宣传页的制作，让你更加方便地进行LOGO及CI设计，不到一个月，您就会成为一名真正的美术大师。在Photoshop的基础上再学它如虎添翼，效率成倍提高。</p>
<h2><a name="C4">Photoshop </a></h2>
<p>学习图像处理、编辑、通道、图层、路径的综合运用，图像色彩的校正，各种特效滤镜的使用，特效字的制作，图像输出与优化等内容，灵活运用图层风格、流体变形及褪底和蒙板，制作出千变万化的图像特效。</p>
</body>
</html>
```

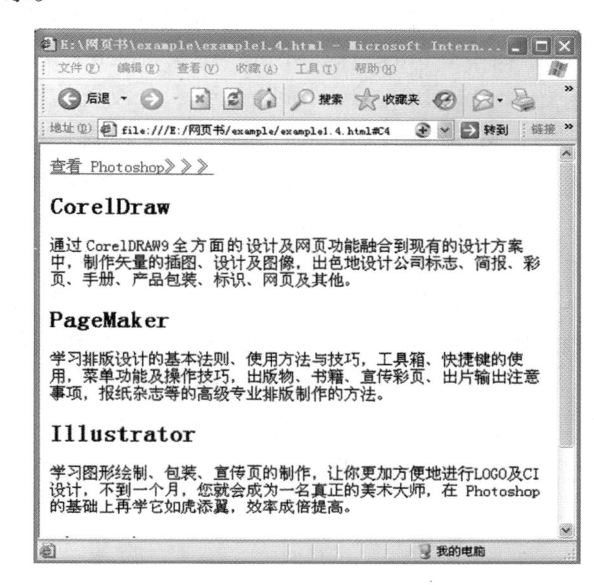

图1.8　链接到同一个页面的不同位置示例

（3）<map></map>

为用户端的图像映像指定链接，它的属性值为name。

（4）<area></area>

用于定义热区或区域。使用的属性有shape（定义形状）与coords（定义一个以逗号分隔的坐标列表）。

4.表格标记

表格标记对于制作网页是非常重要的，现在的很多网页都是使用多重表格，主要是因为表格不但可以定位文本或图像的输出，而且还可以在表格中进行任意的背景和前景颜色的设置。

（1）<table></table>

<table></table>标记对用来创建一个表格，它有8个属性值，分别为：

<table bgcolor=" ">：设置表格的背景色。

<table borger=" ">：设置边框的宽度，若不设此属性，则边宽为零。

<table borgercolor=" ">：设置边框的颜色。

<table borgercolorlight=" ">：设置边框明亮部分的颜色。

<table borgercolordark=" ">：设置边框昏暗部分的颜色。

<table cellspacing=" ">：设置表格格子之间空间的大小。

<table cellpadding=" ">：设置表格格子边框与内容之间空间的大小。

<table width=" ">：设置表格的宽度。

以上各个属性可以结合使用，有关宽度、大小的单位用绝对像素值。而有关颜色的属性，则使用十六进制RGB颜色码或HTML语言给定的颜色常量名。

（2）<tr></tr>与<td></td>

<tr></tr>标记对用来创建表格中的每一行，而<td></td>标记对用来创建表格一行中每一个格子，例如要创建一个一行三列的表格，则标记就可按如下方式书写：

```
<table>
    <tr>
          <td>要输出的文本</td>
          <td>要输出的文本</td>
          <td>要输出的文本</td>
    </tr>
</table>
```

【例1.5】　以下程序的效果如图1.9所示。

```
<html>
<body>
<table width="400" border="1" bgcolor="red">
  <tr>
    <th align="left">消费项目....</th>
    <th align="right">一月</th>
    <th align="right">二月</th>
  </tr>
  <tr>
    <td align="left">衣服</td>
    <td align="right">$241.10</td>
    <td align="right">$50.20</td>
  </tr>
  <tr>
    <td align="left">化妆品</td>
    <td align="right">$30.00</td>
```

```
    <td align="right">$44.45</td>
  </tr>
  <tr>
    <td align="left">食物</td>
    <td align="right">$730.40</td>
    <td align="right">$650.00</td>
  </tr>
  <tr>
    <th align="left">总计</th>
    <th align="right">$1001.50</th>
    <th align="right">$744.65</th>
  </tr>
</table>
</body>
</html>
```

(3) <th></th>

<th></th>标记对用来设置表格头，通常是黑体居中文字。

(4) <caption></caption>

为表格定义一个标题，使用属性align指定标题的位置。

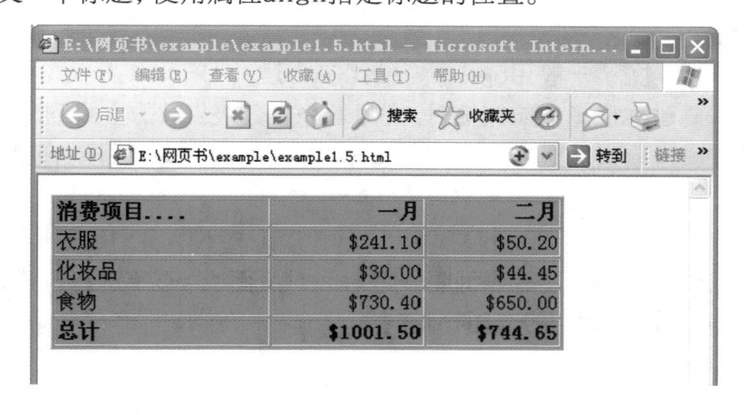

图1.9　表格标签示例

1.3　网站设计的流程

1.3.1　网页设计的原则

任何事物都有其原则性，如果不遵循其原则性，那么就会在发展的过程中逐渐失去其初衷方向，网页设计亦然。网页是构成网站的基本元素，色彩的搭配、文字的变化、图片的处理等，都应遵循一定的设计原则。网页设计的核心是传达信息，基于此网页的设计原则主要包括内容明确、色彩和谐统一、平台的兼容性好、网页页面大小要小、导航明朗、定期更新6大基本原则。

1.内容明确

一个网页在设计的时候首先应该考虑网页的内容、网页功能和用户需求等方面，整个设计都应该围绕这些方面来进行。不了解网页用户的需求，设计出的网络文档几乎毫无意义。

2.色彩和谐统一

网页设计要达到传达信息和审美两个目的，悦人的网页配色可以使浏览者过目不忘。网页色彩设计应该遵循“总体协调、局部对比”的原则。主页上的主体颜色一般不超过6种。

3.平台的兼容性好

网页设计制作完成后，最好在不同的浏览器和分辨率下进行测试，基本原则是确保在IE 9以上的版本中都有较好效果，在1024px×768px和800px×600px的分辨率下都能正常显示。此外，还需要在网页上尽量少使用Java和ActiveX编写的代码，因为并不是每一种浏览器都能很好地支持它们。尽量使网页在多种平台上都能正常显示，有很好的兼容性。

4.网页页面大小越小越好

用户从搜索引擎中找到了网页的链接，若迟迟打不开会最终放弃页面的浏览。根据统计，一般人从选择要看的页面算起，经过Internet的下载到下载完毕，可以忍受的时间大约只有30s。网页打开速度除了跟服务器性能和带宽容量有关之外，更多的是与网页文件大小和代码优劣等有直接关系，因此网页页面所占的存储空间越小越好。

5.导航明朗

导航的项目不宜过多，一般用5~9个链接比较合适，可只列出几个主要页面。如果信息量比较大，确实需要建立很多导航链接时，则尽量采用分级目录的方式列出，或者建立搜索的表单，让浏览者通过输入关键字即可进行检索。明朗的浏览导航，能方便用户快捷地转向站点的其他页面。

6.定期更新

除了及时更新内容之外，还需要每隔一定时间对版面、色彩等进行改进，让浏览者对网页保持一种新鲜感，否则会失去大量的浏览者。

1.3.2 网站的建设流程

一个网站的建设是需要很多细节结合在一起，只有把各步骤有序地完成，才能建设出一个较好的网站。一般，周密的网站建设流程大致包括以下5个方面。

1.网站目标分析

网站建设目标应相对细化，并且进行分级，选出一个最主要和次要的目标定位。这个需要也是可以量化和监控的，以便于在后期建设实施中检测网站目标的实现情况，并及时调整网站的结构和功能设计。

2.网站整体规划

网站目标确立后，网站整体规划就该提上日程，并且始终围绕网站目标的实现。网站目标的实现和网站UI设计应是需要考虑的主要方面。不同类型的网站设计也不一样，需要做一个合理的规划，想好需要实现的功能、想要的板式类型和主要的面对用户群，这都是在网站建设初期要计划好的。同时，也要收集好素材，如网站中需要的文字内容等信息，做好制作建设的准备。

3.制作建设

当做好准备时，就要开始建设网站了。网页的设计制作可以自己完成，也可以通过专业的网站制作公司来完成。不论是利用何种软件或者通过何种平台建站，主要都是以开发出一个功能基本能实现、对用户友好、满足优化需求的网站为最终目标。

4.测试发布

网站建好后就是注册域名。域名注册使用.com（国际域名）和.cn（国内域名）都可以，域名除了要符合网站的信息内容特征以外，还要具有简洁、易记、具有冲击力等特点。一个好的域名，可以帮助提高网站的点击率。

有了域名之后，还需要一个空间来存放网站，这个空间就是Internet上的服务器，也就是虚拟主机。一般的虚拟主机提供商都能向用户提供200MB，300MB，600MB不等的虚拟主机空间。一般的企业网站选择一个150～500MB的虚拟主机就可以了。租用虚拟主机主要考虑几个方面：售后服务，稳定性，访问速度。

将测试好的站点，上传到虚拟主机的空间里，就可以通过域名正式访问网站了。

5.网站推广

有了好的内容是不必过于担心网站的访问量，当然这并不是说网站就不需要推广。进行网站推广，就是通过各种免费、收费渠道把网站展示给消费者。常见的免费网站推广包括：优化网站内容或构架提升网站在搜索引擎的排名，在论坛、微博等平台发布信息，在其他热门平台发布网站外部链接等，付费推广的方式主要有：百度推广、易推传媒推广、搜搜推广、买广告等。最简单的促进网站发展的方法是通过SEO（搜索引擎优化）推广。

课后练习题

一、单选题

1.网页是用（　　）语言编写，通过WWW传播，并被Web浏览器翻译成为可以显示出来的集文本、超链接、图片、声音和动画、视频等信息元素为一体的页面文件。

A.C语言　　B.Basic语言　　C.HTML语言　　D.C++语言

2.（　　）软件不属于网页制作的常用工具。

A.Excel　　B.FrontPage　　C.Dreamweaver　　D.Fireworks

3.有关<title></title> 标记，正确的说法是（　　）。

A.表示网页正文开始　　B.中间放置的内容是网页的标题

C.位置在网页正文区<body></body>内　　D.在<head></head>文件头之后出现

4.以下HTML标记中，（　　）是单标记。

A.
标记　　B.<p>标记　　C.<html>标记　　D.<body>标记

5.网页文件的扩展名为（　　）。

A.txt　　B.doc　　C.htm　　D.gif

6.一个网站中的多个网页之间是通过（　　）联系起来的。

A.文字　　B.超级链接　　C.网络服务器　　D.CGI

7.关于站点与网页说法不正确的是（　　）。

A.直接建立多个网页并超链接在一起可以形成站点

B.站点是若干相关网页及相关的信息的集合
C.网页是站点的组成部分
D.不用创建站点，而直接创建网页也容易维护与管理
8.在Dreamweaver中，<body>标签的属性不包括（　　）。
A.背景　B.字体及链接的颜色　C.页边距　D.关键词
9.网页中插入图像时，所用的标记符是（　　）。
A.image　B.<img>　C.<img></img>　D.<image></image>
10.网站建设通常需要经历5个步骤，那么首先要进行的是（　　）。
A.网站目标分析　B.制作建设　C.测试发布　D.网站
11.网站的上传可以通过（　　）。
A.FTP软件　B.Flash软件　C.Fireworks软件　D.Photoshop软件
12.为了标记一个HTML文件，应该使用的HTML标记是（　　）。
A.<p></p>　B.<boby></body>　C.<html></html>　D.<table></table>
13.目前在Internet上应用最为广泛的服务是（　　）。
A.FTP服务　B.WWW服务　C.Telnet服务　D.Gopher服务
14.浏览Web网页，应使用（　　）软件。
A.资源管理器　B.浏览器软件　C.电子邮件　D.Office 2010
15.一个基于HTML超文本语言的网页无法使用（　　）编辑。
A.FrontPage　B.记事本　C.Windows命令提示符　D.Dreamweaver CS6
16.HTML代码<table width=# or%>表示（　　）。
A.设置表格格子之间空间的大小
B.设置表格格子边框与其内部内容之间空间的大小
C.设置表格的宽度—用绝对像素值或文档总宽度的百分比
D.设置表格格子的水平对齐
17.在网页中加入背景音乐可以通过（　　）标签。
A.bgsound　B.embed　C.sound　D.body
18.网页制作的超文本标记语言称为（　　）。
A.HTML语言　B.VB语言　C.BASIC语言　D.ASCII
19.在HTML中，下面（　　）标签用于设置文字字体、大小和颜色。
A.<a> </a>　B.<p> </p>
C.<font> </font>　D.<html> </html>
20.HTML代码中，<align=center>表示（　　）。
A.文本加注下标线　B.文本加注上标线　C.文本闪烁　D.文本或图片居中

二、填空

1.HTML网页文件的标记是＿＿＿＿＿＿，网页文件的主体标记是＿＿＿＿＿＿，标记页面标题的标记是＿＿＿＿＿＿。
2.表格的标签是＿＿＿＿＿＿，单元格的标签是＿＿＿＿＿＿。
3.表格的宽度可以用百分比和＿＿＿＿＿＿两种单位来设置。
4.用来输入密码的表单域是＿＿＿＿＿＿。
5.文件头标签包括关键字、描述、＿＿＿＿＿＿、基础和链接等。
6.RGB方式表示的颜色都是由红、绿、＿＿＿＿＿＿这3种基色调和而成。
7.表格有3个基本组成部分：行、列和＿＿＿＿＿＿。
8.如果一个分为左右两个框架的框架组，要想使左侧的框架宽度不变，应该用＿＿＿＿＿＿单位来定制其宽度。
9.当表单以电子邮件的形式发送，表单信息不以附件的形式发送，应将“mime类型”设置

为____________________。

10.文件头标签也就是通常所见到的______________标签。

11.创建一个HTML文档的开始标记符是______________，结束标记符是______________。

12.设置文档标题以及其他不在Web网页上显示的信息的开始标记符是______________，结束标记符是______________。

13.设置文档的可见部分的开始标记符是______________，结束标记符是______________。

14.网页标题会显示在浏览器的标题栏中，则网页标题应写在开始标记符______________和结束标记符______________之间。

15.预格式化文本标记<pre></pre>的功能是______________。

第2章　初识Dreamweaver CS6

2.1　Dreamweaver CS6

Adobe Dreamweaver，简称“DW”，是美国MACROMEDIA公司开发的集网页制作和管理网站于一身的所见即所得的网页编辑器。它是第一套针对专业网页设计师特别开发的视觉化网页开发工具，利用它可以轻而易举地制作出跨越平台限制和跨越浏览器限制的充满动感的网页。2005年此软件被Adobe公司收购，现常用版本有Dreamweaver 8.0，Dreamweaver CS3，Dreamweaver CS4，Dreamweaver CS5及Dreamweaver CS6，目前最新版本是Adobe Dreamweaver CS6。

由于它支持代码、拆分、设计、实时视图等多种方式来创作、编写和修改网页，因此对于初级人员，无需编写任何代码就能快速创建Web页面，其成熟的代码编辑工具更适用于Web开发高级人员的创作。新版本使用了自适应网格版面创建页面，在发布前可使用多屏幕预览审阅设计，大大提高了用户的工作效率，而改善的FTP性能可更高效地传输大型文件。“实时视图”和“多屏幕预览”面板可呈现HTML5代码，使用户能更方便地检查自己的工作。

2.1.1　Dreamweaver CS6的启动

Dreamweaver CS6的启动方式有许多种，但一般用得较多的是以下两种。

1.从“开始”菜单中启动

单击Windows桌面左下角的“开始”按钮，在“程序”子菜单中选择“Adobe Dreamweaver CS6”命令进行启动。

2.用快捷方式启动

在桌面上单击Dreamweaver CS6的快捷启动图标，即可启动。Dreamweaver CS6的启动界面如图2.1所示。

首次启动Dreamweaver CS6后的主窗口界面如图2.2所示。如果不想每次启动时都显示该界面，则选中“不再显示”复选框即可。

2.1.2　Dreamweaver CS6的退出

退出Dreamweaver CS6的方式有很多种，但平时用得最多的有如下几种：

在Dreamweaver CS6主窗口中的“文件”菜单中选择“退出”命令。

在Dreamweaver CS6被激活的状态下，直接按“Alt+F4”组合键。

图2.1　启动界面

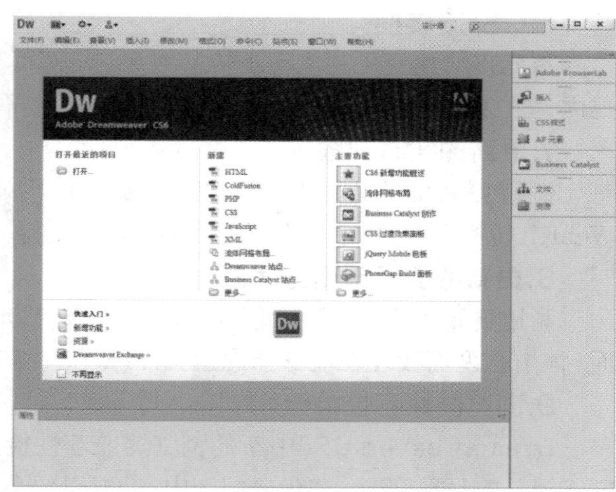

图2.2　Dreamweaver CS6主窗口界面

单击Dreamweaver CS6主窗口左上角的控制菜单图标，从弹出的菜单中选择“关闭”命令，或者直接双击控制菜单图标。

单击Dreamweaver CS6主窗口右上角的“关闭”按钮。

2.1.3　Dreamweaver CS6的新功能

Dreamweaver自推出至今，已开发出了十多代产品，每一个版本在前面版本的基础上都会进行改善，并添加一些适用于当前网页开发的功能。Adobe Dreamweaver CS6 能使设计人员和开发人员充满自信地构建基于标准的网站。下面将介绍Dreamweaver CS6的一些新功能和改善功能。

1.可响应的自适应网格版面

使用响应迅速的CSS3自适应网格版面，来创建跨平台和跨浏览器的兼容网页设计。利用简洁、业界标准的代码为各种不同设备和计算机开发项目，提高工作效率。直观地创建复杂网页设计和页面版面，无须忙于编写代码。

2.改善的FTP性能

利用重新改良的多线程FTP传输工具节省上传大型文件的时间。更快速、高效地上传网站文件，缩短制作时间。

3.Adobe Business Catalyst集成

使用Dreamweaver中集成的Business Catalyst面板连接并编辑利用Adobe Business Catalyst（需另外购买）建立的网站。利用托管解决方案建立电子商务网站。

4.增强型jQuery移动支持

使用更新的jQuery移动框架支持为iOS和Android平台建立本地应用程序。建立触及移动受众的应用程序，同时简化移动开发工作流程。

5.更新的PhoneGap支持

更新的Adobe PhoneGap™支持可轻松为Android和iOS建立和封装本地应用程序。通过改编现有的HTML代码来创建移动应用程序。还可以使用PhoneGap模拟器检查设计。

6.CSS3转换

将CSS属性变化制成动画转换效果，使网页设计栩栩如生。在用户处理网页元素和创建优美效果时保持对网页设计的精准控制。

7.更新的实时视图

使用更新的“实时视图”功能在发布前测试页面。“实时视图”现已使用最新版的WebKit转换引擎，能够提供绝佳的HTML5支持。

8.更新的多屏幕预览面板

利用更新的“多屏幕预览”面板检查智能手机、平板电脑和台式机所建立项目的显示画面。该增强型面板现在能够让您检查HTML5内容呈现，如图2.3所示。

9.浏览器兼容性检查

Dreamweaver CS6中新的浏览器兼容性检查功能可生成报告，指出各种浏览器中与CSS相关的呈现问题。在代码视图中，问题以绿色下画线来标记，因此可以准确地知道产生问题的代码位置。确定问题之后，如果知道解决方案，则可以快速解决问题；如果需要了解更多详细信息，则可以访问Adobe CSS Advisor，如图2.4所示。

图2.3 多屏幕预览面板

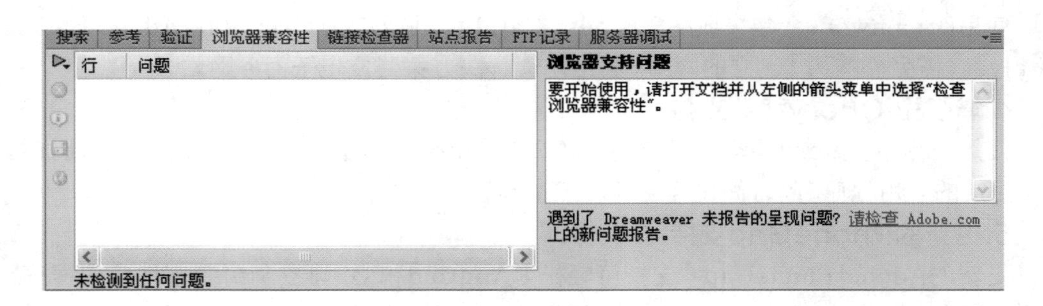

图2.4 浏览器兼容性检查

2.2　Dreamweaver CS6的工作窗口

Dreamweaver CS6的工作窗口主要包括菜单栏、文档工具栏、文档窗口、状态栏、属性面板、功能面板组等，如图2.5示。合理使用这几个板块的相关功能，可以使设计工作成为一个高效、便捷的过程。

2.2.1　菜单栏

Dreamweaver CS6菜单栏中(图2.5)主要包括 “文件”“编辑”“查看”“插入”“修改”“格式”“命令”“站点”“窗口”“帮助”10个菜单分类，单击某个菜单，可弹出下拉菜单，如图2.6所示。Dreamweaver CS6的菜单功能极其丰富，几乎涵盖了所有的功能操作。菜单栏右上方还有一个工作界面切换器和一些控制按钮。

图2.5　Dreamweaver CS6的工作窗口　　　　图2.6　“插入”菜单

- 文件：在该下拉菜单中包括了“新建”“打开”“关闭”“保存”和“导入”等常用命令，用于查看当前文件或对当前文件进行操作。
- 编辑：在该下拉菜单中包括了“拷贝”“粘贴”“全选”“查找和替换”等用于基本编辑操作的标准菜单命令。
- 查看：在该下拉菜单中包括了设置文件的各种视图命令，如“代码”视图和“设计”视图等，还可以显示或隐藏不同类型的页面元素和工具栏。
- 插入：用于将各种网页元素插入当前文件中，包括“图像”“媒体”和“表格”等。
- 修改：用于更改选定页面元素或项的属性，包括“页面属性”“合并单元格”和“将表格转换为AP DIV”等。
- 格式：用于设置文本的格式，包括“缩进”“对齐”和“样式”等。
- 命令：提供对各种命令的访问，包括“开始录制”“扩展管理”和“应用源格式”等。
- 站点：用于创建和管理站点。

• 窗口：提供对Dreamweaver CS6中所有面板、检查器和窗口的访问。

• 帮助：提示对Dreamweaver CS6文件的访问。

2.2.2 文档工具栏

“文档工具栏”中包含一些按钮，使用这些按钮可以在“代码”视图、“设计”视图以及“拆分”视图间快速切换。文档工具栏还包含一些与查看文档、在本地和远程站点间传输文档有关的常用命令和选项，如图2.7所示。

图2.7　文档工具栏

• “显示代码视图”按钮：只在“文档窗口”中显示“代码”视图。

• “显示代码视图和设计视图”按钮：将“文档”窗口拆分为“代码”视图和“设计”视图。当选择了这种组合视图时，“文档”左侧显示“代码”视图，右侧显示“设计”视图。

• “显示设计视图”按钮：只在“文档窗口”中显示“设计”视图。

> 注意：如果处理的是XML，JavaScript，Java，CSS或其他基于代码的文件类型，则不能在“设计”视图中查看文件，并且“设计”和“拆分”按钮将会变暗。

• “多屏幕”按钮：可以根据用户的需要选择屏幕的尺寸、大小和方向等。

• “在浏览器中预览/调试”按钮：允许用户在浏览器中预览或调试文档，并可从弹出菜单中选择一个浏览器。

> 注意：在下拉菜单中选择“编辑浏览器列表”命令，弹出“首选参数”对话框，如图2.8所示，在该对话框中可以设置主浏览器和次浏览器。

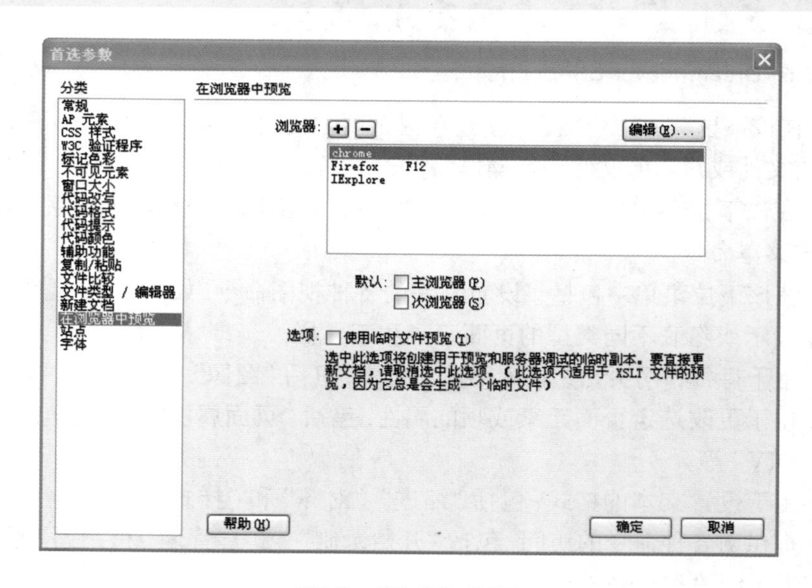

图2.8　首选参数对话框

• “文件管理”按钮 ：显示“文件管理”弹出菜单。

• “W3C验证”按扭 ：包括验证当前文档、验证实时文档和设置W3C的功能，用于验证当前文档或选定的标签。

• “检查浏览器兼容性”按钮 ：用于检查用户的CSS是否对于各种浏览器均兼容，包括检查浏览器的兼容性、显示浏览器出现的问题、报告浏览器呈现的问题等。

• “可视化助理”按钮 ：用户可以使用各种可视化助理来设计页面。

• “刷新设计视图”按钮 ：在“代码”视图中对文档进行更改后，单击此按钮刷新文档的“设计”视图。因为只有在执行某些操作（如保存文件或单击该按钮）之后，在“代码”视图中所作的更改才会自动显示在“设计”视图中。

> **注意：刷新过程也依赖于DOM（文档对象模型）的代码功能，如选择代码块的开始标签或结束标签的能力。**

• “标题”文本框：允许为文档输入一个标题，该标题将显示在浏览器的标题栏中。如果文档已经有标题了，则该标题将显示在该区域中。

2.2.3 文档窗口

文件窗口用于显示当前创建和编辑的文件，在该窗口中，可以输入文字、插入图片和表格等，也可以对整个页面进行设置，通过单击文件工具栏中的“代码”按钮、“拆分”按钮、“设计”按钮或“实时视图”按钮等，可以分别在窗口中查看设计视图、拆分视图、代码视图或实时显示视图。

• 设计视图：一个用于可视化页面布局、可视化编辑和快速进行应用程序开发的设计环境，如图2.9所示。在该视图中，Dreamweaver显示文档的完全可编辑的可视化表示形

图2.9 设计视图

式，类似于在浏览器中查看页面时看到的内容。用户可以配置“设计”视图以在处理文档时显示动态内容。

• 代码视图：一个用于编写和编辑HTML、JavaScript、服务器语言代码（如PHP或ColdFusion标记语言（CFML））及任何其他类型代码的手工编码环境，如图2.10所示。

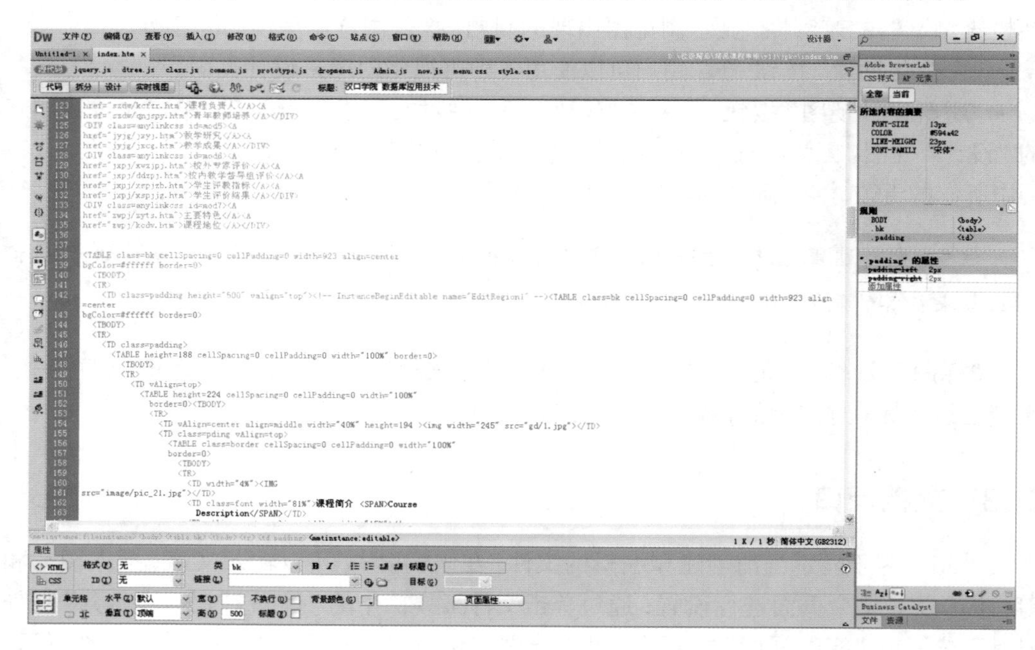

图2.10　代码视图

• 拆分视图：使用户可以在一个窗口中同时看到同一文档的“代码”视图和“设计”视图，如图2.11所示。

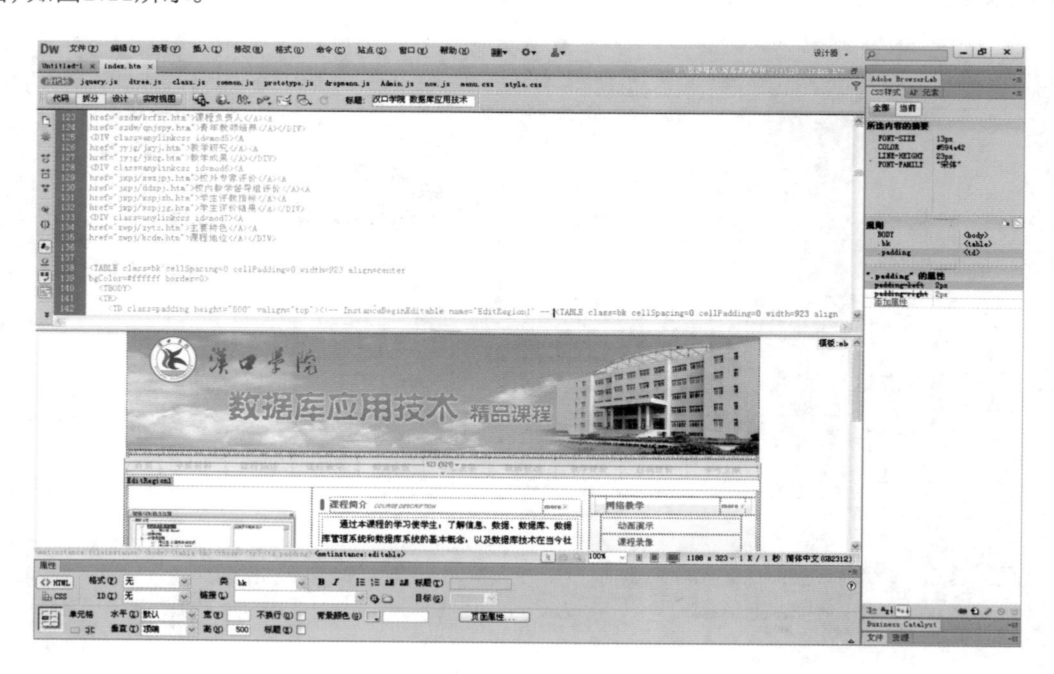

图2.11　拆分视图

当“文档窗口”有标题栏时，标题栏显示页面标题，并在括号中显示文件的路径和文件名。如果用户对文档作了更改但尚未保存，则Dreamweaver会在文件名后显示一个星号。

当“文档窗口”在集成工作区布局（仅适用于Windows系统）中处于最大化状态时，它没有标题栏，页面标题及文件的路径和文件名则显示在主工作区窗口的标题栏中。并且“文档窗口”顶部会出现选项卡，上面显示了所有打开文档的文件名。若要切换到某个文档，则可单击它的选项卡。

2.2.4　状态栏

“文档窗口”底部的“状态栏”提供与正在创建的文档有关的其他信息，如图2.12所示。

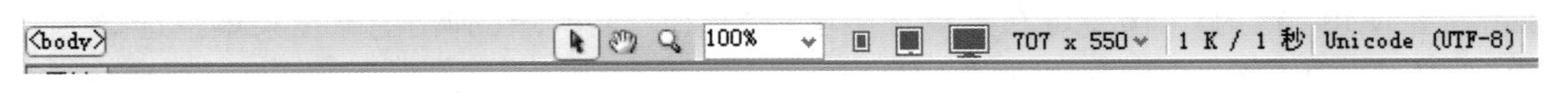

图2.12　状态栏

• “标签选择器”图标 <body>：显示环绕当前选定内容的标签的层次结构。单击该层次结构中的任何标签可以选择该标签及其全部内容。单击“标签选择器”图标可以选择文档的整个正文。若要在标签选择器中设置某个标签的class或id属性，则可右击（适用于Windows系统）或按住“Ctrl”键并单击（适用于Macintosh系统）该标签，然后从弹出的快捷菜单中选择一个“类”或 ID。

• “选取工具”图标：用于启用或禁用手形工具。

• “手形工具”图标：用于在“文档”窗口中单击并拖动文档。

• “缩放工具和设置缩放比率”下拉列表框 100%：可以为文档设置缩放比率。

• “窗口大小”图标 707 x 550：用于将“文档窗口”的大小调整到预定义或自定义的尺寸。

• “文档大小和下载时间”图标 1 K / 1 秒：显示页面（包括所有相关文件，如图像和其他媒体文件）的预计文档大小和预计下载时间。

2.2.5　“属性”面板

“属性”面板是网页中非常重要的面板。“属性”面板并不是将所有的对象和属性都加载到面板上，而是根据用户选择的不同对象来动态地显示对象的属性。制作网页时，可以根据需要随时打开或关闭“属性”面板，或者通过拖动属性面板的标题栏将其移到合适的位置。选定页面元素后系统会显示相应的“属性”面板，如图2.13所示。例如，图像“属性”面板、表格“属性”面板、框架“属性”面板、Flash影片“属性”面板、表单元素“属性”面板等。

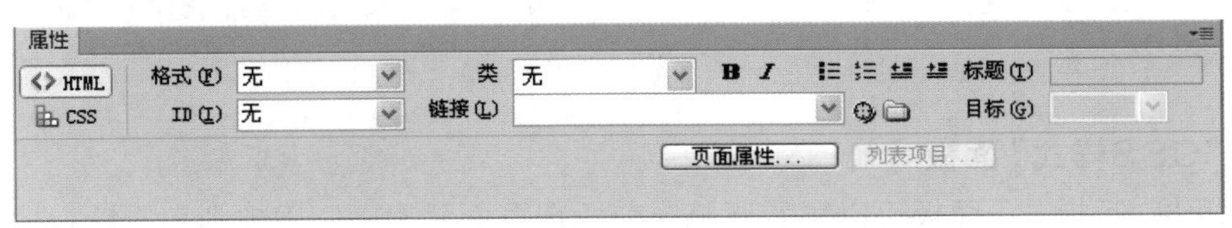

图2.13　“属性”面板

注意：通过双击“属性”面板空白处可将“属性”面板折叠起来。再次双击空白处，可展开“属性”面板。

2.2.6 功能面板组

Dreamweaver CS6的功能面板组位于文档窗口右侧。用于帮助用户进行监控和修改工作，常见的功能面板包括“CSS样式”面板、“插入”面板、“文件”面板等。

1.打开与关闭面板

如果需要使用的面板没有在面板组中显示出来，则可以使用“窗口”菜单将其打开。例如，需要使用“行为”面板，可在菜单栏中单击“窗口”菜单，在弹出的下拉菜单中选择“行为”，即可打开“行为”面板，如图2.14所示。

如果要关闭该面板，再次在菜单栏中执行“窗口”→“行为”命令即可。

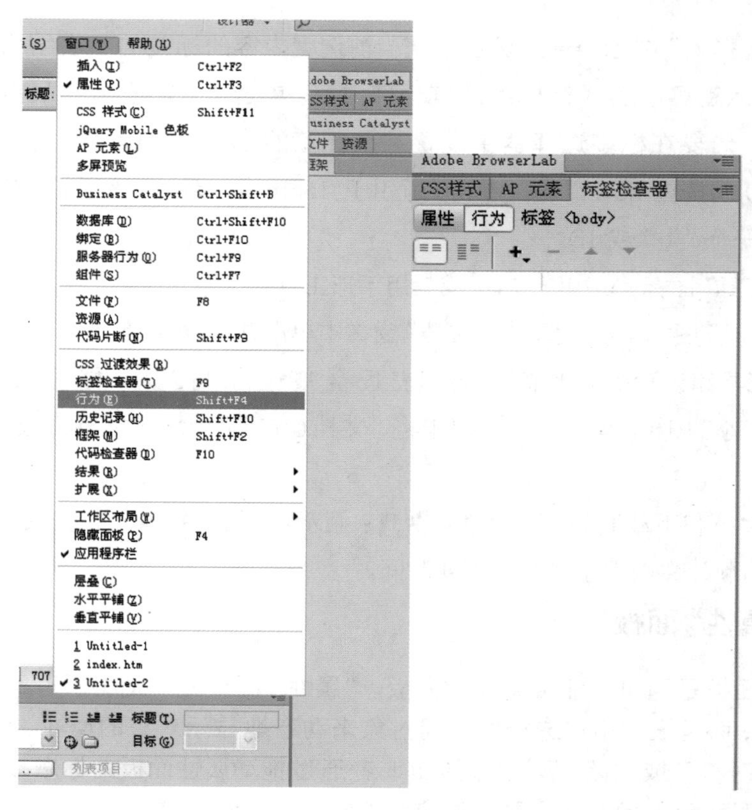

图2.14 打开面板

注意：按“F4”键，即可关闭工作界面中所有的面板。再次按“F4”键，关闭的面板又会显示在原来的位置上。

2.“CSS样式”面板

使用“CSS样式”面板可以跟踪影响当前所选页面元素的CSS规则和属性（“当前”模

式）或影响整个文档的规则和属性（“全部”模式）。单击“CSS样式”面板顶部的相应按钮可以在两种模式之间切换，在“全部”和“当前”模式下还可以修改 CSS属性。

在“当前”模式下，“CSS样式”面板包括3个窗格：“所选内容的摘要”窗格，显示文档中当前所选内容的CSS属性；“规则”窗格，显示所选属性的位置（或所选标签的层叠规则）；“属性”窗格，允许用户编辑、定义所选内容的规则的CSS属性，如图1.25所示。

在“全部”模式下，“CSS样式”面板包括两个窗格：“所有规则”窗格（顶部）和“属性”窗格（底部）。“所有规则”窗格显示当前文档中定义的规则及附加到当前文档的样式表中定义的所有规则的列表。使用“属性”窗格可以编辑“所有规则”窗格中任一所选规则的CSS属性，如图2.16所示。

对“属性”窗格所作的任何更改都将立即应用，用户在操作的同时便可预览效果。图2.15为“CSS样式”面板的“当前”模式。

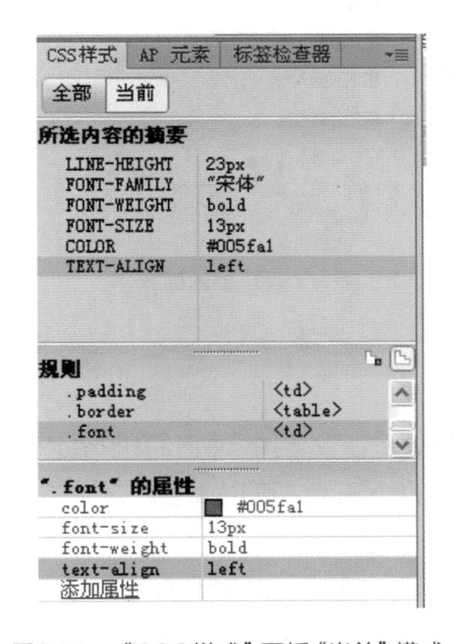

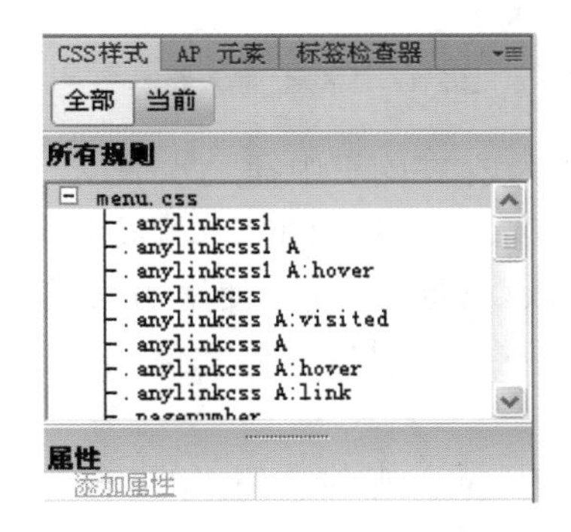

图2.15　“CSS样式”面板“当前”模式　　　　图2.16　“CSS样式”面板“全部”模式

3.“插入”面板

网页元素虽然多种多样，但是它们都可以被称为对象。大部分的对象都可以通过“插入”面板插入文件中。“插入”面板包括“常用”插入面板、“布局”插入面板、“表单”插入面板、“数据”插入面板、“Spry”插入面板、“jQuery Mobile”插入面板、“InContext Editing”插入面板、“文本”插入面板和“收藏夹”插入面板。在面板中包含用于创建和插入对象的按钮。

（1）“常用”插入面板

“常用”插入面板中放置的是制作网页过程中经常用到的对象和工具。用于创建和插入常用对象，如表格、图像和日期等，如图2.17所示。

- 超级链接：创建超级链接。
- 电子邮件链接：创建电子邮件链接，只要指定要链接邮件的文本和邮件地址，就可以自动插入邮件地址发送链接。
- 命名锚记：设置连接到网页文档的特定部位。

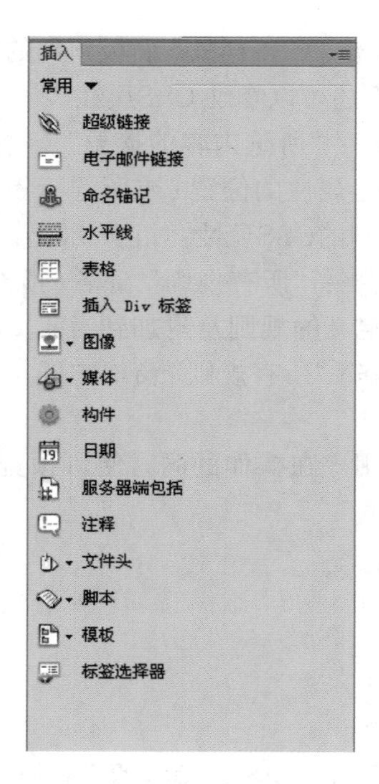

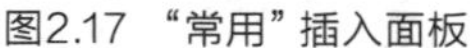
图2.17 “常用”插入面板

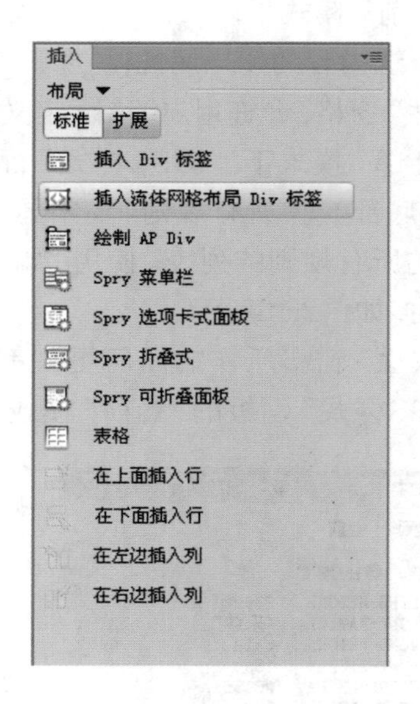

图2.18 “布局”插入面板

• 水平线：在网页中插入水平线。

• 表格：建立主页的基本构成元素，即表格。

• 插入Div标签：可以使用Div标签创建CSS布局块，并在文档中对它们进行定位。

• 图像：在文档中插入图像和导航栏等，单击右侧的小三角，可以看到其他与图像相关的按钮。

• 媒体：插入媒体文件，单击右侧的小三角，可以看到其他媒体类型的按钮。

• 构件：使用Widget Browser将收藏的Widget添加到Dreamweaver中。

• 日期：插入当前的时间和日期。

• 服务器端包括：是对Web服务器的指令，它表示Web服务器在将页面提供给浏览器前在Web页面中包含指定的文件。

• 注释：在当前光标位置插入注释，便于以后进行修改。

• 文件头：按照指定的时间间隔进行刷新。

• 脚本：包含几个与脚本相关的按钮。

• 模板：单击此按钮，可以从下拉列表中选择与模板相关的按钮。

• 标签选择器：用于查看、指定和编辑标签的属性。

• Sound：安装Sound插件后显示此按钮，可以插入声音。

• Flash Image：安装Flash Image插件后显示此按钮，用来制作图片的特殊效果。

(2) “布局”插入面板

“布局”插入面板用于插入Div标签、绘制AP Div和插入Spry菜单栏等，还可以选择表格的两种视图，即标准（默认）表格和扩展表格。单击“插入”面板上方的下三角按钮，在弹出的下拉列表中选择“布局”选项，即可打开“布局”插入面板，如图2.18所示。

(3)“表单”插入面板

表单是动态网页中最重要的元素对象之一。单击“插入”面板上方的下三角按钮，在弹出的下拉列表中选择“表单”选项，即可打开“表单”插入面板。在“表单”插入面板中包含一些用于创建表单和插入表单元素(包括Spry验证构件)的按钮，如图2.19所示。

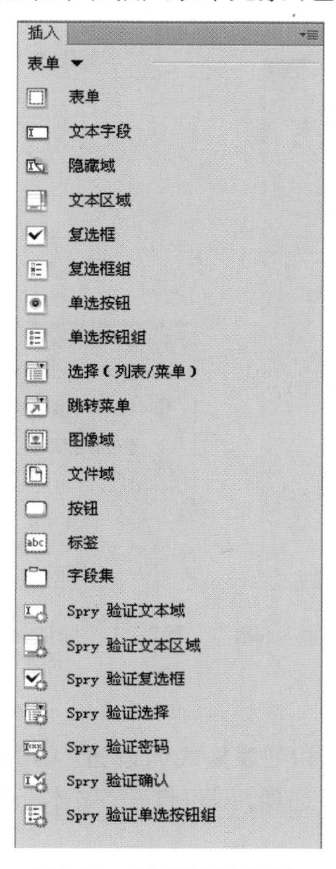

图2.19 “表单”插入面板

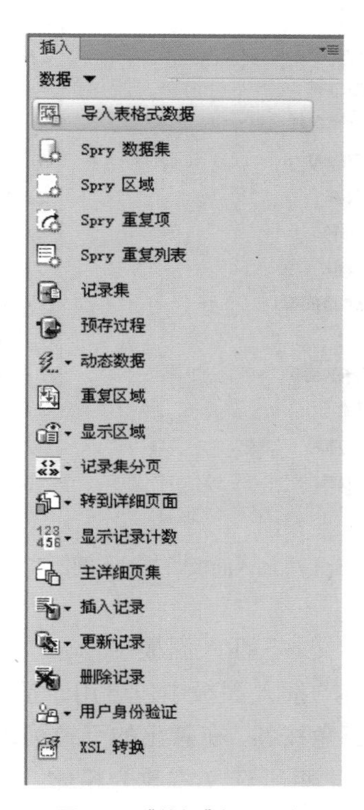

图2.20 “数据”插入面板

(4)“数据”插入面板

使用“数据”插入面板可以插入Spry数据对象和其他动态元素，如记录集、重复区域、插入记录表单和更新记录表单等。单击“插入”面板上方的下三角按钮，在弹出的下拉列表中选择“数据”选项，即可打开“数据”插入面板，如图2.20所示。

(5)“Spry”插入面板

在“Spry”插入面板中包含一些用于构建Spry页面的按钮，如Spry区域、Spry重复项和Spry折迭式等。单击“插入”面板上方的下三角按钮，在弹出的下拉列表中选择“Spry”选项，即可打开“Spry”插入面板，如图2.21所示。

(6)“jQuery Mobile”插入面板

“jQuery Mobile”插入面板用于插入jQuery Mobile页面和jQuery Mobile列表视图等。单击“插入”面板上方的下三角按钮，在弹出的下拉列表中选择“jQuery Mobile”选项，即可打开“jQuery Mobile”插入面板，如图2.22所示。

(7)“InContext Editing”插入面板

“InContext Editing”插入面板中包含生成InContext编辑页面的按钮。单击“插入”

面板上方的下三角按钮，在弹出的下拉列表中选择“InContext Editing”选项，即可打开“InContext Editing”插入面板，如图2.23所示。

图2.21 “Spry”插入面板

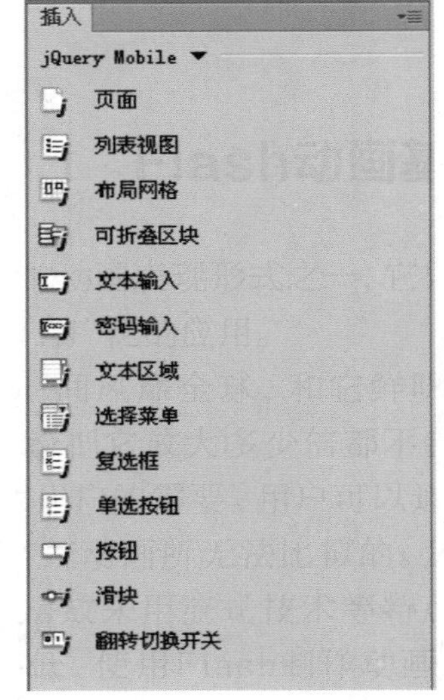

图2.22 “jQuery Mobile”插入面板

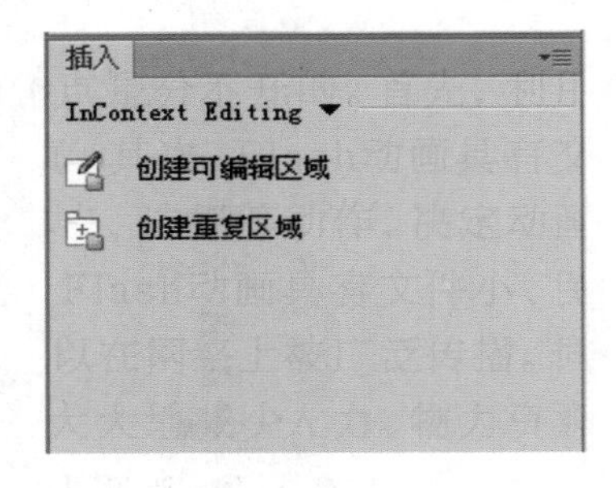

图2.23 “InContext Editing”插入面板

(8)“文本”插入面板

“文本”插入面板中包含用于插入各种文本格式和列表格式的按钮。单击“插入”面板上方的下三角按钮，在弹出的下拉列表中选择“文本”选项，即可打开“文本”插入面板。

- 粗体：将所选文本改为粗体。
- 斜体：将所选文本改为斜体。
- 加强：为了强调所选文本，增强文本厚度。
- 强调：为了强调所选文本，以斜体表示文本。
- 段落：将所选文本设置为一个新的段落。
- 块引用：将所选部分标记为引用文字，一般采用缩进效果。
- 已编排格式：所选文本区域可以原封不动的保留多处空白，在浏览器中显示其中的内容时，将完全按照输入的原有文本格式显示。
- 标题：使用预先制作好的标题，标题数值越大，字号越小。
- 项目列表：创建无序列表。
- 编号列表：创建有序列表。
- 列表项：将所选文字设置为列表项目。
- 定义列表：创建包含定义术语和定义说明的列表。
- 定义术语：定义文章内的技术术语和专业术语等。
- 定义说明：在定义术语下方标注说明。以自动缩进格式显示与术语区分的结果。
- 缩写：为当前选定的缩写添加说明文字。虽然该说明文字不会在浏览器中显示，但是可以用于音频合成程序或检索引擎。

•首字母缩写词：指定与Web内容具有类似含义的同义词，可用于音频合成程序或检索引擎。

•字符：插入一些特殊字符。

(9)"收藏夹"插入面板

"收藏夹"插入面板用于将最常用的按钮分组和组织到某一公共位置。单击"插入"面板上方的下三角按钮，在弹出的下拉列表中选择"收藏夹"选项，即可打开"收藏夹"插入面板，如图2.24所示。

4."文件"面板

在"文件"面板中查看站点、文件或文件夹时，可以查看区域的大小，还可以展开或折叠"文件"面板。当"文件"面板折叠时，它以文件列表的形式显示本地站点、远程站点或测试服务器的内容。在展开时，它显示本地站点和远程站点或者显示本地站点和测试服务器。"文件"面板还可以显示本地站点的视觉站点地图。使用"文件"面板可查看和管理Dreamweaver站点中的文件，如图2.25所示。

对于 Dreamweaver站点来说，用户还可以通过更改折叠面板中默认显示的视图（本地站点或远程站点视图）来对"文件"面板进行自定义。

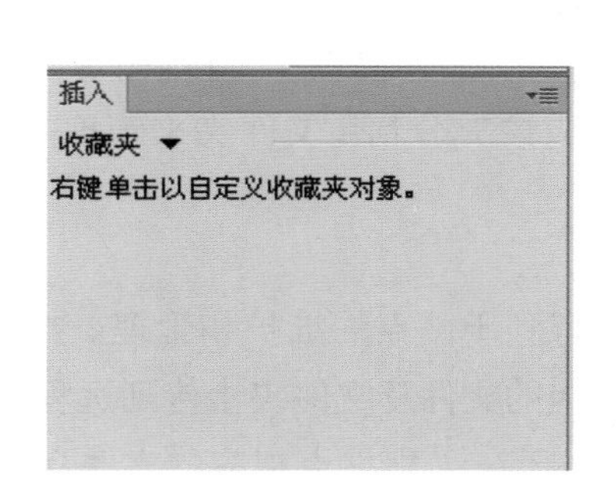

图2.24　"收藏夹"插入面板

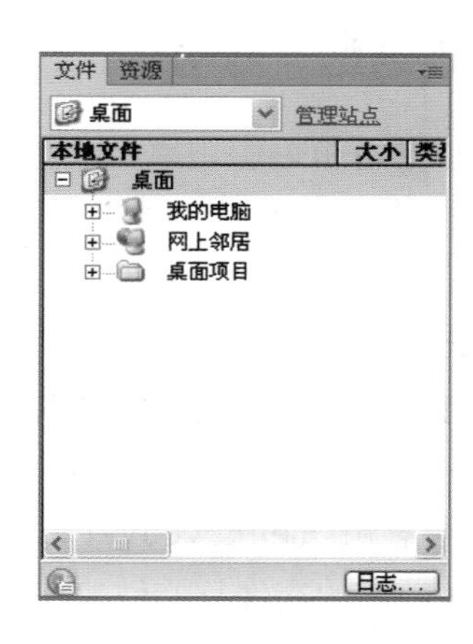

图2.25　"文件"面板

2.3　站点的设计与管理

Dreamweaver可以用于创建单个网页，但在大多数情况下，它是将这些单独的网页组合起来成为站点。Dreamweaver CS6不仅提供了网页编辑特性，而且带有强大的站点管理功能。

2.3.1　认识站点

Dreamweaver 的站点是一种管理网站中所有相关联文件的工具。通过站点可以对网站的相关页面及各类素材进行统一管理，还可以使用站点管理将文件上传到网页服务器，测试网站。简单地说，站点就是一个文件夹，在这个文件夹里包含了网站中所有用到的文件。通过这个文件夹（站点），可以对网站进行管理，做到有次序，一目了然。

Dreamweaver中的站点包括本地站点、远程站点和测试站点3类。本地站点用于存放整个网站框架的本地文件夹，是用户的工作目录，一般制作网页时只需建立本地站点。远程站点是存储于Internet服务器上的站点和相关文件。通常情况下，为了不连接Internet而对所建的站点进行测试，可以在本地计算机上创建远程站点，来模拟真实的Web服务器进行测试。测试站点是Dreamweaver处理动态页面的文件夹，使用此文件夹生成动态内容并在工作时连接到数据库，用于对动态页面进行测试。

小贴士：静态网页是标准的HTML文件，采用HTML编写，是通过HTTP在服务器端和客户端之间传输的纯文本文件，其扩展名是.htm或.html。动态网页以.asp，.jsp，.php等形式为后缀，以数据库技术为基础，含有程序代码，是可以实现如用户注册、在线调查、订单管理等功能的网页文件。动态网页能根据不同的时间、不同的来访者显示不同的内容，动态网站更新方便，一般在后台直接更新。

2.3.2 规划站点结构

有效地规划和组织站点，对建立网站是非常有必要的。合理的站点结构能够加快对站点的设计，提高工作效率，节省时间。如果将所有的网页都存储在一个目录下，当站点的规模越来越大时，管理起来就会变得很不容易。因此，应该充分利用文件夹来管理文件，并在规划时注意以下几点。

1.本地站点和远程站点采用相同的结构

将本地站点和远程站点设置成相同的结构，有利于站点的维护和管理。当本地站点设置完成后，再利用Dreamweaver CS6将本地站点上的文件及文件夹上传到远程服务器上。这样在本地站点的文件及文件夹上进行操作，相当于在远程站点相应的文件及文件夹上进行完全相同的操作。

2.用文件夹保存文档

为了便于对站点文件进行管理，可将站点文件分门别类地保存在站点根目录下的文件夹中，以文件夹方式组织站点文件，一目了然，如图2.26所示。

3.按模块及其内容创建子目录

目录层次不要太深，一般控制在5级以内。不要使用中文目录名，防止因此而引起的链接和浏览错误。首页使用率最高，应单独存放。

2.3.3 创建本地站点

使用下面的方法之一可以打开站点定义向导，即打开“站点设置对象”对话框，如图2.27所示。在对话框中输入站点的名称。单击对话框中的“浏览文件夹”按钮，选择需要设为站点的目录。

①单击“文件”面板右侧蓝色的“管理站点”链接，在“管理站点”对话框中单击“新建站点”按钮。

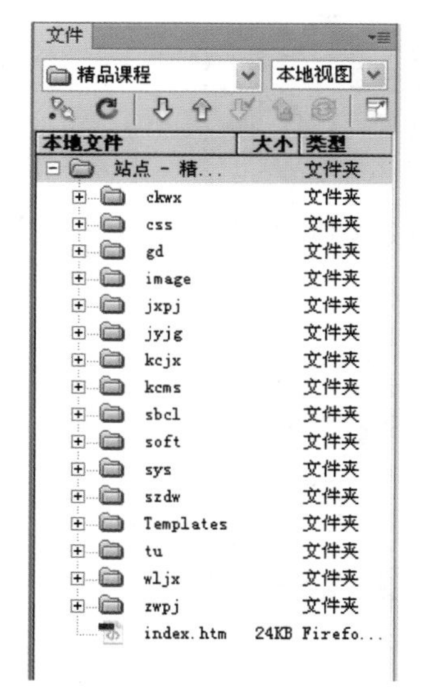

图2.26 站点结构图

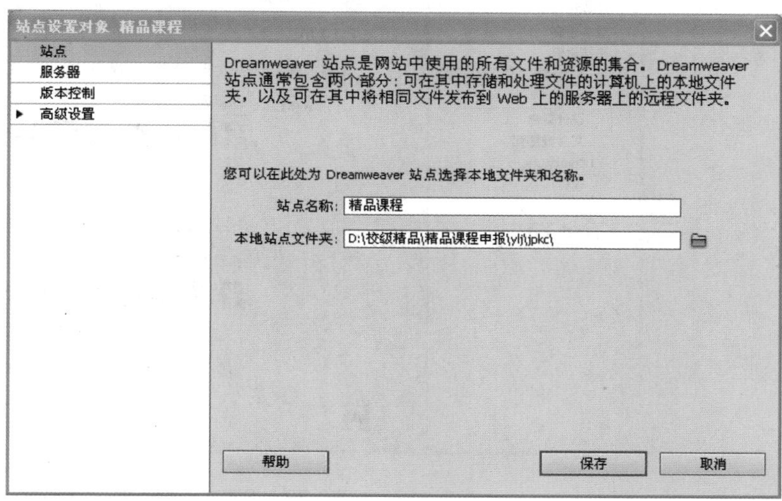

图2.27 “站点设置对象”对话框

②在菜单栏中依次选择“站点”→“新建站点”命令。

③在菜单栏中依次选择“站点”→“管理站点”命令，在“管理站点”对话框中单击“新建站点”按钮。

在弹出的“站点设置对象”对话框中，可通过以下4个选项卡对站点进行设置：

- 站点：可以为站点选择本地文件夹和名称。
- 服务器：选择承载Web上页面的服务器。

注意：单击对话框左下角的“添加新服务器”按钮，出现相应对话框中，进行相应设置，可以建立远程连接。使用本地站点连接好远程服务器后，在站点面板中就可以对文件进行上传、下载操作了，一般情况下都是选择FTP连接方式。

- 版本控制：设置访问、协议、服务器地址、存储库路径、服务器端口、用户名和密码等内容。
- 高级设置：选择“站点设置对象”对话框中的“高级设置”选项，在“本地信息”选项界面中设置本地文件夹，如图2.28所示。在“本地信息”选项界面中可设置本地文件夹的多个属性。

注意：Web URL文本框指定站点的URL地址。选中启用缓存复选框，可创建本地缓存，这样有利于提高站点的链接和站点管理任务的速度，而且可以有效地使用“资源”面板管理站点资源。

根据站点设置的提示即可完成基本站点的创建。

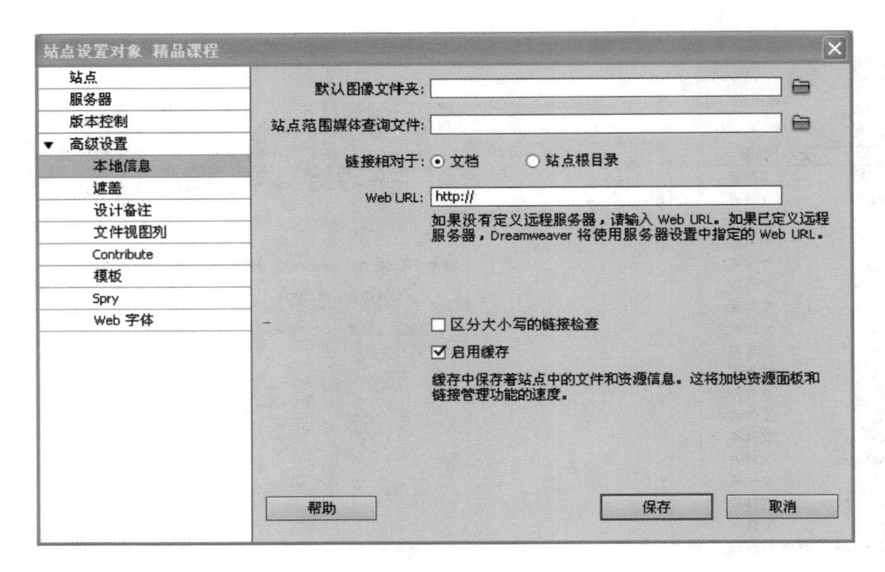

图2.28　设置本地文件夹

2.3.4　站点的编辑

建立好站点后，根据需要可随时进行编辑，同时可以删除已创建的站点。下面介绍编辑站点的具体操作步骤。

①在“文件”面板的下拉菜单中选择“管理站点”选项，如图2.29所示。

②打开“管理站点”对话框，在站点列表中选择要编辑的站点，单击“编辑当前选定的站点”按钮 ，如图2.30所示。

③打开“站点设置对象”对话框，单击“编辑当前选定站点”按钮 ，修改相关参数，完成后单击“保存”按钮。

④单击“管理站点”对话框中的“完成”按钮，完成站点编辑。

⑤如果要删除站点，则在“管理站点”对话框中单击“删除当前选定的站点”按钮 即可。

图2.29　选择“管理站点”选项

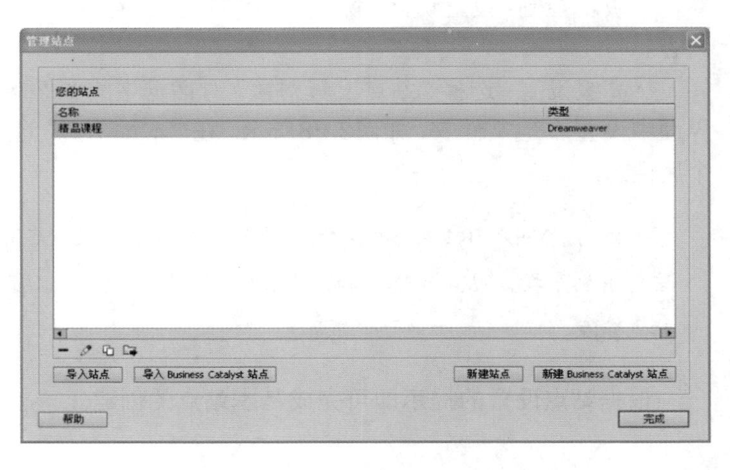

图2.30　“管理站点”对话框

2.3.5　管理站点内容

利用“文件”面板，可以对本地站点中的文件夹和文件进行创建、删除、移动和复制等操作。

1.添加文件夹

站点中的所有文件被统一存放在单独的文件夹内，根据包含文件的多少，又可以细分到子文件夹里。在本地站点中创建文件夹的具体操作步骤如下。

①打开“文件”面板，可以看到所创建的站点。在面板的“本地文件”窗口中右击站点名称，弹出右键快捷菜单，选择“新建文件夹”命令，如图2.31所示。

②新建文件夹的名称处于可编辑状态，可以为新建的文件夹重新命名，将新建文件夹命名为“sucai”，如图2.32所示。

图2.31　新建文件夹

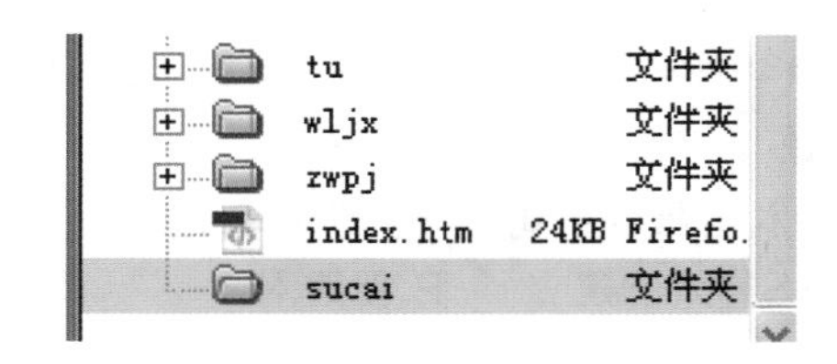

图2.32　命名文件夹

③在不同的文件夹名称上右击鼠标，并选择“新建文件夹”命令，就会在所选择的文件夹下创建子文件夹。

2.添加文件

文件夹创建完成后，就可以在文件夹中创建相应的文件了，创建文件的具体操作步骤如下。

①打开“文件”面板，在准备新建文件的文件夹上单击鼠标右键，在弹出的快捷菜单中选择“新建文件”命令。

②新建文件的名称处于可编辑状态，可以为新建的文件重新命名。新建的文件名默认为“untitled.html”，可将其改为“index.html”。

注意：创建文件时，一般应先创建主页，文件名应设定为index.htm或index.html。文件名后缀.html不可省略，否则就不是网页了。

3.删除文件或文件夹

要从本地站点中删除文件或文件夹，具体操作步骤如下。

①在“文件”面板中，选中要删除的文件或文件夹。

②单击鼠标右键，在弹出的菜单中选择“编辑”→“删除”命令，或直接按“Delete”键。

③这时会弹出提示对话框，询问是否要删除所选的文件或文件夹。单击“是”按钮，即可将文件或文件夹从本地站点中删除。

注意：对文件或文件夹的删除操作会从磁盘上将相应的文件或文件夹删除。按“Delete”键，也可将其删除。

课后练习题

一、填空题

1.Dreamweaver CS6的工作窗口由5部分组成，分别是________、________、________、________和________。

2.站点管理器的主要功能包括________、________、________、________和________。

3.文档窗口中有3种视图方式，分别是________、________、________。

4.Dreamweaver CS6中的________功能可同时为手机、平板电脑和计算机设计样式并将内容可视化。

5.Dreamweaver CS6是由________公司开发的________软件。

二、单选题

1.在文件面板中不能进行管理的功能是（　　）。

A.CSS样式的建立　　B.新建网页　　C.更改文件名　　D.删除文件

2.在制作网站时，下面（　　）属于Dreamweaver的工作范畴。

A.内容信息的搜集整理　　B.网页的美工设计和图像的制作

C.把所有的资源组合成网页　　D.数据库的管理和维护

3.如果要使用Dreamweaver面板组，需要通过（　　）菜单实现。

A.文件　　B.视图　　C.插入　　D.窗口

4.一个网站中的多个网页之间是通过（　　）联系起来的。

A.文字　　B.超级链接　　C.网络服务器　　D.CGI

5.下面按钮用来查看网页代码的是（　　）。

代码　拆分　设计　实时视图

A.　B.　C.　D.

6.通常一个站点的主页默认文档名是（　　）。

A.main.html　　B.webpage.html　　C.index.html　　D.homepage.html

7.下面网站文件结构不合理的是（　　）。

A.所有网站文件都保存在一个站点根目录下
B.按照文件类型对网站文件进行分类管理
C.按照主题对网站文件进行分类管理
D.对网站文件类型进行进一步的细分存储管理
8.在Dreamweaver CS6中，下面关于定义站点的说法错误的是（　　）。
A.首先定义新站点，打开站点定义设置窗口
B.在站点定义设置窗口的站点名称中填写网站的名称
C.在站点设置窗口中，可以设置本地网站的保存路径，而不可以设置图片的保存路径
D.本地站点的定义比较简单，基本上选择好目录就可以了
9.关于Dreamweaver工作区描述正确的是（　　）。
A.属性工具栏只能关闭，不能隐藏　　B.对象面板不能移动，只能放在菜单下方
C.用户可以根据自己的喜好来定制工作区　　D.工作区的大小不能调节
10.下面说法错误的是（　　）。
A.规划目录结构时，应该在每个主目录下都建立独立的images目录
B.在制作站点时应突出主题色
C.人们通常所说的颜色，其实指的就是色相
D.为了使站点目录明确，应该采用中文目录

第3章　Dreamweaver基础

3.1　网页文件的基本操作

3.1.1　创建网页文档

新建、保存及打开网页文件，是正式学习网页制作的第一步，也是网页制作的基本条件。下面介绍网页文件的新建、保存等基本操作，具体操作步骤如下。

①启动Dreamweaver CS6软件，打开项目创建窗口，如图3.1所示。

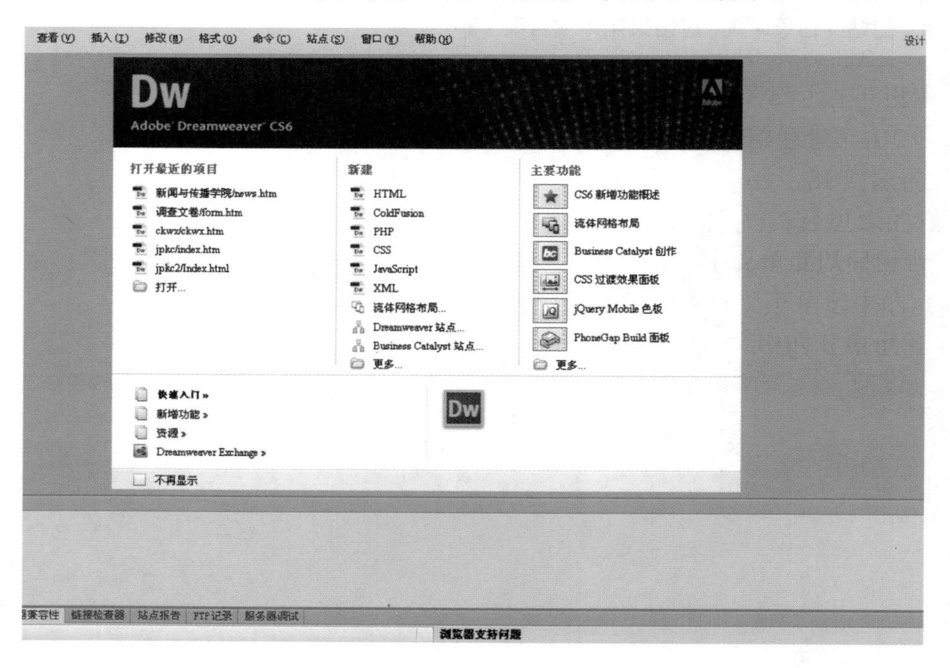

图3.1　项目创建

②单击“新建”→“HTML”，或者在菜单栏中执行“文件”→“新建”命令或按“Ctrl+N”快捷键，打开“新建文件”对话框，在“空白页”的“页面类型”项目列表中选择“HTML”，然后在右边的“布局”列表中选择“无”，如图3.2所示。

注意：“新建文档”对话框共有6个类别，分别为“空白页”“空模板”“流体网络布局”“模板中的页”“示例中的页”和“其他”，可直接创建一个空白的HTML网页文档或通过模板创建有格式的网页。从“页面类型”列表框中选择要创建的页面类型，“布局”列表框显示了CS5提供的16种预设CSS布局样式，右侧预览区域会显示网页的基本布局。在预览区域下方的“文档类型”下拉列表框中选择文档类型。如果在“布局”列表框中选择CSS布局，则从“布局CSS位置”下拉列表框中为布局CSS选择一个位置。

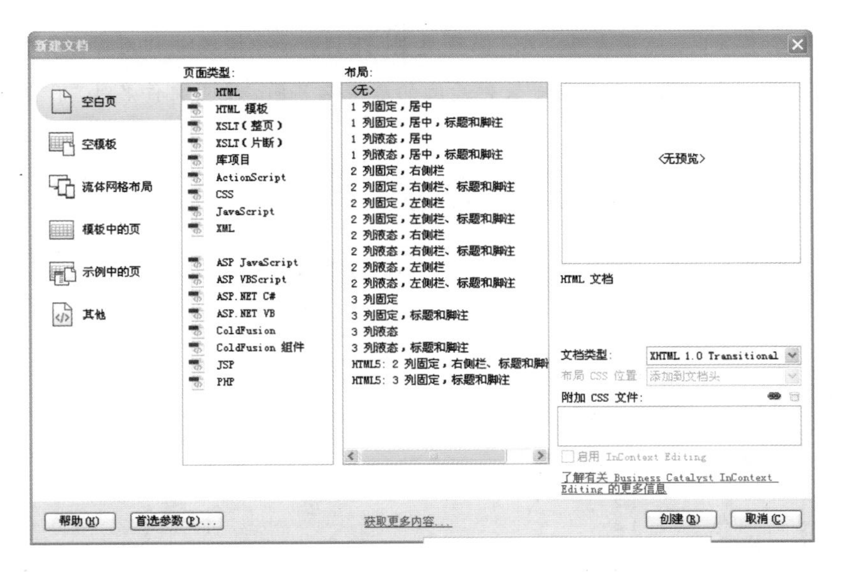

图3.2　“新建文件”对话框

③单击“创建”按钮，新建HTML网页文件，创建一个空白的HTML网页文件。录入文本信息，如图3.3所示。

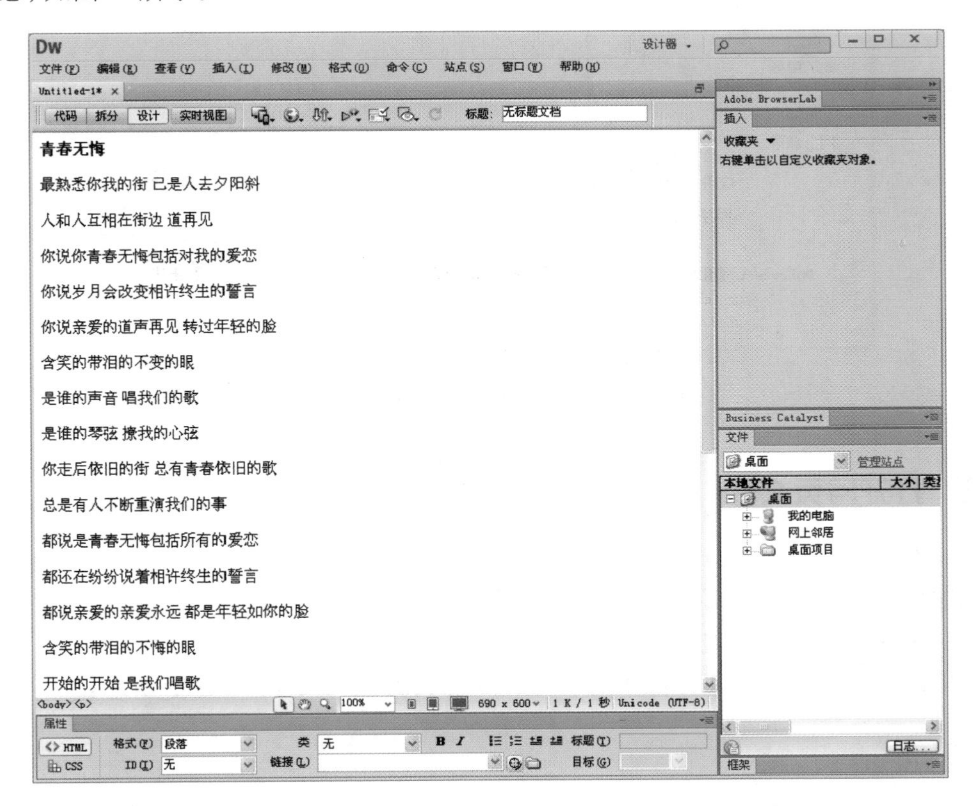

图3.3　新建HTML网页文件

④在菜单栏中执行“文件”→“保存”命令或按“Ctrl+S”组合键，打开“另存为”对话框，在该对话框中为网页文件选择存储的位置和文件名，并选择保存类型，如HTML Documents，如图3.4所示。

注意：保存网页时，使用者可以在“保存类型”下拉列表中根据制作网页的要求选择不同的文件类型，区别文件的类型主要是文件后面的后缀名不同。设置文件名时，不要使用特殊符号，尽量不要使用中文名称。

⑤单击“保存”按钮，即可将网页文件保存。

注意：在编辑网页的过程中，一般每5~10 min需要保存一次，以防止因为停电或死机等意外而丢失文件。

图3.4 “另存为”对话框

3.1.2 打开网页文件

打开网页文件的具体操作步骤如下。

①如果要打开一个网页文件，可以在菜单栏中执行“文件”→“打开”命令，在“打开”对话框中选择要打开的网页文件，如图3.5所示。

②单击“打开”按钮，即可在Dreamweaver中打开网页文件，如图3.6所示。

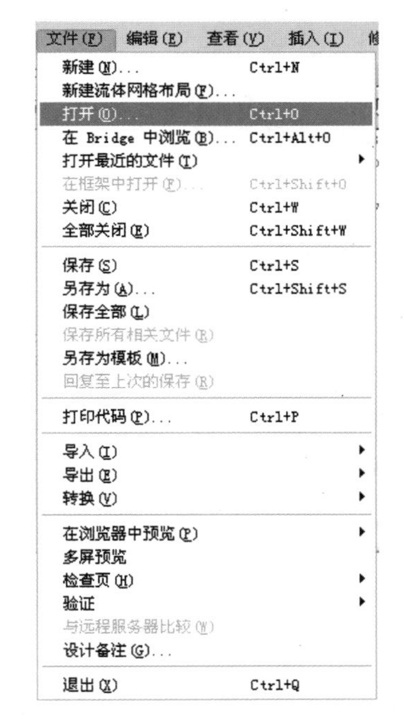

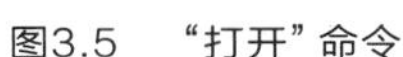
图3.5 “打开”命令

图3.6 “打开”对话框

3.1.3 关闭网页文件

关闭网页文件的方法有以下几种。

①选择菜单命令“文件”→“关闭”，或按“Ctrl+W”组合键，将当前页面关闭。

②选择菜单命令“文件”→“全部关闭”，或按“Ctrl+Shift+W”组合键，将关闭当前窗口打开的所有文档。

③单击网页文件右上角的×按钮。

④在页面标题处右击，在弹出的快捷菜单中选择“关闭”命令。

注意：如果网页未存盘，系统将会弹出一个对话框提示用户是否保存。

3.1.4 设置页面属性

“页面属性”对话框能对网页整体属性进行设置，如网页的背景颜色、背景图像、字体、字体大小、字体颜色、页边距等。

选择“修改”→“页面属性”命令或按“Ctrl+J”快捷键，打开“页面属性”对话框，可用于设置当前正在编辑的网页文档的整体属性。

Dreamweaver CS6将页面属性设置分为6个类别，如图3.7所示。

(1)外观(CSS)：采用CSS格式设置页面的一些基本属性

• 页面字体：指定在Web页面中使用的默认字体系列。

• 大小：指定Web页面中使用的默认字体大小。

• 文本颜色：指定显示字体时使用的默认颜色。

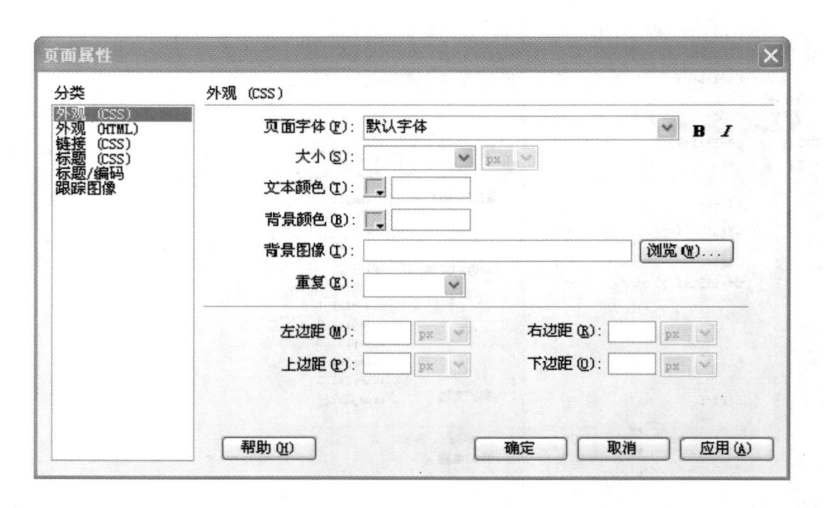

图3.7 页面属性对话框

• 背景颜色：设置页面的背景颜色。

• 背景图像：设置页面的背景图像。

• 重复：设置背景图像的重复方式，no-repeat（仅显示背景图像一次）、repeat（横向和纵向重复图像）、repeat-x/repteat-y（可横向/纵向重复图像）。

• 上下左右边距：设置页面元素同页面边缘的间距。

(2) 外观（HTML）：页面采用HTML格式

• 背景图像/背景：用于设置页面的背景图像与背景色。

• 文本：显示字体时使用的默认颜色。

• 链接：应用于链接文本的颜色。

• 已访问链接：应用于已访问链接的颜色。

• 活动链接：当鼠标或指针在链接上单击时应用的颜色。

• 左边距/上边距：指定页面左边距和上边距的大小。

• 边距宽度/边距高度：页面边距的宽度和高度。

> 注意：外观（HTML）选项的设置与外观（CSS）选项的设置基本相同，唯一的区别是在外观（HTML）选项中设置的页面属性，将会自动在页面主体标签<body>中添加相应的属性设置，而不会自动生成CSS样式代码。

(3) 链接（CSS）：用于设置CSS链接属性

• 链接字体：指定链接文本使用的默认字体系列。

• 大小：指定链接文本使用的默认字体大小。

• 链接颜色：应用于链接文本的颜色。

• 变换图像链接：当鼠标或指针位于链接上时应用的颜色。

• 已访问链接：访问过的链接的颜色。

• 活动链接：当鼠标或指针在链接上单击时应用的颜色。

• 下画线样式：指定用于链接的下画线样式。

(4)标题(CSS)：用于设置CSS内容标题属性

•标题字体：指定标题使用的默认字体系列。

•标题1~标题6：指定最多6个级别的标题标签使用的字体大小和颜色。

(5)标题/编码：用于指定制作Web页面时所使用的文档编码类型以及要用于该编码类型的Unicode方式

•标题：在文档窗口和浏览器窗口的标题栏中出现的页面标题。

•文档类型(DTD)：指定一种文档类型定义。

•编码：文档中字符所用的编码。

•Unicode标准化表单：仅在选择UTF-8作为文档编码时才启用。

(6)跟踪图像：可依照已经设计好的布局快速建立网页

•跟踪图像：指定在复制设计时作为参考的图像。

•透明度：确定跟踪图像的不透明度。

3.2　文本编辑

文本在网络上传输速度较快，用户可以很方便地浏览和下载文本信息，故文本成为网页主要的信息载体。整齐划一、大小适中的文本能够体现网页的视觉效果。因而文本处理是设计精美网页的第一步。

3.2.1　插入文本

Dreamweaver CS6提供了多种插入文本的方法。标题、栏目名称等少量文本可以选择直接在文档窗口中键入；段落文本可以选择从其他文档中复制粘贴；整篇文章或表格可以选择导入Word和Excel文档。除此之外，还可以通过“插入”面板上的“文本”选项插入一些文本内容，如日期、特殊字符等。

1.直接键入文本

若要向 Dreamweaver 文档添加文本，可以直接在 Dreamweaver“文档”窗口中键入文本。操作步骤如下：

①启动Dreamweaver CS6软件，打开“example2.2.html”文件，如图3.8所示。

②将光标插入标题的下面，并输入文本，如图3.9所示。

2.从其他文档中复制粘贴

具体操作步骤如下：

①选中文档中所有文本内容，右击鼠标，在弹出的快捷菜单中选择“复制”命令或者按“Ctrl+C”组合键复制文本。

②切换到Dreamweaver，将插入点定位在“文档”窗口的“设计”视图中，在要粘贴文本的地方右击，在弹出的快捷菜单中选择“粘贴”命令或者按“Ctrl+V”组合键即可。

注意：将文本粘贴到Dreamweaver文档中时，也可以使用“选择性粘贴”命令。“选择性粘贴”命令允许用户以不同的方式指定所粘贴的文本格式。例如，如果要将文本从带格式的

Microsoft Word文档粘贴到Dreamweaver文档中，但是想要去掉所有格式设置，以便能够向所粘贴的文本应用自己的CSS样式表，用户可以在Word中选择文本，将它复制到剪贴板，然后使用“选择性粘贴”命令选择只粘贴文本的选项。

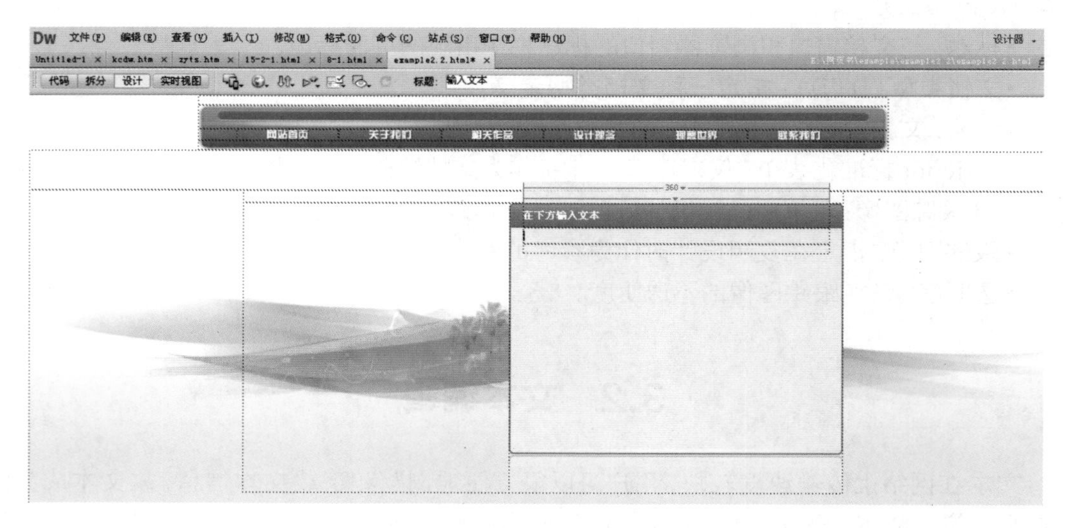

图3.8　打开文件

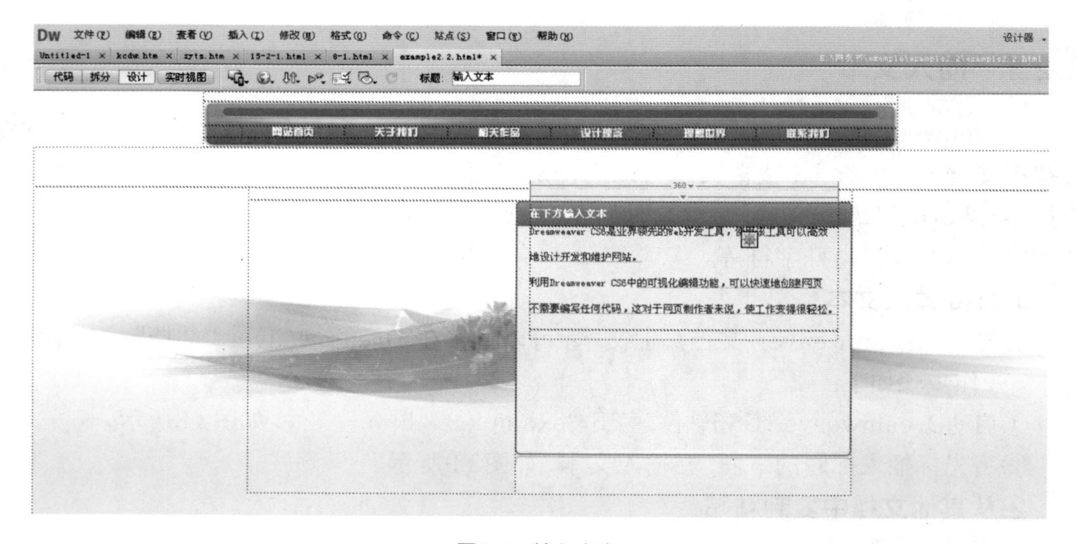

图3.9　输入文本

3.导入数据文档

除了直接键入文本和复制粘贴文本以外，Dreamweaver CS6还可以直接将表格式文档、Word文档、Excel文档导入当前文档，省去了复制粘贴的麻烦。将Excel文档导入当前文档的步骤如下：

①编辑好需要插入的Excel文档，如图3.10所示。

②选择“文件”→“导入”→“Excel文档”命令，如图3.11所示。

图3.10　Excel文件“目录”

③在“导入文档”对话框中，浏览到要添加的文件，在对话框底部选择格式设置选项，然后单击“打开”，如图3.12所示。

④按“F12”键预览，最终效果如图3.13所示。

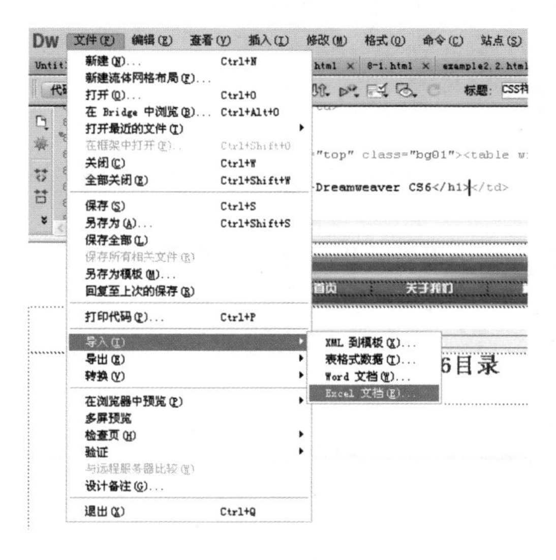

图3.11　“文件”→“导入”→“Excel 文档”命令

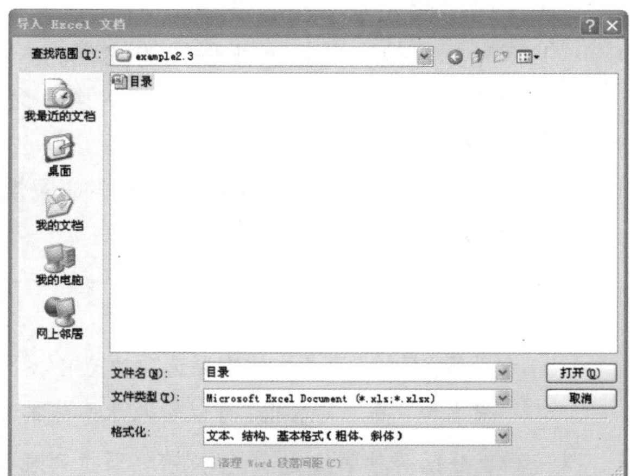

图3.12　“导入Excel文档”对话框

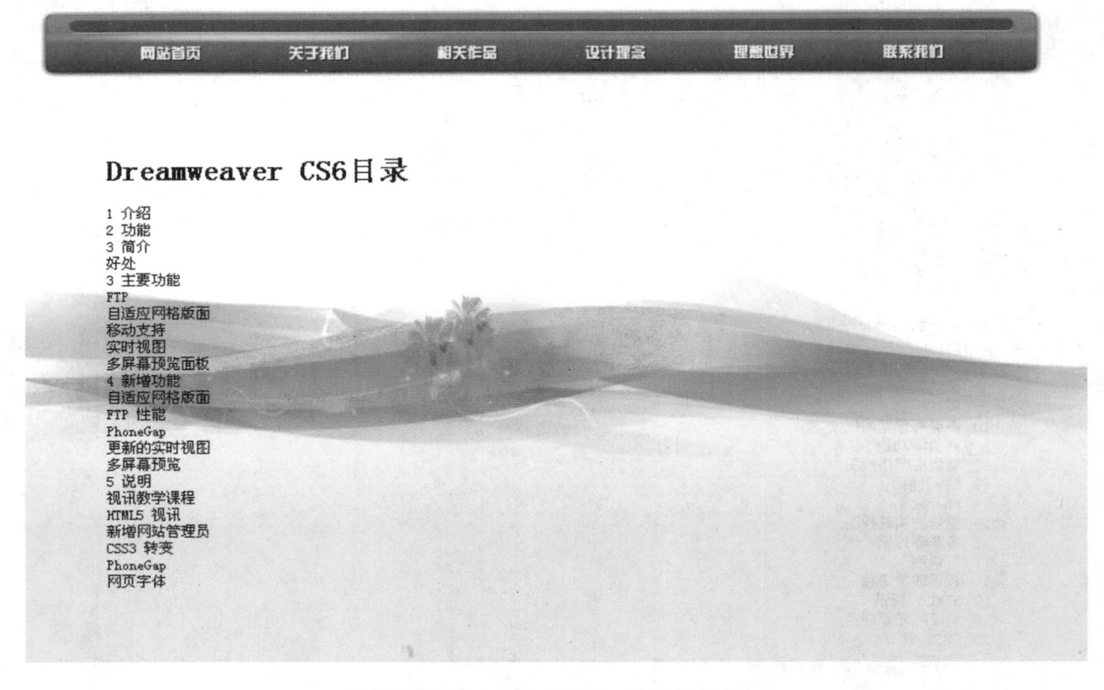

图3.13　example2.3.html的最终效果

3.2.2　插入特殊字符

1.插入水平线

水平线在网页中有着特殊的意义。当网页中的元素较多时，用户可以用水平线对信息进行组织。通过水平线可以将不同功能的文字分隔开，使页面更加整齐明了，使段落更加分明和更具层次感。水平线其实是一种特殊的字符。

在文档中插入水平线的步骤如下：

①将光标定位在要插入水平线的位置。

②选择“插入”→“HTML”→“水平线”命令即可在网页中成功插入水平线，如图3.14所示。

③选中插入的水平线，可以在打开的“属性”面板中设置水平线宽度、高度和对齐方式等属性，如图3.15所示。

知识窗

水平线“属性”面板中的重要选项功能有以下几种。

“宽”和“高”文本框：可以输入水平线的宽度和高度，在后面的下拉列表框中选择“像素”和百分比两种单位选项。“对齐”下拉列表框：可以选择水平线的对齐方式，在下拉列表中可以选择“默认”“左对齐”“右对齐”和“居中对齐”4种对齐方式选项。“阴影”复选框：用于显示水平线的阴影。如果取消该项，则显示为一种纯色绘制的水平线。“类”下拉列表框：用于指定使用的CSS样式。

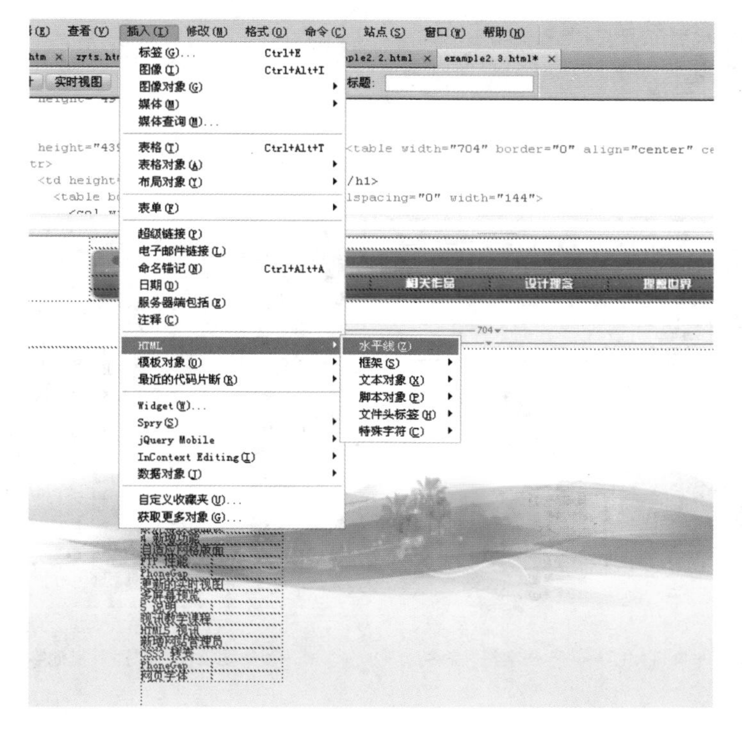

图3.14 “插入”→“ HTML”→“水平线”命令

图3.15 水平线属性对话框

2.插入特殊字符

在网页文档中常见的特殊符号有版权符号、货币符号、注册商标号以及直线等。在网页中插入特殊符号的步骤如下：

①选择“插入”→“HTML”→“特殊字符”命令，如图3.16所示。

②在“特殊字符”按钮边弹出的扩展菜单中选择要插入的字符类型。在列表中，将常用的特殊字符分为标点符号类、货币符号类、版权相关类和其他字符4大类型。

③如果还没有找到需要的特殊字符，这个时候再单击“其他字符”，即可展开更多特殊字符，如图3.17所示。

注意：空格字符输入快捷键为“Ctrl+Shift+空格”键，
换行标签的快捷键为“Shift+回车”键。

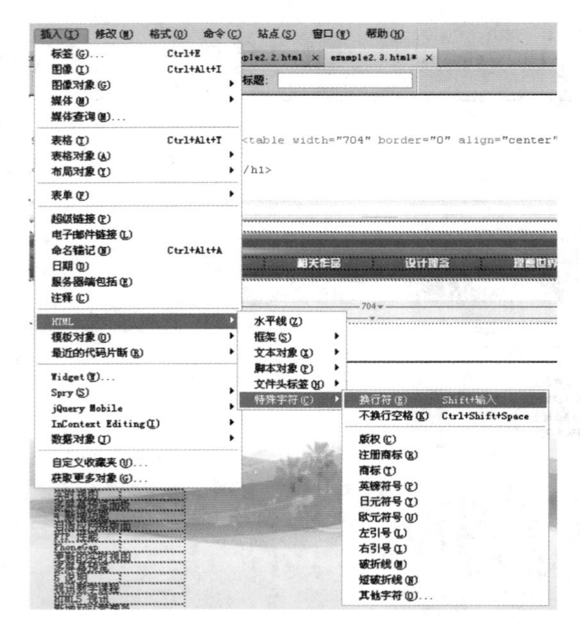

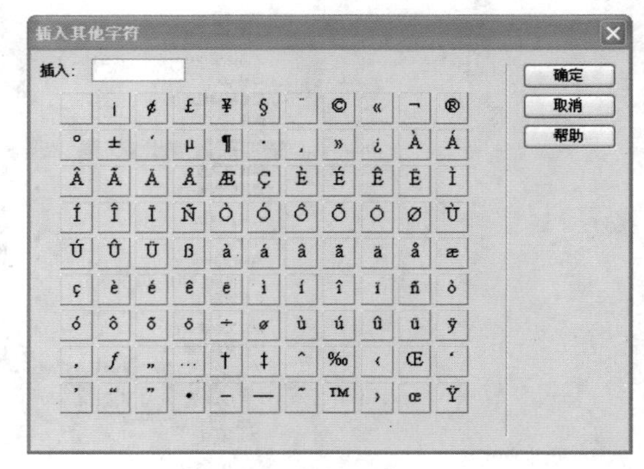

图3.16 “插入”→“HTML”→“特殊字符”命令

图3.17 “插入其他字符”对话框

3.2.3 插入日期和时间

使用Dreamweaver CS6可以直接在文档中插入当前时间和日期。直接插入日期的步骤为：将鼠标指针插入网页中需要插入日期的位置，选择“插入”→“日期”命令，打开“插入日期”对话框，如图3.18所示。在“插入日期”对话框中设置插入时间的星期格式、日期格式和时间格式后，单击“确定”按钮即可。

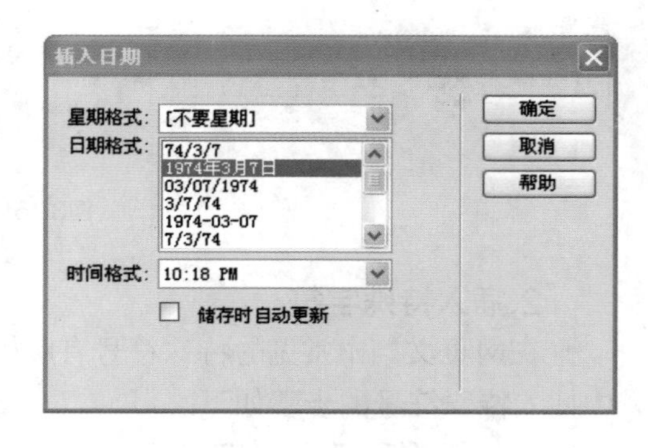

图3.18 “插入日期”对话框

“插入日期”对话框的“星期格式”下拉列表框中，用户可以选择日期的星期显示格式，选择“不要星期”选项，将不会显示星期信息。在“日期格式”列表框中，可以选择日期的显示格式。在“时间格式”下拉列表框中，可以选择时间的显示格式。可勾选存储时自动更新选项。

3.2.4 设置文本格式

前面介绍了在网页中插入文本的几种方法，由于插入的文本大小、字体格式不一致，需要对文本属性进行设置，使其风格保持统一。设置文本格式有两种方法：使用HTML标签格式化文本，使用层叠样式表（CSS）。

使用HTML标签和CSS都可以控制文本属性，包括特定字体和字大小、粗体、斜体、下画线、文本颜色等。两者区别在于，使用HTML标签仅仅对当前应用的文本有效，当改变设置时，无法实现文本自动更新。而CSS则不同，通过CSS事先定义好文本样式，当改变CSS

样式表时，所有应用该样式的文本将自动更新。此外，使用CSS 能更精确地定义字体的大小，还可以确保字体在多个浏览器中的一致性。

在默认情况下，Dreamweaver CS6 使用HTML标签指定页面属性。CSS功能强大，除控制文本外，CSS还可以控制网页中的其他元素，具体内容将在后续章中详细讲解。这里简单介绍使用CSS设置文本属性的基本操作。具体操作步骤如下：

①选中需要设置的文本。

②在“属性”面板中单击“CSS”按钮，然后在“字体”文本框中选择“华文楷体”，弹出“新建CSS规则”对话框，在“选择器名称”下方的文本框中输入名称“华文楷体”，然后单击“确定”按钮，如图3.19所示。

③“属性”面板上的目标规则选择“华文楷体”，单击“加粗”按钮，然后将字体颜色设置为“#FF6699”，字体大小设置为“16 px”，如图3.20所示。

④设置后文本效果如图3.21所示，将文件保存，按“F12”键可在浏览器中浏览最后效果。

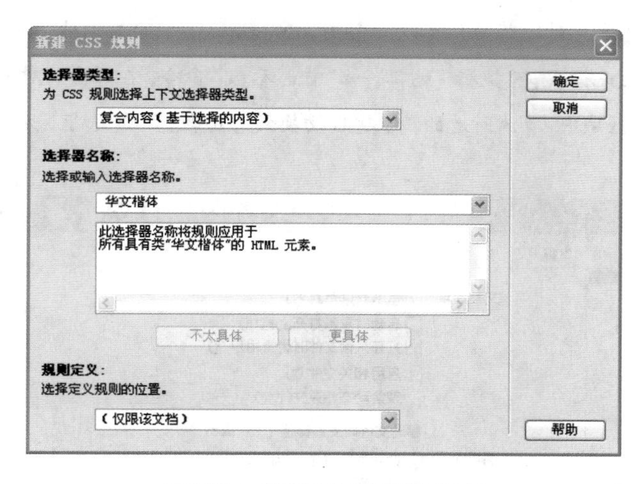

图3.19　“新建CSS规则”对话框

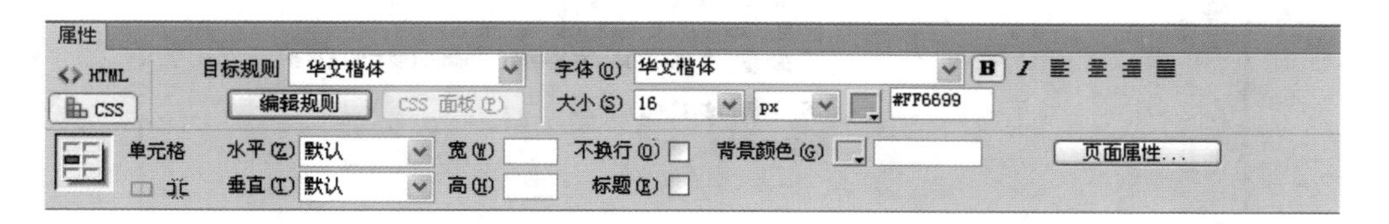

图3.20　“属性”面板设置

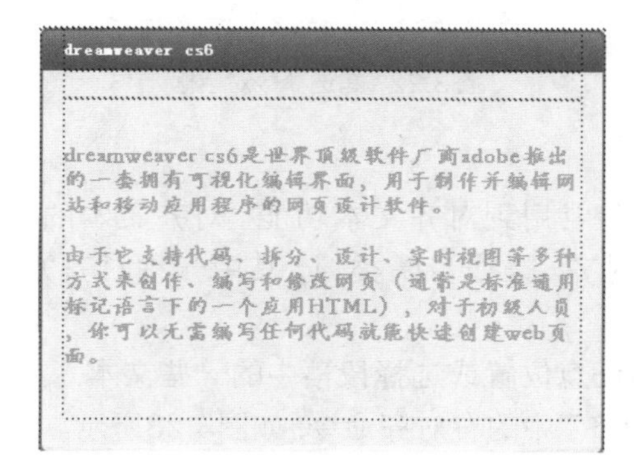

图3.21　文本设置后的效果

3.2.5 设置段落属性

设置段落属性，包括段落格式、对齐文本、缩进凸出、创建项目列表和项目编号等常用功能。

1.设置段落格式

一般情况下，在网页中要输入大量的文字来对某件事或者某件物品进行详细的讲解，为了便于分析，我们会在制作的过程中为其设置简单的段落格式。设置段落格式的具体操作步骤如下：

①将鼠标放在段落中任意位置或选择段落中的一些文本。

②执行“格式”→“段落格式”命令或者在“属性”面板的“格式”下拉列表中选择段落格式。例如标题1，与所选格式关联的HTML标记（表示“标题1”的h1、表示“预先格式化文本”的pre等）将应用于整个段落。若选择“无”选项，则删除段落格式。

注意：在段落格式中对段落应用标题标签时，Dreamweaver会自动地添加下一行文本，作为标准段落，若要更改此设置，可执行“编辑”→“首选参数”命令，在弹出的对话框中，在“常规”分类的“编辑选项”区域中，取消所选的“标题后切换到普通段落”复选框，如图3.22所示。

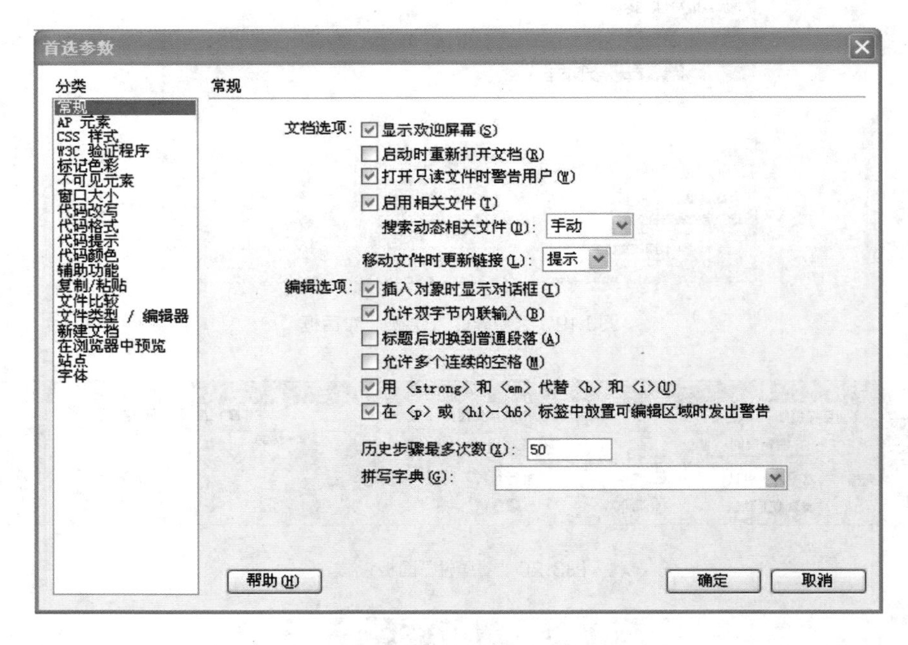

图3.22 首选参数对话框

2.对齐文本

在网页文字排版时，经常用到对齐文本功能。对齐文本的方式主要有4种：左对齐、居中对齐、右对齐、两端对齐。操作步骤类似，其中一种对齐方式“右对齐”的操作步骤如下：

①将鼠标放在段落中任意位置或选择段落中的一些文本。

②执行“格式”→“对齐”中的右对齐命令，如图3.23所示。

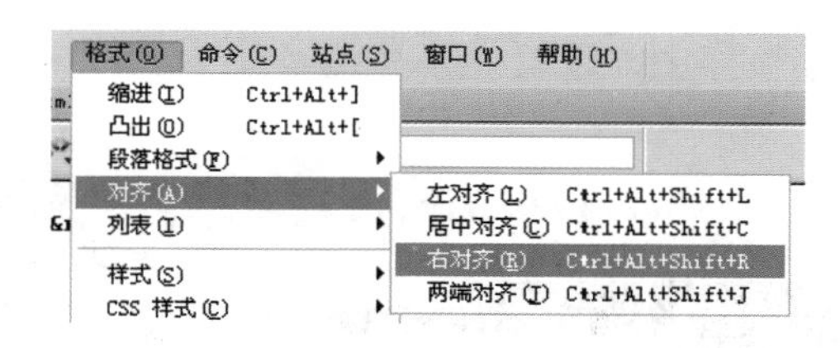

图3.23 “右对齐”命令

3.缩进凸出

在对网页中的段落进行排版布局时，经常会用到缩进文本功能，缩进页面两侧的文本长度，留出一定的空白区域，使页面更美观。缩进段落和取消缩进的操作步骤如下：

①将光标定位在要缩进的段落中，或者选中段落。

②选择“格式”→“缩进”或者“格式”→“凸出”命令，也可在“属性”面板中选择“删除内缩区块”按钮 或者“内缩区块”按钮 。

注意：可以对段落应用多重缩进。每选择一次该命令，文本就从文档的两侧进一步缩进。

4.创建项目列表和项目编号

项目列表格式主要是在项目的属性对话框中进行设置。使用“列表属性”对话框可以设置整个列表或个别列表项的外观；可以设置编号样式、重置计数或设置个别列表项或整个列表的项目符号样式选项；可以创建新列表或者利用现有的段落创建列表。

创建新列表的操作步骤如下：

①将光标定位在要添加列表的位置。

②选择“格式”→“列表”命令，并选择所需的列表类型：“项目列表”“编号列表”或“定义列表”。

③指定列表项目的前导字符将出现在文档窗口中，键入列表项目文本，然后按“Enter”键创建其他列表项目。若要完成列表，按两次“Enter”键。

利用现有段落创建列表的操作步骤如下：

①选择要创建列表的段落。

②选择“格式”→“列表”命令，选择所需的列表类型：“项目列表”“编号列表”或“定义列表”。或者在“属性”面板中单击“项目列表” 或“编号列表” 按钮，如图3.24所示。

③将光标放置在列表项的文本中，然后在菜单栏中执行“格式”→“列表”→“属性”命令，打开“列表属性”对话框。在弹出的对话框中单击“样式”右侧的下三角按钮，选择“大写罗马字母”选项，然后单击“确定”按钮，如图3.25所示。

注意：在设置项目属性的时候，如果在“列表属性”对话框中的“开始计数”文本框中输入有序编号的起始数值，那么在光标所处的位置上整个项目列表会重新编号。如果在“重设计数”文本框中输入新的编号起始数字，那么在光标所在的项目列表处会以输入的数值为起点，重新开始编号。

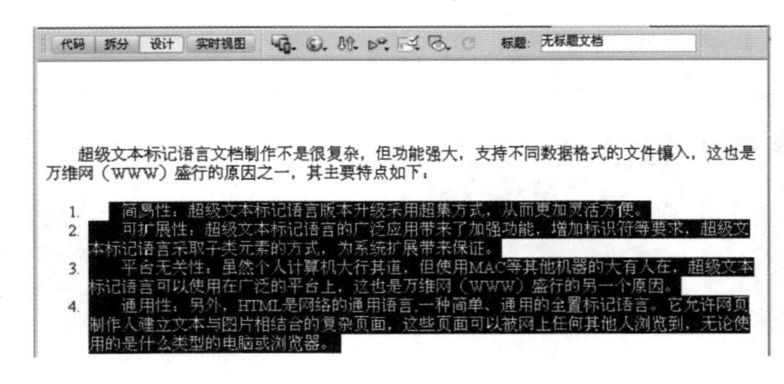

图3.24 “编号列表”效果

图3.25 “列表属性”对话框

3.3 图像编辑

随着网页技术的不断提高，如今几乎已经很少有纯文本的网页了。为网页添加图像可以使网页充满活力、富有美感，并可以直观地体现网页要突出的内容，而网页的风格也是需要依靠图像才能得以体现。因此，图像成为网页中不可缺少的设计元素。准确地使用图像来体现网页的风格，同时又不会影响浏览网页的速度，这是在网页中插入图像的基本要求。

首先，使用的图像素材要贴近网页风格，能够明确表达所要说明的内容，并且图片要富于美感，能够吸引浏览者的注意，并能够通过图片对网站产生兴趣。最好是用自己制作的图片来体现设计意图。当然选择其他合适的图片经过加工和修改之后再运用到网页中也是可以的，但一定要注意版权问题。

其次，在选择美观、得体的图片的同时，还要注意图片的大小。相对而言，图像所占文件的大小往往是文字的数百至数千倍，所以图像是导致网页文件过大的主要原因。过大的网页文件往往会造成浏览速度过慢等问题，所以尽量使用小一些的图像文件。

3.3.1 插入图像

网页中显示的图像并不是嵌入网页中的一部分，实际上，网页中的图像与文字是完全分开的，所有的图像都是被链接到页面中的，浏览器会通过相应的链接路径找到该图像文件，然后将它们在页面中显示出来。

在网页中插入图像的操作步骤如下：

①将光标定位在文档中要插入图像的位置，选择“插入”→“图像”命令；或者在“插入”面板的“常用”类别中，单击“图像”按钮，弹出“选择图像源”对话框。在该对话框中，上面默认的“文件系统”选项代表本地磁盘中选择的图像文件，“数据源”选项，则是从数据库中选择图像文件，如图3.26所示。选中所需图片，单击“确定”按钮。

②如果插入的图像不在该站点中，Dreamweaver CS6会询问是否要将该文件复制到当前站点中，如图3.27所示，单击“是”按钮。

③选择好文件在当前站点中的存放位置后，会弹出“图像标签辅助功能属性”对话框，如图3.28所示。可以在“替换文本”下拉列表中输入图像的简短说明，当图像显示不

出来的时候会显示替换文本中的内容。如果对图像的描述说明内容比较多，可以在“详细说明”文本框中输入该图像的详细说明文件的地址。

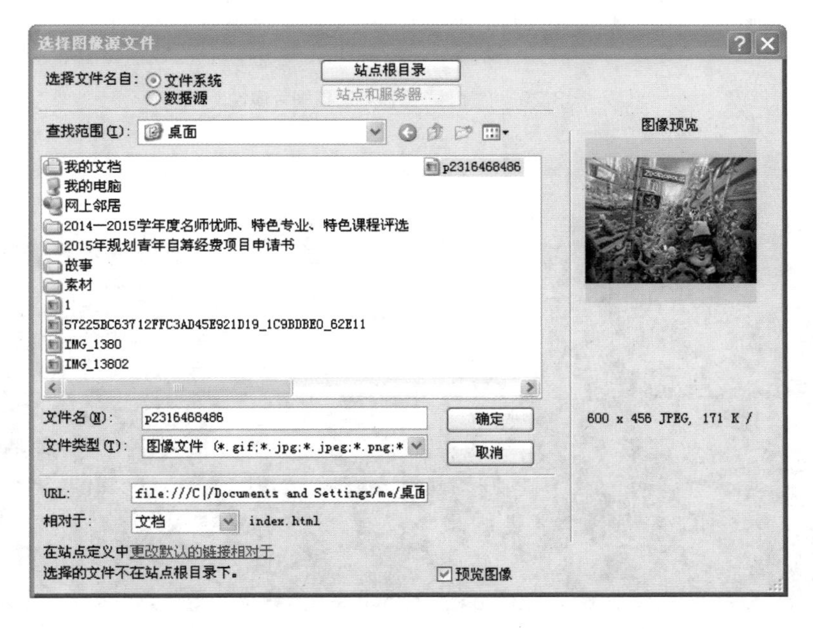

图3.26 “选择图像源”对话框

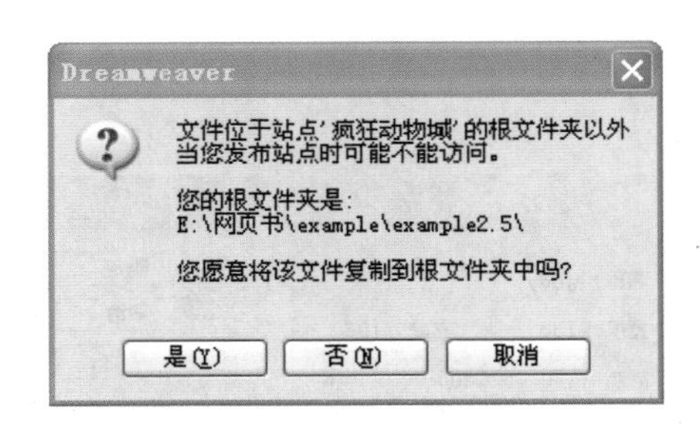

图3.27 询问对话框

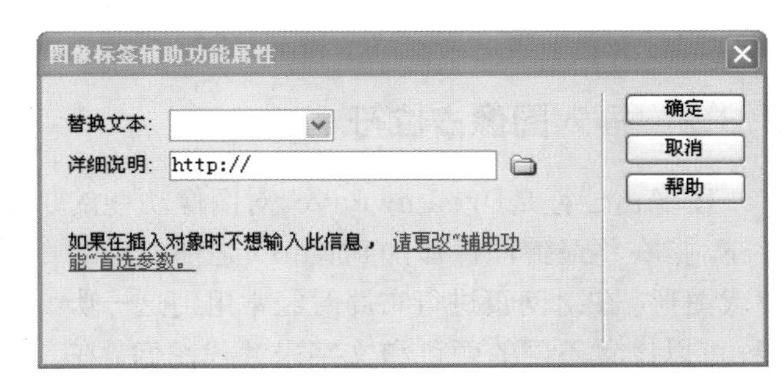

图3.28 “图像标签辅助功能属性”对话框

注意：大多数情况下，插入图像时不需要为图像添加相应的“替换文本”等图像标签辅助功能属性，可以通过设置首选参数，使在网页中插入图像时不弹出“图像标签辅助功能属性”对话框。执行“编辑”→“首选参数”命令，在弹出的对话框的“分类”列表中选择“辅助功能”，将“图像”的复选框去掉即可。

④插入图片后，单击选中图片，在“属性”面板的“宽”和“高”可以调整图片的宽度和高度，如图3.29所示。

⑤设置后的效果如图3.30所示。

图3.29 “属性”面板中设置图片属性

图3.30 设置后的效果

3.3.2 插入图像占位符

图像占位符是Dreamweaver对图像功能的补充，指在将最终图像添加到Web页之前使用的替代图形。在对网页进行布局时经常用到这一功能，可以设置不同的颜色和文字来替代图像。在网页中插入图像占位符的操作步骤如下：

①将光标定位在要插入的位置。单击“插入”面板中的“图像”按钮右侧的下三角，在弹出的菜单中选择“图像占位符”，在弹出的对话框中设置的参数如图3.31所示。

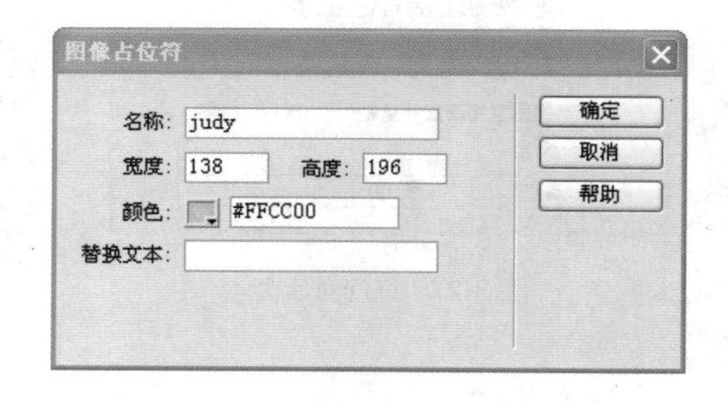

图3.31 “图像占位符”对话框

注意：为了便于记忆，可以为“图像占位符”命名，但该名称只能包含小写字母和数字，并且不能以数字开头。“宽度”和“高度”选项可以设置图像占位符的宽度和高度，默认大小是32px×32px。“颜色”选项可以设置图像占位符的颜色，以便更加方便的显示和区分。“替换文本”选项可以设置图像占位符的替换说明文字。

②单击“确定”按钮，即可在光标所在位置插入图像占位符，如图3.32所示。

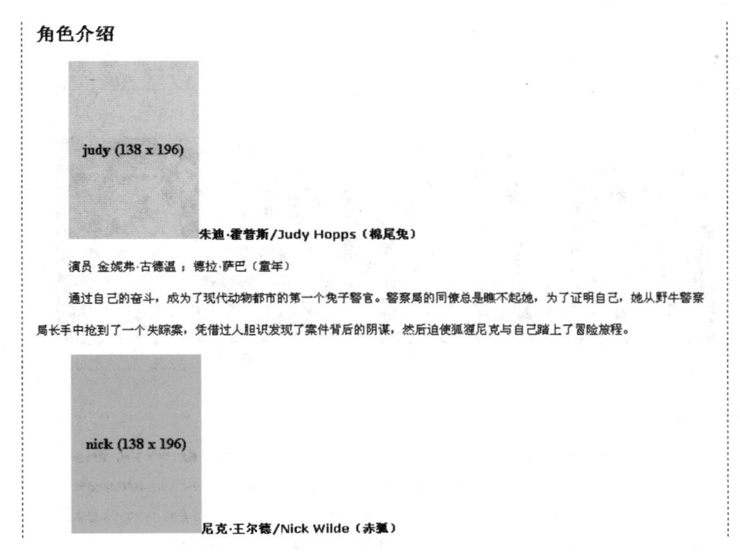

图3.32 插入图像占位符

3.3.3 添加背景图像

添加背景图像的操作步骤如下：

①执行“修改”→“页面属性”命令，或在“属性”面板上单击“页面属性”按钮。

②在弹出的“页面属性”对话框中单击“背景图片”右侧的“浏览”按钮，弹出“选择图像源文件”对话框，如图3.33所示。选择素材图片所在的文件，单击所需的文件，单击“确定”按钮返回到“页面属性”对话框。

③单击“确定”按钮，即可完成添加背景图片的操作，效果如图3.34所示。

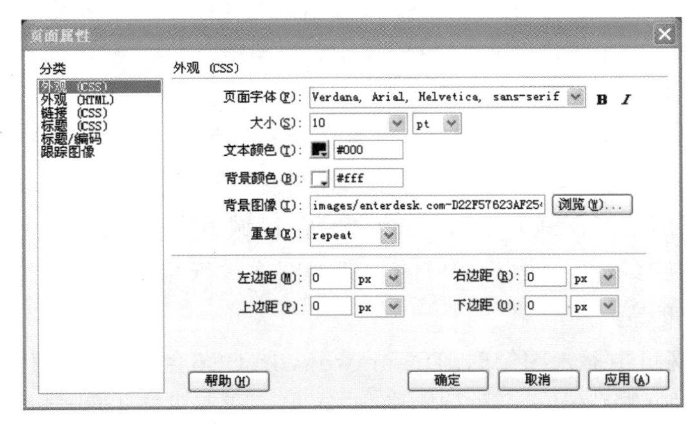

图3.33 “页面属性”对话框

3.3.4 设置图像属性

在网页中插入的图像大小、位置通常需要调整才能与网页相配，可以通过Dreamweaver CS6的“属性”面板来设置图像的基本属性，包括调整图像的大小、对齐图像等。下面对“属性”面板中的各项功能进行简单说明。

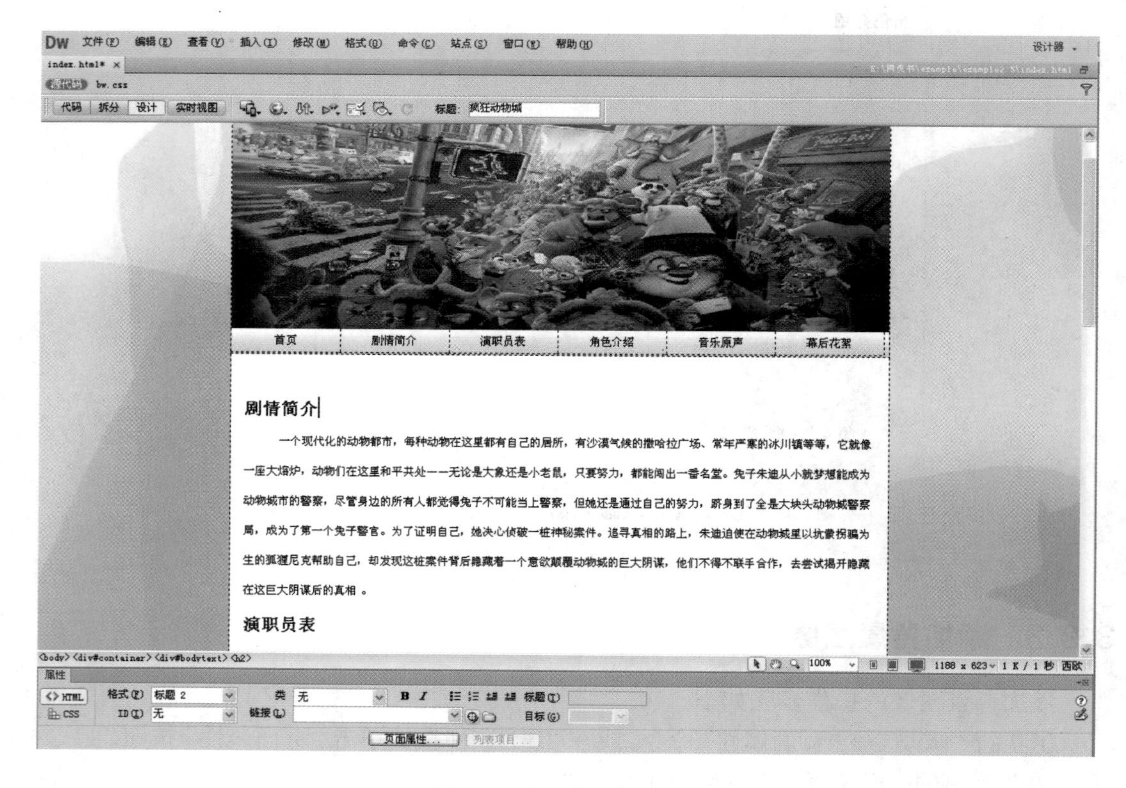

图3.34 插入背景图片效果

• 图像信息：在“属性”面板的左上角显示所选图片的缩略图，并在缩略图右侧显示该对象的信息。

• ID：信息内容的下面有一个ID文本框，可以在该文本框中定义图像的名称，主要是为了在脚本语言（JavaScript或VBScript）中便于引用图像。

• 源文件：显示图像的源文件位置。

• 链接：在“链接”文本框中可以输入图像的链接地址。

• 替换：在“替换”文本框中可以输入图像的替换说明文字。在浏览网页时，当该图片因丢失或者其他原因不能正确显示时，在其相应的区域就会显示设置的替换说明文字。

• 编辑：可单击“编辑”属性后相应的按钮对图像进行编辑，包括对图像进行剪裁、调整图像亮度和对比度等。

• 宽和高：在网页中插入图像时，Dreamweaver CS6会自动在“属性”面板上的宽和高文本框中显示图像的原始大小，单位为像素。可根据需要重新设置大小。

• 类：在该下拉列表中可以选择应用已经定义好的CSS样式表，或者进行“重命名”和“管理”的操作。

• 图像热点：在“地图”文本框中可以创建图像热点集，其下面则是创建热点区域的3种不同的形状工具。

• 目标：在下拉列表中可以设置图像链接文件显示的目标位置。

3.3.5　编辑图像

Dreamweaver CS6具有强大的图像编辑功能，用户无须借助外部图像编辑软件，就可以轻松实现对图像的重新取样、裁剪、调整亮度和对比度、锐化等操作，获得网页图像显示的最佳效果。

1.重新取样

当对网页中图像的大小进行调整后，图像显示效果会发生改变，调整后图像的效果不如原图。此时，可以通过“重新取样”增加或减少图像的像素数量，使其与原始图像的外观尽可能匹配。对图像进行重新取样可以减少图像文件大小，提高下载速度。

对一个已经改变大小的图像进行重新取样时，只要单击“属性”面板中的“重新取样”按钮 ，即可对图像重新取样。

2.裁剪图像

在Dreamweaver CS6中，利用Dreamweaver的“裁剪”功能，就可以轻松地将图像中多余的部分删除，突出图像的主题。例如，在制作网页时，发现插入的图片中含有Logo，很不美观，需要将Logo部分删除。具体操作步骤如下：

①在“编辑区”中单击选中要裁剪的原图像，如图3.35所示。

图3.35　选中要裁剪的原图像

②在“属性检查器”中单击“裁剪”按钮，此时图像上会出现8个调整大小手柄，阴影区域为要删除的部分。拖动调整大小手柄，将图像的保留区域调整到合适大小，如图3.36所示。

③单击“裁剪”按钮或双击图像保留区域，效果如图3.37所示。图像中的Logo部分就被删除了。

3.亮度和对比度

在Dreamweaver　CS6中，可以通过“亮度/对比度”按钮调整网页中过亮或过暗的图像，使图像整体色调一致。

在网页中选择要调整的图像，单击“属性”面板中的“亮度/对比度”按钮，弹出如图3.38所示的对话框，调整方法如下：

①亮度：向左拖动滑块，降低亮度；向右拖动滑块，提高亮度。

②对比度：向左拖动滑块，降低对比度；向右拖动滑块，提高对比度。

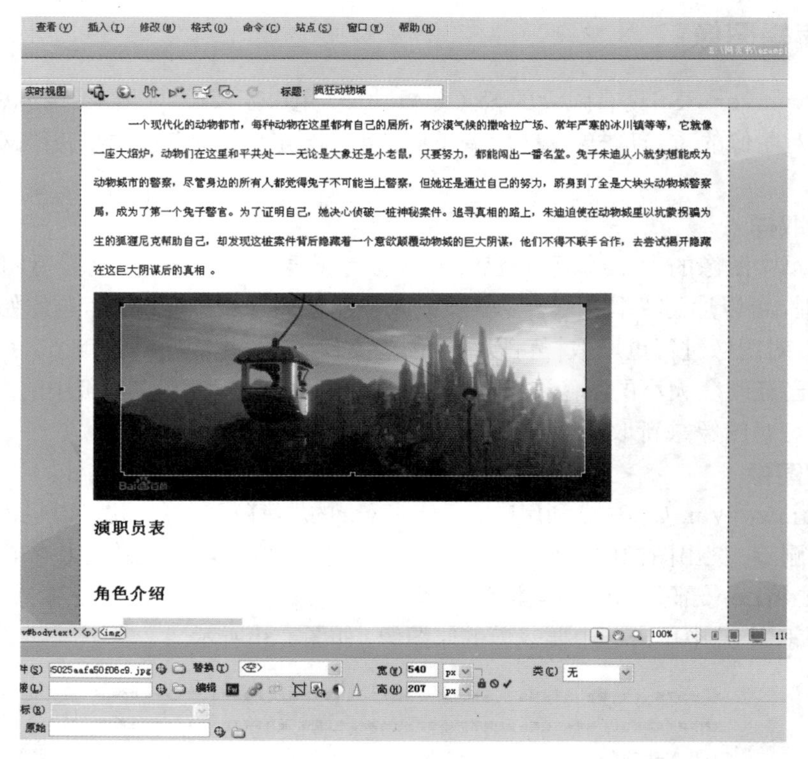

图3.36 调整大小手柄

图3.37 剪裁后的效果图

4.锐化

Dreamweaver CS6的“锐化”功能与Photoshop相似，通过提高图像边缘部分的对比度，从而使图像边界更清晰。具体操作步骤如下：

①在“编辑区”中单击选中要编辑的图像。

②在“属性检查器”中单击“锐化”按钮。

③在弹出的“锐化”对话框中，分别拖动滑块左右调节或在相应文本框中输入0~10的数值，直到达到满意的效果，单击“确定”按钮，如图3.39所示。

④锐化后的图片边缘部分更加清晰。

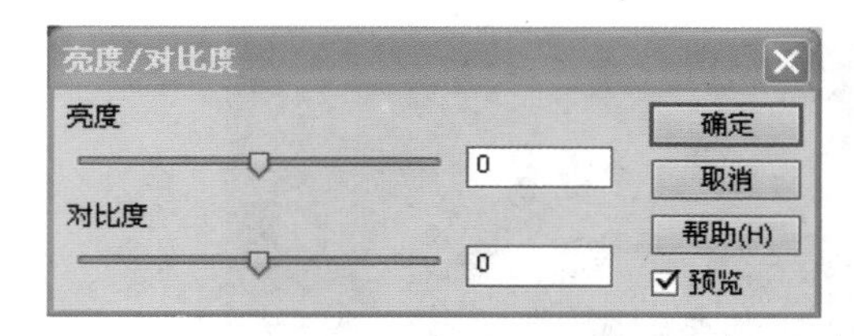

图3.38 “亮度/对比度”对话框

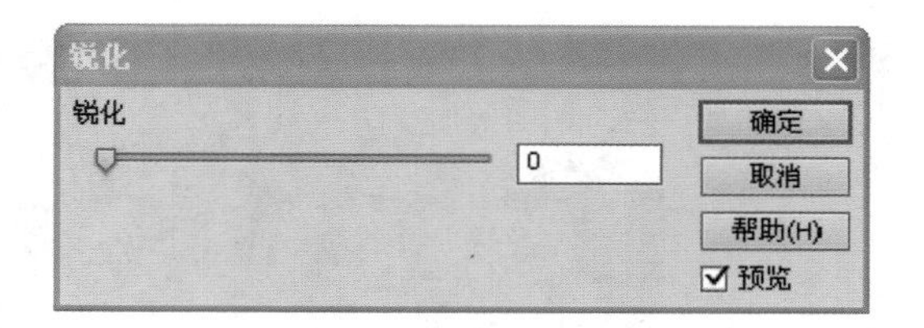

图3.39 “锐化”对话框

3.4 超链接

在一个文档中可以创建以下几种类型的链接。

链接到其他文档或者文件（如图片、影片或声音文件等）的链接。

命名锚记链接，此类链接跳转至文档内的特定位置。

电子邮件链接，此类链接新建一个已填好收件人地址的空白电子邮件。

空链接和脚本链接，此类链接用于在对象上附加行为，或者创建执行JavaScript代码的链接。

3.4.1 文本和图像链接

浏览网页时，会看到一些带下画线的文字，将鼠标移动到文字上时，鼠标指针将变成 形状，单击鼠标，会打开一个网页，这样的链接就是文本链接。

浏览网页时，如果将鼠标移动到图像上之后，鼠标指针变成 形状，单击鼠标打开一个网页，这样的链接就是图像链接。

利用菜单命令创建文字或图片链接的步骤如下：

①将需要添加链接的文字或图片选中，如图3.40所示。

②执行“修改”→“创建链接”命令，选择该命令后，弹出“选择文件”对话框，选择一个网页文件即可，如图3.41所示。

知识窗

在“属性”面板中单击“浏览文件”按钮，选择一个网页文件也可创建超链接。根据实际需要，在“属性”面板的“目标”选项中设置链接页面在浏览器中打开的方式，共有4个选项：

- _blank：在新窗口中打开被链接文档。
- _self：默认。在相同的框架或窗口中打开被链接文档。
- _parent：在父框架集中打开被链接文档。
- _top：在整个窗口中打开被链接文档。

图3.40 选中文字

图3.41 “选择文件”对话框

3.4.2 命名锚记链接

创建锚记链接就是先在文档的指定位置设置命名锚记，并给该命名锚记一个唯一名称以便引用。再通过创建链接至相应命名锚记的链接，可以实现同一页面或不同页面指定位置的跳转，使访问者能够快速地浏览到选定位置的内容，加快页面浏览的速度。

①将光标插入文本“角色介绍”的前面。

②执行“插入”→“锚记链接”命令，弹出“命名锚记”对话框，命名为“角色介绍”后单击“确定”按钮，如图3.42所示。

③在文本“角色介绍”前面将出现锚记图标，如图3.43所示。

④选中导航栏的文本“角色介绍”，在“属性”面板的“链接”右侧输入“#角色介绍”，即输入“#”号并输入前面设置的锚记名。

⑤添加完锚记链接后按“Ctrl+S”快捷键将网页保存，再按“F12”键预览，当单击网页上方的“角色介绍”链接时，网页会立刻跳转至网页下方的“角色介绍”处。

注意：以上是在同一网页内设置锚记链接，如果想单击当前页面中的文字，让其跳转至其他网页的指定文字处，只要在“属性”面板的“链接”栏中将需要跳转的网页名加在命名锚记前就可以了，即将链接改为“其他页面名.html#锚记名”。

图3.42 “命名锚记”对话框

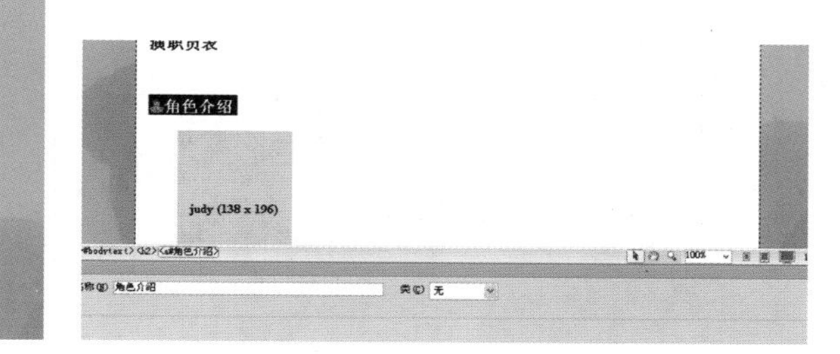

图3.43 锚记图标

3.4.3 电子邮件链接

电子邮件链接是一种特殊的链接，单击这种链接，不会跳转到相应的网页上，而是会启动计算机中相应的E-mail程序（一般是Outlook Express），允许书写电子邮件，发往链接指定的邮箱。

创建电子邮件链接的操作步骤如下：

①将需要添加链接的文字或图片选中。

②执行“插入”→“电子邮件链接”命令添加电子邮件链接，在弹出的“电子邮件链接”对话框的“电子邮箱”右侧输入电子邮件地址，然后单击“确定”按钮即可，如图3.44所示。或者在“属性”面板的链接栏直接输入电子邮件地址。

注意：电子邮箱的格式为：用户名@域名（服务提供商名）。

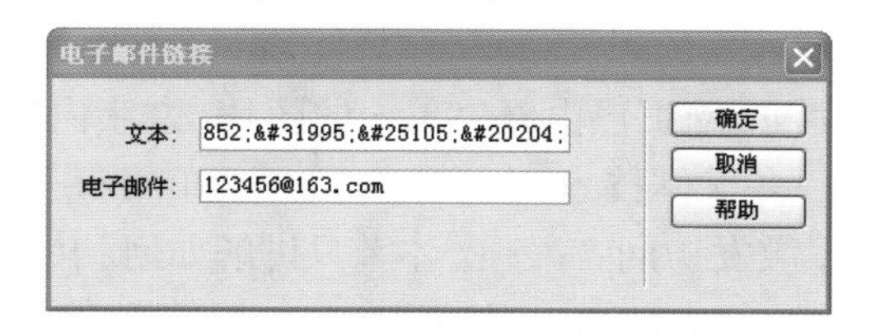

图3.44 “电子邮件链接”对话框

③按“F12”键预览网页，单击电子邮件链接，启动E-mail程序，如图3.45所示。

3.4.4 空链接

所谓空链接，就是指向自身的链接。之所以指向自身，是为了在链接上添加行为，改善用户的浏览体验，如当光标移动到图片链接上时，此图片切换成另一幅图片。

另一种情况是，当前显示页和链接所指位置是同一页，此时链接页面已经打开，再链接至本页已多此一举，但没有链接又会造成页面上显示有差异，所以要添加一个空链接，让页面风格保持一致。设置空链接只需在“属性”面板的“链接”文本框中输入一个“#”。

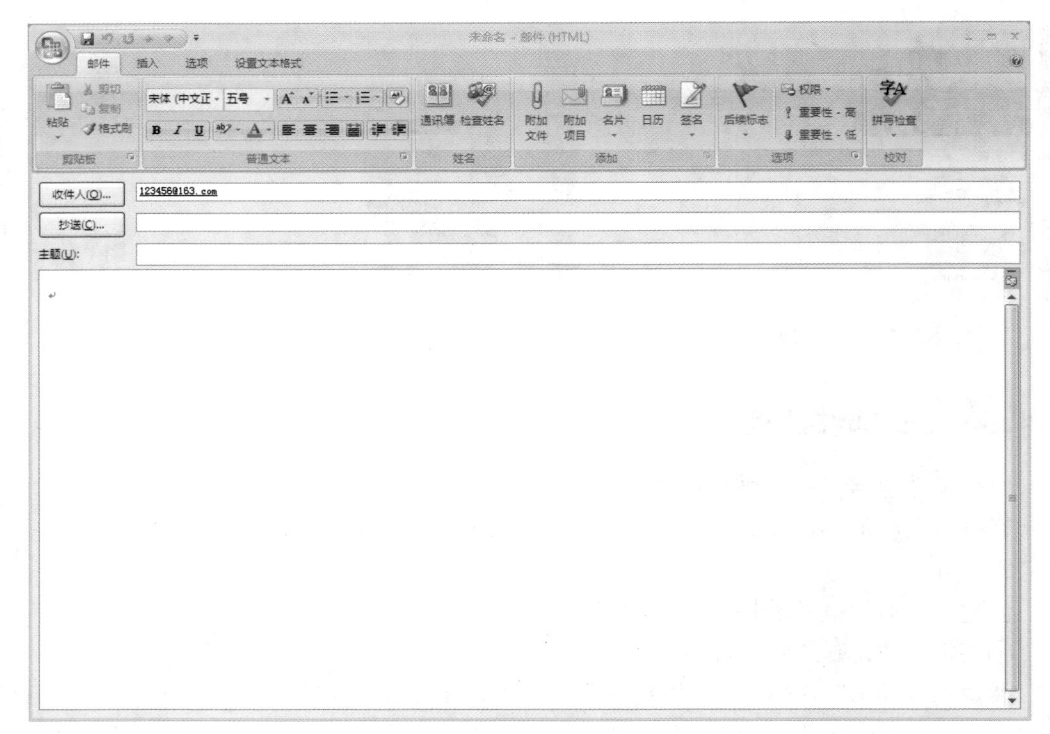

图3.45 启动E-mail程序

3.5 多媒体对象

随着多媒体技术的发展，网页已由原先单一的图片、文字内容发展为多种媒体相集合的表现形式。在网页中应用多媒体技术，如音频、视频、Flash动画等内容，可以增强网页的表现效果，使网页更生动，激发访问者兴趣。本节只讲解如何利用Dreamweaver CS6在网页中添加声音。在Dreamweaver CS6中提供了专门的插件可以实现此功能。在网页中添加声音有两种方式：一是以插入音频的形式，浏览者可以通过播放器控制音频；二是以添加背景音乐的形式，在加载页面时自动播放音频。

3.5.1 在网页中添加音频

在网页中插入音频时，考虑到下载速度、声音效果等因素，一般采用rm或mp3格式的音频。在网页中插入音频，系统自动生成默认的播放器。具体操作步骤如下：

①将光标定位在要插入的位置。

②单击“插入”面板中的“媒体”按钮右侧的下三角，在弹出的菜单中选择“插件”，在弹出的“选择文件”对话框中，选择所需插入的音频文件，设置如图3.46所示。

图3.46 “选择文件”对话框

③单击“确定”按钮后，会插入一个插件标志，选中插件，在“属性”面板中修改插件的宽和高，如图3.47所示。

保存，按“F12”键预览效果，效果如图3.48所示。

图3.47　插件的属性设置

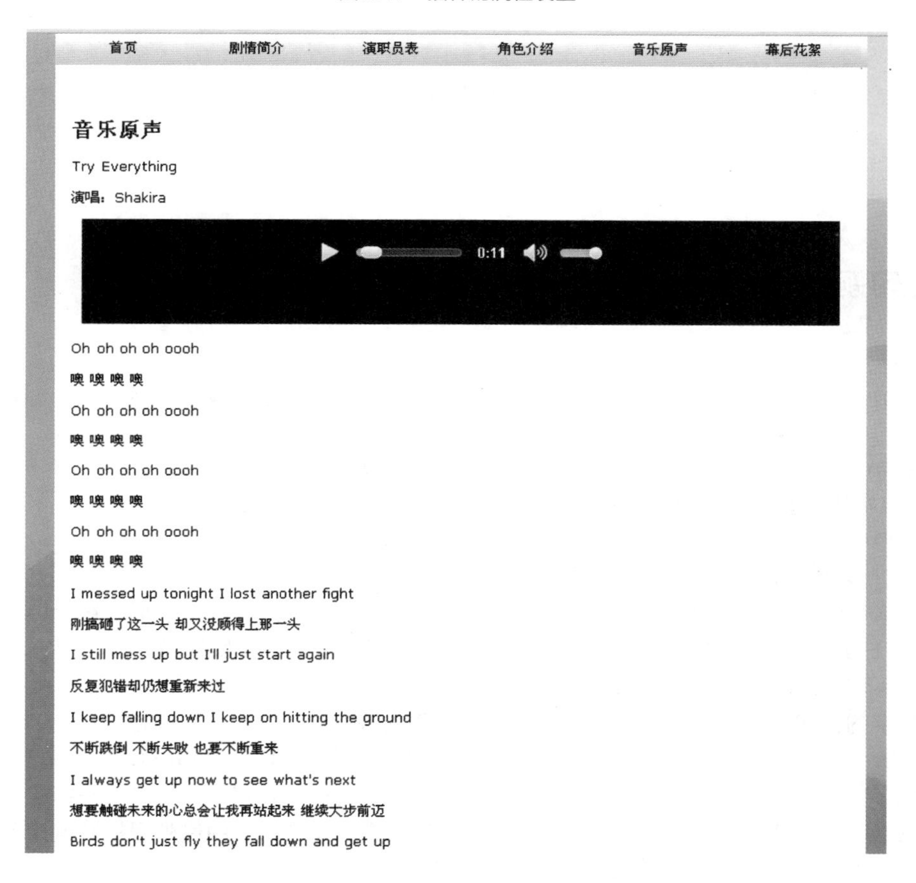

图3.48　插入音频后的效果图

3.5.2　在网页中添加背景音乐

背景音乐，顾名思义，就是在加载页面时，自动播放预先设置的音频，可以预先设定播放一次或重复播放等属性。具体操作步骤如下：

①切换到代码视图。

②在<head>和</head>之间添加以下代码：

```
<embed src="music/try everything.mp3" autostart="true" loop="true"
hidden="true"></embed>
```

知识窗

<embed>用来插入各种多媒体，格式可以是.midi，.wav，.aiff，.au等，netscape及新版的ie都支持。其参数设定较多。以上代码所使用的参数说明如下：

src="music/try everything.mp3"　设定路径，可以是相对路径或绝对路径。

autostart=true　是否在音乐下载完之后就自动播放。true是，false否。

loop="true"　是否自动反复播放。loop=2表示重复两次，true是，false否。

hidden="true"　是否完全隐藏控制画面，true为是，no为否。

注意：在网页中添加背景音乐，也可以利用<bgsound>标签。

课后练习题

一、单选题

1.在Dreamweaver中，可以采用基本模板来创建网页。一个模板文档采用（　　）作为其文件扩展名。

A..htm　　B..dwt　　C..dwm　　D..htt

2.下面不能在图形的属性面板中设置的是（　　）。

A.颜色　　B.超链接　　C.边框　　D.热点

3.在Dreamweaver CS6的插入菜单中，Flash表示（　　）。

A.插入一个ActiveX占位符　　B.打开可以输入或浏览的插入Applet对话框

C.打开插入插件对话框　　D.打开插入Flash影片对话框

4.下面不能在文字属性面板中设置的是（　　）。

A.文字的格式　　B.热点　　C.对齐方式　　D.超链接

5.在Dreamweaver CS6中设置超链接属性时，当目标框架设置为_blank时，表示的是（　　）。

A.会在当前窗口的父框架中打开链接　　B.会新开一个浏览器窗口来打开链接

C.在当前框架打开链接　　D.会在当前浏览器中最外层打开链接

6.在默认情况下，下面关于给文字插入超链接说法正确的是（　　）。

A.插入超链接后会发现文字已经变成蓝色，并且下面出现下画线

B.只能对文字进行超链接

C.插入超链接后会发现文字已经变成蓝色，但是不会出现下画线

D.以上说法都错误

7.在Dreamweaver CS6中，我们可以为链接设立目标，表示在新窗口打开网页的是（　　）。

A._blank　　B._parent　　C._self　　D._top

8.以下能够创建空链接的是（　　）。

A.在“链接”文本框中直接输入“#”　　B.在“链接”文本框中直接输入“!”

C.在“链接”文本框中直接输入“$”　　D.在“链接”文本框中直接输入“@”

9.下列关于图像编辑的说法不正确的是（　　）。

A.图像可以改变大小　　B.图像可以改变位置　　C.可以裁剪图像　　D.可以改变图像的颜色

10.在网页中最为常用的两种图像格式为（ ）。

A.jpeg和gif B.jpeg和psd C.gif和bmp D.bmp和psd

11.在Dreamweaver CS6中，无法在网页中插入图像的是（ ）。

A.直接复制粘贴

B.选择插入菜单下的图像命令

C.单击主窗体状态栏上的插入图像按钮

D.右单击网页，在弹出的快捷菜单中选择插入图像命令

12.如果要为一段文字添加一个电子邮件链接，可以执行的操作是（ ）。

A.选中文字，在属性面板的“链接”栏内直接输入mailto:电子邮件地址

B.选中文字，在属性面板的“链接”栏内直接输入email:电子邮件地址

C.选中文字，在属性面板的“链接”栏内直接输入tomail:电子邮件地址

D.无法为文字添加电子邮件链接

13.在Dreamweaver中，设置E-mail的超链接，在Link栏中的格式是（ ）。

A.mail:+E-mail B.mailto:+E-mail C.E-mail D.mailto:// +E-mail

二、简答题

1.什么是图像占位符，它有何作用?

2.插入图像到网页中的方法有哪些?

3.超链接有哪些分类?

4.在Dreamweaver CS6中，创建超链接有哪些方法?

第4章　表格与框架

4.1　表格的基本操作

4.1.1　创建表格

表格是由一些粗细不同的横线和竖线构成的。其中，横的叫做行，竖的叫做列，由行和列相交的一个一个方格称为单元格。单元格是表格的基本单位，每一个单元格都是一个独立的正文输入区域，可以输入文字和图形，并单独进行排版和编辑。

表格是网页设计制作中不可缺少的重要元素，它以简洁明了和高效快捷的方式将数据、文本、图片以及表单等元素有序的显示在页面上，从而设计出版式漂亮的页面。

创建表格的操作步骤如下：

①将光标定位在要插入表格的位置。选择“插入”→“表格”命令，或者按“Ctrl+Alt+T”组合键，弹出如图4.1所示的对话框。

②在对话框中输入相应的参数，行数为10，列数为6，表格宽度为550 px，边框粗细为0 px。参数设置完成后，单击“确定”按钮，即可在光标位置插入一个表格，如图4.2所示。

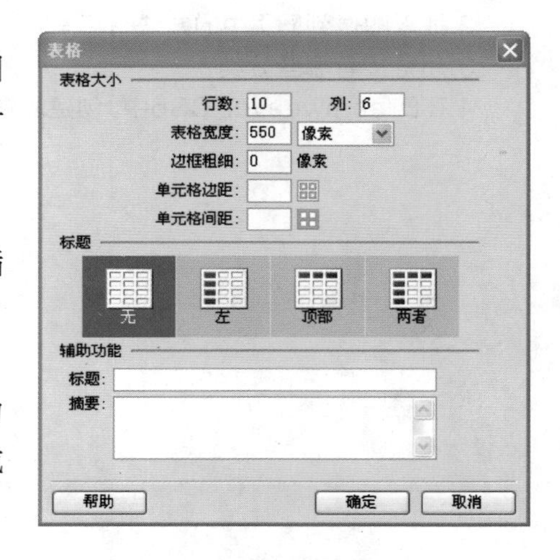

图4.1　表格对话框

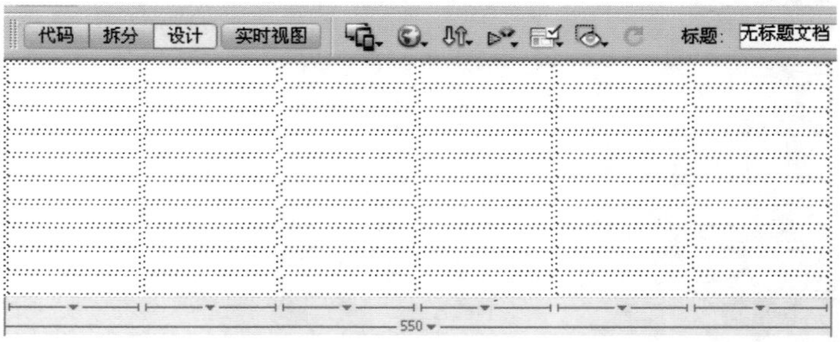

图4.2　生成的表格

知识窗

表格对话框中的相关参数有以下几种：

- 行数：拟创建表格中行的数目。
- 列数：拟创建表格中列的数目。
- 表格宽度：以像素为单位或按占浏览器窗口宽度的百分比指定表格的宽度。
- 边框粗细：以像素为单位，设置表格边框的宽度。若设置为0，则在浏览时不显示表格边框。
- 单元格间距：相邻的表格单元格之间的像素数。
- 单元格边距：确定单元格边框与单元格内容之间的像素数。
- 无：对表格不启用行或列标题。
- 左：将表格的第一列作为标题列。
- 顶部：将表格的第一行作为标题行。
- 两者：能使用户在表格中输入列标题和行标题。
- 标题：显示在表格外的表格标题。
- 摘要：表格的说明信息。

4.1.2 向表格添加内容

1.手动添加表格内容

将表格插入文档后即可向表格添加文本或图像等内容。向表格中添加内容的方法很简单，只需将光标定位到插入点，再输入文本或插入图像即可。插入文字和图片后的效果如图4.3所示。

代码 拆分 设计 实时视图 标题：无标题文档

序号	歌曲	歌手	试听	视频	下载
01	美酒加咖啡	金志文			下载
02	知足	苏运莹			下载
03	虎口脱险	老狼			下载
04	致光阴	张信哲			下载
05	再见我的爱人	王晰			下载
06	放开你的头脑	容祖儿			下载
07	悟空	关喆			下载
08	英格玛	HAYA乐团			下载
09	花心	信			下载

图4.3 在表格中插入文字和图片

2.从其他文档导入表格式数据

可以将创建在另一个应用程序（如记事本）中的数据导入网页中并设置为表格的格式。应用程序中要按照Dreamweaver给出的规则设置好界定符。

将记事本中的表格式数据导入Dreamweaver的操作步骤如下：

①若界定符为逗点，则在记事本中以逗点为分隔符录入数据，逗点为英文状态下的逗点，如图4.4所示。

②将光标定位在导入数据处，选择“文件”→“导入”→“表格式数据”命令，如图4.5所示。

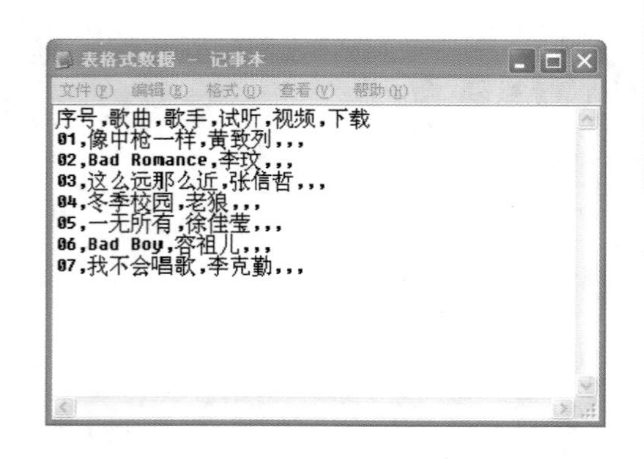

图4.4 在记事本中录入表格式数据

图4.5 “文件”→“导入”→“表格式数据”命令

③弹出“导入表格式数据”对话框，选择数据文件，将定界符设置为“逗点”，单击“确定”按钮，如图4.6所示。

④数据导入Dreamweaver中的效果如图4.7所示。

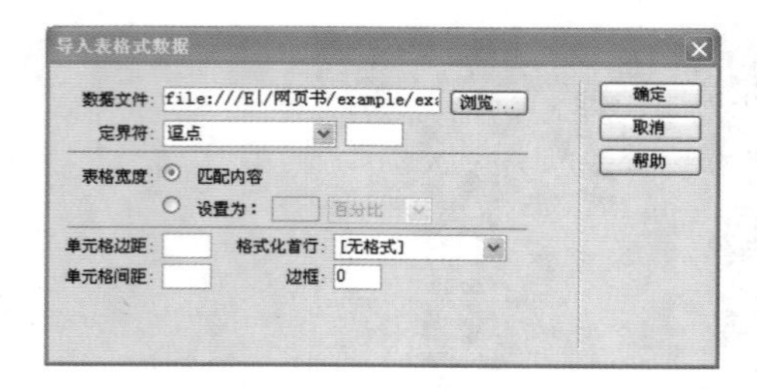

图4.6 “导入表格式数据”对话框

图4.7 导入效果

4.1.3 选择表格元素

1.选择整个表格

选中整个表格，有以下几种方法：

①单击表格的左上角、表格的顶缘或底缘的任何位置或者行或者列的边框，当可以选择表格时，鼠标指针会变成表格网格图标。

②单击某个表格单元格，然后在文档窗口左下角的标签选择器中选择<table>标签。

③单击某个表格单元格，选择“修改”→“表格”→“选择表格”命令。

④单击单元格，然后选择“编辑”→“全选”命令。

⑤单击某个表格单元格，单击表格标题菜单，然后选择“选择表格”命令，如图4.8所示。

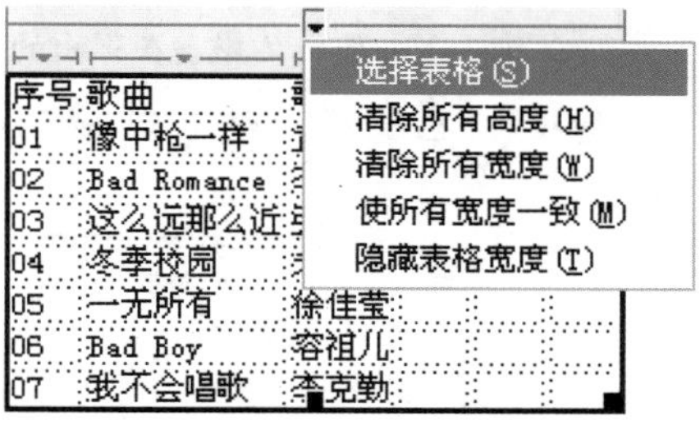

图4.8　“选择表格”命令

2.选择单个或多个行或列

操作步骤如下：

①定位鼠标指针使其指向行的左边缘或列的上边缘。

②当指针变为选择箭头时，单击选择单个行或列，或进行拖动选择多个行或列。

3.选择单元格

选择单个单元格，有以下几种方法：

①直接单击单元格，或者在“文档”窗口左下角的标签选择器中选择<td>标签，可选中单个单元格。

②单击目标区域左上角的单元格，按住“Shift”键不放，再单击目标区域右下角的单元格，可以选中相邻的多个单元格。

③单击单元格，按住“Ctrl”键不放，单击其他目标单元格，可选中多个不相邻的单元格。

4.1.4　删除和添加表格的行与列

1.添加行与列

在Dreamweaver CS6中插入表格以后，单击要添加的行或列中的一个单元格，或者选择该行或列。然后用以下操作添加行或列：

①单击“插入”→“表格对象”命令，在弹出的子菜单中选择要使用的项即可，如图4.9所示。

②单击“修改”→“表格”命令，在弹出的子菜单中选择“插入行”或“插入列”命令，即可增加行和列，如图4.10所示。

图4.9　“插入”→“表格对象”命令

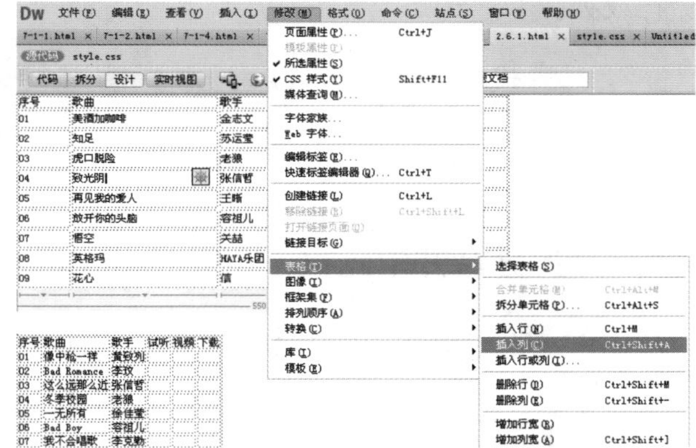

图4.10　“修改”→“表格”命令

注意：单击鼠标右键，在弹出的快捷菜单中选择“表格”项，在子菜单中选择“插入行”或“插入列”也可以增加行和列，如图4.11所示。

图4.11　表格快捷菜单

2.添加多行或多列

在Dreamweaver中同时增加多行或者多列的操作步骤如下：

①单击“修改”→“表格”命令，在子菜单中选择“插入行或列”项，或者单击鼠标右键，选择“表格”命令，在弹出的子菜单中选择“插入行或列”项。打开“插入行或列”对话框，如图4.12所示。

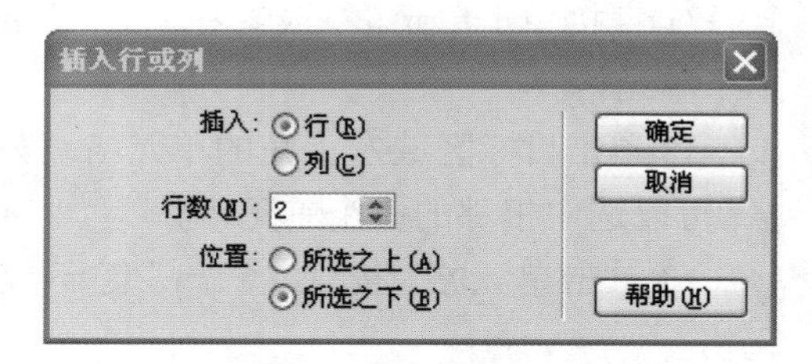

图4.12　“插入行或列”对话框

②在“插入行或列”对话框中，设置相关参数以后，单击“确定”按钮即可插入行或列了。

3.删除行和列

删除行和列有如下几种方法：

①单击“修改”→“表格”命令，在弹出的子菜单中选择“删除行”或者“删除列”，即可删除行或列。

②单击鼠标右键，选择“表格”命令，在弹出的子菜单中选择“删除行”或者“删除列”项，也可删除行或列。

③选择一行或者多行，或者选择一列或者多列，按键盘上的“Delete”键，也可删除行或列。

注意：删除行或列时必须首先选择整个行或列。否则，不能删除行或列，只能删除掉单元格中的数据。

4.1.5　拆分合并单元格

Dreamweaver CS6中通过对单元格的合并和拆分可以生成各种各样的简单的或者复杂的表格。

1.合并单元格

合并单元格的操作步骤如下：

①选择几个要合并的单元格（必须是相邻的单元格），如图4.13所示。

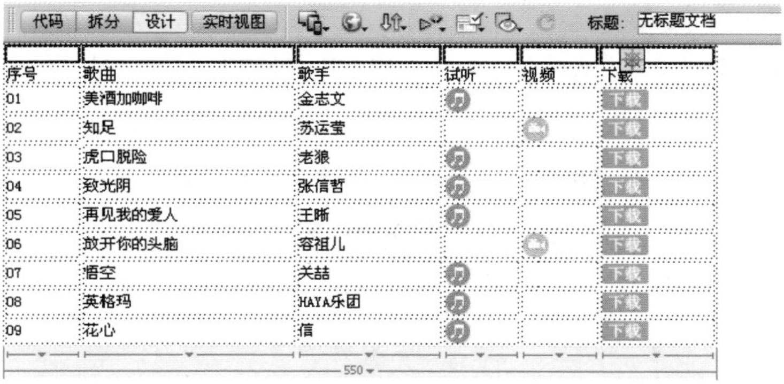

代码 拆分 设计 实时视图 标题: 无标题文档

序号	歌曲	歌手	试听	视频	下载
01	美酒加咖啡	金志文			下载
02	知足	苏运莹			下载
03	虎口脱险	老狼			下载
04	致光阴	张信哲			下载
05	再见我的爱人	王晰			下载
06	放开你的头脑	容祖儿			下载
07	悟空	关喆			下载
08	英格玛	HAYA乐团			下载
09	花心	信			下载

550

图4.13 相邻单元格

②单击“修改”→“表格”命令，在弹出的子菜单中选择“合并单元格”项，即可合并单元格。

或者单击鼠标右键，选择“表格”命令，在弹出的子菜单中选择“合并单元格”项，也可合并单元格。

或者选择过要合并的单元格以后，在“属性”面板中合并单元格按钮 ，如图4.14所示。

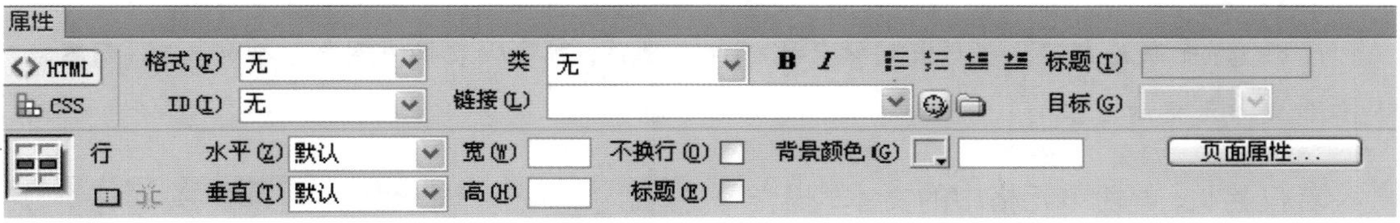

属性

HTML 格式(F) 无 类 无 B I 标题(T)

CSS ID(I) 无 链接(L) 目标(G)

行 水平(Z) 默认 宽(W) 不换行(O) 背景颜色(G) 页面属性...

垂直(T) 默认 高(H) 标题(E)

图4.14 “属性”面板

③合并单元格的结果如图4.15所示。

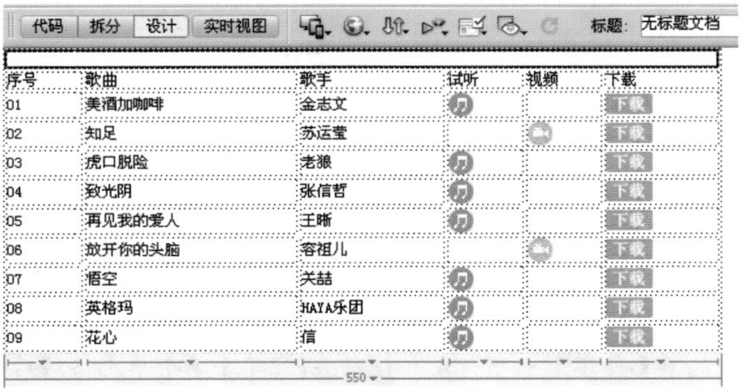

代码 拆分 设计 实时视图 标题: 无标题文档

序号	歌曲	歌手	试听	视频	下载
01	美酒加咖啡	金志文			下载
02	知足	苏运莹			下载
03	虎口脱险	老狼			下载
04	致光阴	张信哲			下载
05	再见我的爱人	王晰			下载
06	放开你的头脑	容祖儿			下载
07	悟空	关喆			下载
08	英格玛	HAYA乐团			下载
09	花心	信			下载

550

图4.15 合并后的效果

2.拆分单元格

拆分单元格的操作步骤如下：

①选择一个单元格。

②单击“修改”→“表格”命令，在弹出的子菜单中选择“拆分单元格”。

或者单击鼠标右键，选择“表格”命令，在弹出的子菜单中选择“拆分单元格”。

或者选择要拆分的单元格以后，在“属性”面板中拆分单元格，单击“拆分单元格为

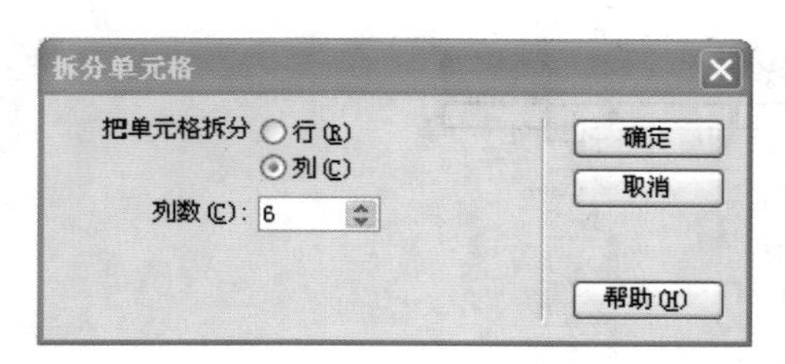

图4.16 “拆分单元格”对话框

行或列”按钮。

③弹出“拆分单元格”对话框，如图4.16所示。

注意：在“拆分单元格”对话框中，如果选择“行”，就要输入要拆分的行数；如果选择“列”就要输入要拆分的列数。

④单击“确定”按钮，单元格拆分成功。

4.1.6 拷贝、剪切、粘贴单元格

对单元格进行拷贝、剪切、粘贴操作可以一次拷贝、粘贴或删除单个表格单元格或多个单元格的内容，并保留单元格的格式设置。

若要剪切或复制表格单元格的内容，操作步骤如下：

①选择一个或多个单元格。

②选择“编辑”→“剪切”或“编辑”→“拷贝”命令，或者使用快捷键“Ctrl+x”或“Ctrl+c”。

注意：如果选择了整个行或列然后执行以上操作，则将从表格中删除整个行或列(而不仅仅是单元格的内容)。

若仅拷贝、剪切单元格中的文本，操作步骤如下：

①选择一个或多个单元格。

②选择“编辑”→“选择性粘贴”命令，或者使用快捷键“Ctrl+Shift+v”，弹出如图4.17所示的对话框，设置后选择“确定”按钮。

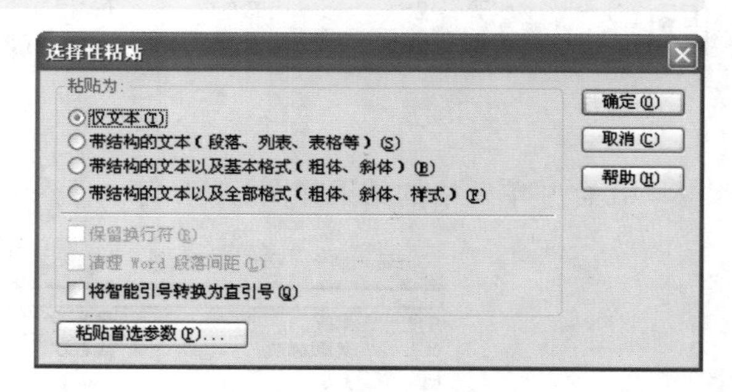

图4.17 “选择性粘贴”对话框

友情提示：要用正在粘贴的单元格替换现有的单元格，需选择一组与剪贴板上的单元格具有相同布局的现有单元格。

如果剪贴板中的单元格不到一整行或一整列，并且单击某个单元格然后粘贴剪贴板中的单元格，则所单击的单元格和与它相邻的单元格可能(根据它们在表格中的位置)被粘贴的单元格替换。

如果将整个行或列粘贴到现有的表格中，则这些行或列将被添加到该表格中。

如果粘贴单个单元格，则将替换所选单元格的内容。如果在表格外进行粘贴，则这些行、列或单元格用于定义一个新表格。

4.1.7　嵌套表格

嵌套表格就是在表格单元格中再插入表格，形成嵌套的结构，也就是在已有表格中再创建表格。操作步骤如下：

①将光标定位到需要嵌套表格的单元格里。

②按照添加表格的方式，插入新的表格。

注意：在嵌套表格时，层次不要超过三层，以免影响浏览速度。

4.2　表格属性

4.2.1　设置整个表格属性

单击表格的任意边框，将整个表格选中，在“属性”面板中可以对表格的宽度、单元格间距、对齐方式等进行设置，如图4.18所示。

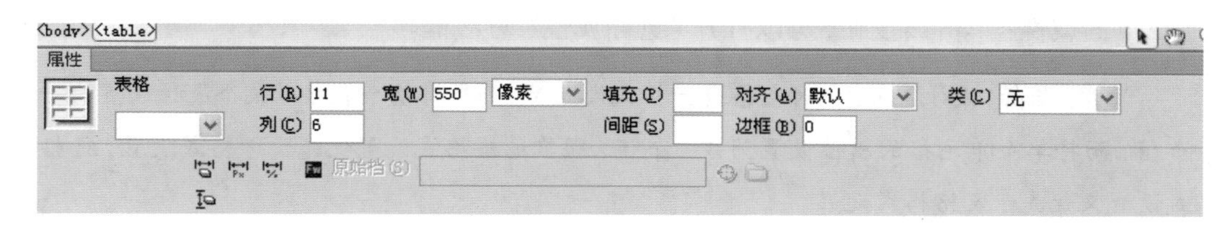

图4.18　“属性”面板

表格属性面板的相关参数说明如下：

•表格：该文本框用于设置表格的名称。

•行与列：用于设置表格中行和列的数量。

•宽：用于设置表格的宽度，以像素为单位或以占浏览器窗口宽度的百分比为单位。通常不需要设置表格的高度。

•填充：用于设置单元格内容和单元格边框之间的距离，以像素为单位。

•间距：用于设置相邻单元格之间的距离，以像素为单位。

•对齐：用于设置表格相对于同一段落中的其他元素（如文本或图像）的显示位置。包括“左对齐”“右对齐”“居中对齐”和“默认”4种选项。

•边框：用于设置表格边框的宽度，以像素为单位。

•类：用于将CSS规则应用在当前表格对象上。

4.2.2　设置单元格属性

选中行或列、单元格，在“属性”面板中可设置相关参数，如图4.19所示。

行或列、单元格属性面板的相关参数说明如下：

•水平：用于设置单元格内容的水平对齐方式，包含“默认”“左对齐”“右对齐”和“居中”对齐4种选项。

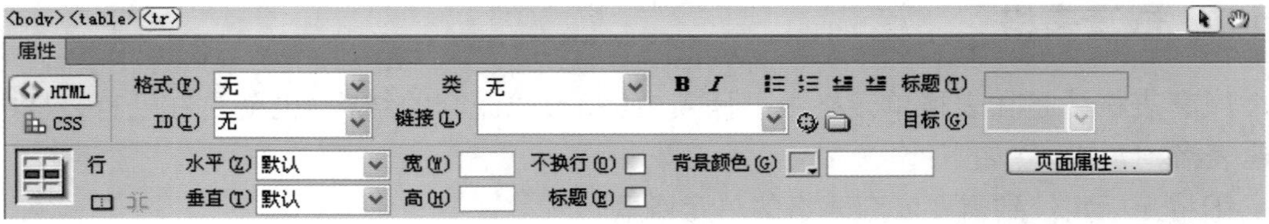

图4.19 “属性”面板

• 垂直：用于设置单元格内容的垂直对齐方式，包含“默认”“顶端”“居中”“底部”和“基线”5种选项。

• 宽和高：以像素为单位或按整个表格宽度或高度的百分比为单位，计算所选单元格的宽度和高度。

• 不换行：勾选该复选框，则单元格中的所有文本都在一行上。对超出宽度的内容，单元格会加宽来容纳所有数据。

• 标题：勾选该复选框，则将所选的单元格格式设置为表格标题单元格。默认情况下，表格标题单元格的内容为粗体并且居中。

• 背景颜色：用于设置单元格的背景颜色。

• 页面属性：单击该按钮，可以打开“页面属性”对话框。

注意：当在“设计”视图中对表格进行格式设置时，如果将整个表格的某个属性设置为一个值，而将单个单元格的属性设置为另一个值，则单元格格式设置优先于行格式设置，行格式设置又优先于表格格式设置。

4.2.3 调整表格、行和列的大小

1.调整表的大小

插入表格后，可以调整表格的大小，其调整方法有以下几种。

①通过拖动表格的一个选择柄来调整表格的大小。

②选中表格，通过“属性”面板重新设置宽度。

③选中表格，通过“修改”→“表格”中的相关选项调整。

注意：当调整整个表格的大小时，表格中所有单元格按比例更改大小。如果表格的单元格指定了明确的宽度和高度，则调整表格大小将更改“文档”窗口中单元格的可视大小，但不更改这些单元格的指定宽度和高度。

2.调整行和列的大小

可直接拖动行或列的边框或者选中行或列后在“属性”面板中调整行高或列宽。

注意：直接拖动列的右边框，将更改列宽并保持整个表格的宽度不变。若要更改某个列的宽度并保持其他列的大小不变，需按住Shift键，然后拖动列的边框。

4.3　表格数据排序

在Dreamweaver CS6中可以实现按数字的排序和按字母的排序，操作步骤如下：

单击表格中的任一单元格，选择“命令”→“排序表格”命令，打开“排序表格”对话框，如图4.20所示。在“排序按”下拉列表框中选择要排序的列（主要关键字），在“顺序”下拉列表框中选择所需顺序。在“再按”下拉列表框中选择要进行次级排序的顺序。单击“确定”按钮完成设置。

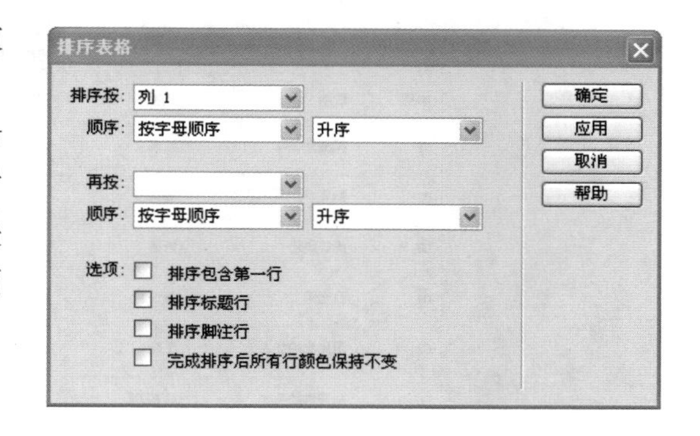

图4.20　“排序表格”对话框

“排序表格”对话框中相关参数说明如下：

- 排序按：用于指定哪一列的值对表格的行进行排序。
- 顺序：用于设置是按字母还是按数字顺序以及是升序还是以降序对列进行排序。
- 再按：用于设置在另一列上应用的第二种排序方法的排序顺序。
- 排序包含第一行：用于设置第一行是否包含在排序中，如果第一行是标题，则不勾选此项。
- 排序标题行：用相同的条件对表格的thead部分（如果存在）中的所有行进行排序。
- 排序脚注行：用相同的条件对表格的tfoot部分（如果存在）中的所有行进行排序。
- 完成排序后所有行的颜色保持不变：指定排序之后表格行属性（如颜色）应该与同一内容保持关联。

4.4　扩展表格模式

“扩展表格”模式临时向文档中的所有表格添加单元格边距和间距，并且增加表格的边框以使编辑操作更容易。利用这种模式，可以方便地选取较小的单元格及其内容或精确的放置插入点，调整完后再切换到标准模式。

切换到扩展表格模式的方法有：

选择“查看”→“表格模式”→“扩展表格模式”命令。在“插入”面板的“布局”类别中，单击“扩展”。切换到扩展表格模式，如图4.21所示。“文档”窗口的顶部会显示“扩展表格模式”，Dreamweaver会将页面上所有表格添加单元格的边距和间距，并增加表格的边距。

退出扩展表格模式的方法如下：

在“文档”窗口顶部“扩展表格模式”右侧点击“退出”。

选择“查看”→“表格模式”→“标准模式”命令。

在“插入”面板的“布局”类别中，单击“标准”。

序号	歌曲	歌手	试听	视频	下载
01	美酒加咖啡	金志文			下载
02	知足	苏运莹			下载
03	虎口脱险	老狼			下载
04	致光阴	张信哲			下载
05	再见我的爱人	王晰			下载
06	放开你的头脑	容祖儿			下载
07	悟空	关喆			下载
08	英格玛	HAYA乐团			下载
09	花心	信			下载

图4.21　扩展表格模式

4.5　框架应用

框架是网页中经常使用的页面设计方式之一，框架可以把浏览器窗口分割成几个不同的区域，每个区域可以显示不同的网页，总体构架出一个框架集。使用框架可以非常方便地完成导航工作，让网站的结构更加清晰，而且各个框架之间决不存在干扰问题。

4.5.1　基本概念

框架技术由框架集和框架两部分组成。

框架（Frame）不是文件，它是浏览器窗口中的一个显示区域，是存放文档的容器。它显示的内容可以与浏览器窗口的其余部分所显示内容无关。

框架集（Frameset）是一个网页文件，它描述框架的结构信息，框架集定义一组框架的布局和属性，包括框架数目、框架大小和位置以及在每个框架中初始显示的页面的URL。框架集是单个框架的集合。

利用框架技术可以实现在一个浏览器窗口中显示多个HTML页面。通过构建这些文档之间的相互关系，可以实现文档导航、文档浏览以及文档操作等目的。框架技术将浏览器显示空间分割成几个部分，每个部分可以独立显示不同网页，对于整个网页设计的整体性的保持也是有利的。它的缺点同样很明显，对于不支持框架结构的浏览器，页面信息不能显示。

知识窗

在网页中使用框架具有以下优点：

①使网页结构清晰，易于维护和更新。

②访问者的浏览器不需要为每个页面重新加载与导航相关的图形。

③每个框架网页都具有独立的滚动条，因此访问者可以独立控制各个页面。

在网页中使用框架也具有一些缺点：

①某些早期的浏览器不支持框架结构的网页。

②下载框架式网页速度慢。

③不利于内容较多、结构复杂页面的排版。

④大多数的搜索引擎都无法识别网页中的框架，或者无法对框架中的内容进行遍历或搜索。

4.5.2 创建框架和框架集

在Dreamweaver中有两种创建框架集的方法，既可以从若干预定义的框架集中选择，也可以自己设计框架集。

选择预定义的框架集将自动设置创建布局所需的所有框架集和框架，它是迅速创建基于框架的布局的最简单方法。只能在“文档”窗口的“设计”视图中插入预定义的框架集。

1.插入预定义框架集

选择一个预定义的框架页将会自动建立所有创建布局需要的框架页和框架，这也是将框架布局插入到页面中最简单的方式，只需要在“文档”窗口中选择一种框架样式。在Dreamweaver CS6中预定义了13种框架集。

插入预定义框架集的操作步骤如下：

①新建一个空白页。从“插入”→“HTML”→“框架”的子菜单中选择预定义的框架集样式，选择“上方及左侧嵌套”，新插入一个框架集，如图4.22所示。

②弹出“框架标签辅助功能属性”对话框，如图4.23所示。可以为每一框架指定一个标题，使用默认值，可以单击“确定”按钮。插入效果如图4.24所示。

2.将现有文档分割为框架

自己设计框架集的操作步骤如下：

新建一个空白页面。选择“查看”→“可视化助理”→“框架边框”命令，显示出框架的边框。拖动文档窗口四周的边框即可创建新框架。按住“Alt”键，在框架中单击，再拖动文档窗口上的边框，可创建出新框架。或者选择“修改”→“框架集”命令，在子菜单里选择命令创建框架，如图4.25所示。以上操作可以将空白页面分割为框架，如图4.26所示。

3.框架的嵌套

框架的嵌套是指一个框架集套在另一个框架集内。“上方固定左侧嵌套”实际上就是一个嵌套的框架集，是在上下结构的框架集中嵌套一个左右结构的框架集。

图4.22 预定义的框架集样式

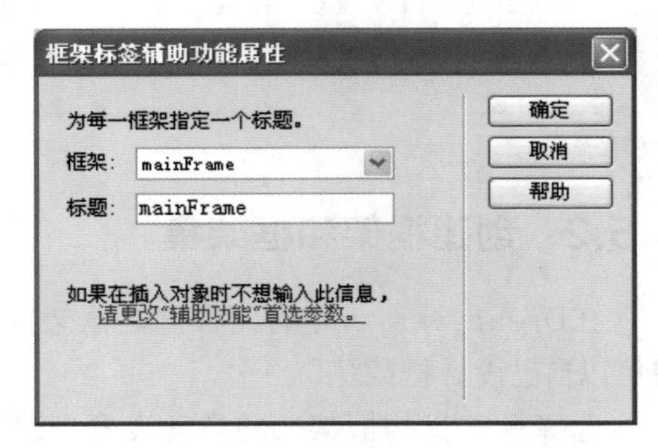

图4.23 “框架标签辅助功能属性”对话框

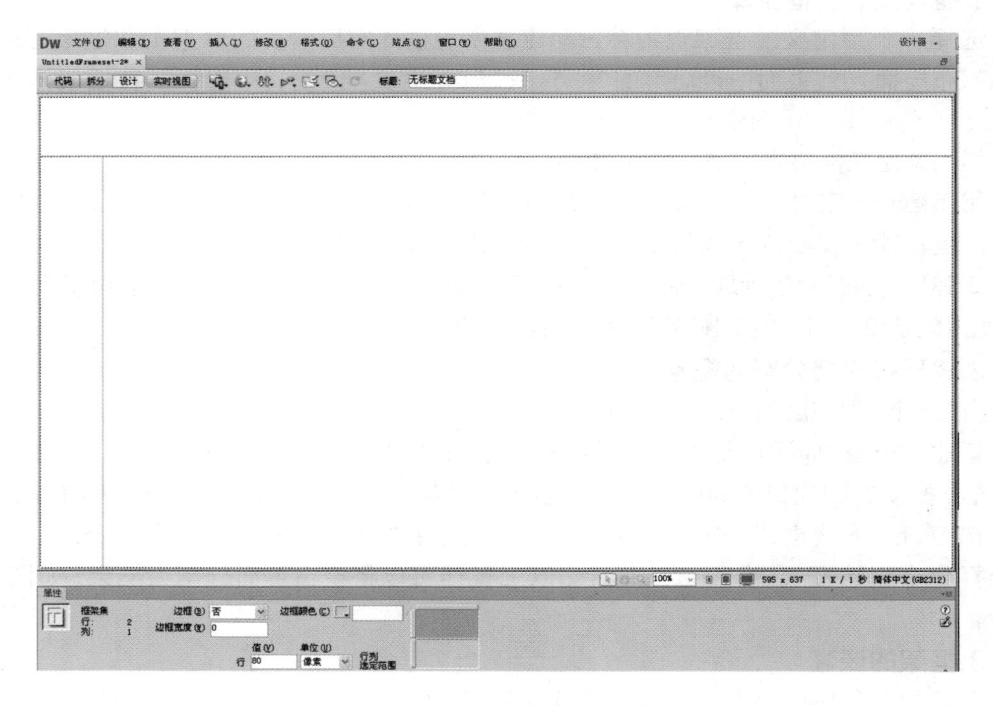

图4.24 插入效果

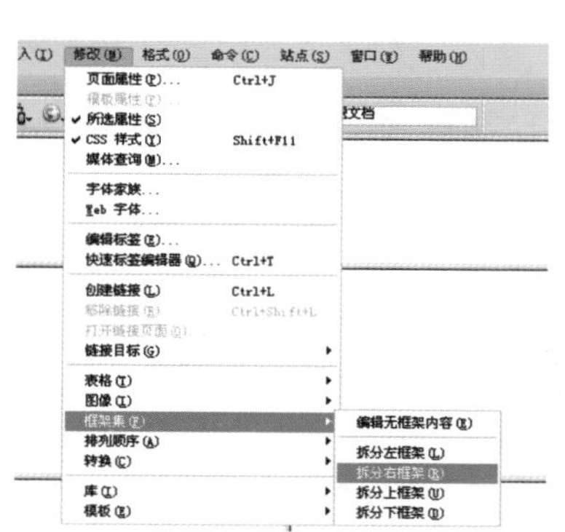

图4.25　“修改”→“框架集”命令

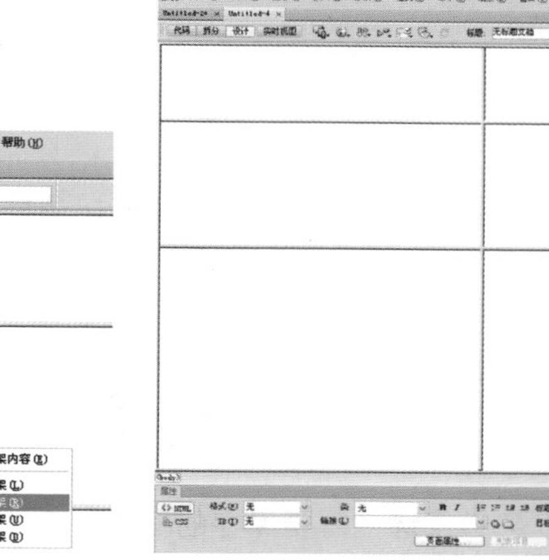

图4.26　分割后效果图

4.5.3　框架的基本操作

1.选取框架或框架集

“框架”面板中显示了所创建的框架的结构，并在不同的框架区域中显示框架的名称。当在框架文档中新建、删除某个现有框架，或修改框架的尺寸、名称等时，框架面板中的示意图会跟着变化。

如果在窗口中没有框架面板，可选择“窗口”→“框架”命令或按“Shift+F2”键打开框架面板。

在“框架”面板中单击框架区域中的任意位置可选中单个框架，选中的框架以粗黑框显示，如图4.27所示。

在“框架”面板中单击框架最外面的边框，可以选中整个框架集，如图4.28所示。

这时在“设计”视图中的文档内，对应的框架边框会用虚线显示，在“代码”视图中也会看到，相应的源代码也被选定了。

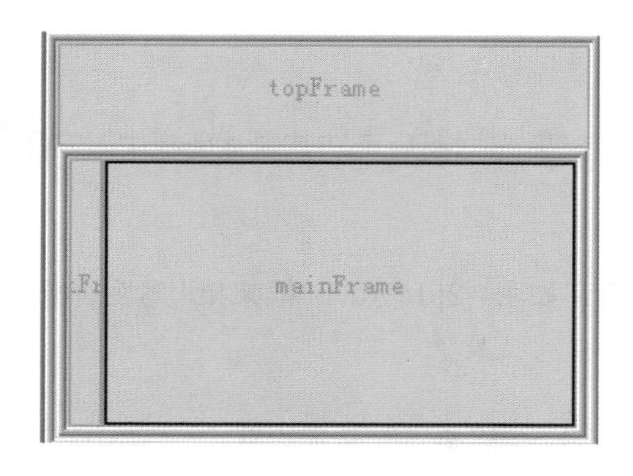

图4.27　选中单个框架

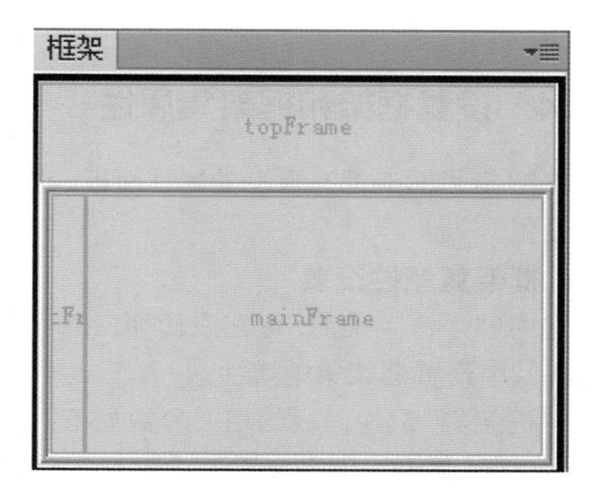

图4.28　选中整个框架集

2.删除框架

如果窗口中有不需要的框架，可将其删除，用鼠标将要删除框架的边框拖到父框架边框上或拖离页面即可。

3.调整框架大小

将鼠标放到框架边框上，出现鼠标变为双箭头时拖拽框架边框线，可以调整各个框架区域的大小。

（1）保存框架

保存框架与框架集之后才能在浏览器中浏览用框架布局的网页。每个框架包含一个网页，一个框架集则包含多个网页，在保存时应保存所有的框架和框架集。

保存框架的操作步骤如下：

①将光标定位到要保存的框架中或选中需要保存的框架。

②单击菜单“文件”→“保存框架页”，在弹出的“另存为”对话框中选择保存位置，并输入文件名，最后单击“确定”按钮，完成框架的保存。

保存框架集的步骤是：

①选中要保存的框架集。

②单击菜单“文件”→“框架集另存为”，在弹出的“另存为”对话框中选择保存位置，并输入文件名，最后单击“确定”按钮，完成框架集的保存。

（2）保存框架集中的所有文档

要保存框架集中的所有文档，只需选择“文件”→“保存全部”菜单命令即可。

如果框架集中有框架文档未被保存，则会出现“另存为”对话框，提示保存该文档。如果有多个文档未保存，则会依次打开多个“另存为”对话框，当所有的文档都已保存，Dreamweaver直接以原先保存的框架名保存文档，不会出现“另存为”对话框。

图4.21所示的页面为一个应用“上方及左侧嵌套”的框架结构。网页窗口被划分为3个区域，每个区域都是一个框架，所以要用到3个框架网页。但是对于整个网页而言，又是一个定义了一组框架结构的框架集，所以还要用到一个框架集网页。因此在保存图4.27的框架页面时，需要保存4个文件，分别是框架集网页index.htm，上方框架页面top.htm，左边框架页面left.htm，主框架页面main.htm。

4.5.4 设置框架和框架集属性

框架集和框架都有自身的属性面板，选中框架集或框架后可在其属性面板中对其属性进行设置。

1.框架集属性设置

选中整个框架集后，可在设计窗口的下方看到如图4.29所示的“框架集”属性面板，用户可在其中设置框架集的属性。

“框架集”属性面板的相关参数如下：

- 边框：用于设置在浏览器中查看文档时是否应在框架周围显示边框。
- 边框宽度：用于设置框架集中所有边框的宽度。
- 边框颜色：用于为边框添加颜色。
- 行列选定范围：用于设置选定框架集的行和列的框架大小。在“行列选定范围”区域右侧单击示例图，然后在“值”文本框中，输入高度或宽度即可。

图4.29　“框架集”属性面板

2.框架属性设置

选中某个框架后，在设计窗口的下方可看到如图4.30所示的“框架”属性面板，用户可在其中设置框架的属性。

图4.30　“框架”属性面板

“框架”属性面板的相关参数如下：

• 框架名称：用于设置当前框架的名称。此名称可被超链接和脚本应用。

• 源文件：用于显示在当前框架中显示的源文档。可以直接在后面的文本框中输入文件名或单击文件夹图标，浏览并选择一个文件。

• 滚动：用于设置在框架中是否显示滚动条。

• 不能调整大小：勾选该复选框，则浏览者无法通过拖拉框架边框在浏览器中调整框架大小。

• 边框：用于设置当前框架是否显示边框。

• 边框颜色：设置框架边框的颜色。

• 边距宽度：以像素为单位设置左边距和右边距的宽度。

• 边距高度：以像素为单位设置上边距和下边距的高度。

4.5.5　在框架中添加内容

在“设计”视图中，单击要编辑的框架文档，使之处于激活状态（光标在那个框架内处于闪烁状态），然后就可以像编辑单个网页文档那样编辑框架文档了。编辑好以后，单击“文件”→“保存全部”命令，保存当前正在编辑过的文档。在框架中添加内容后的效果如图4.31所示。

4.5.6　框架网页中制作超级链接

在框架式网页中制作超级链接的方法和普通网页一致，但一定要注意设置链接的目标属性，为链接的目标文档指定显示窗口。“目标”下拉菜单中有多个选项，如图4.32所示。

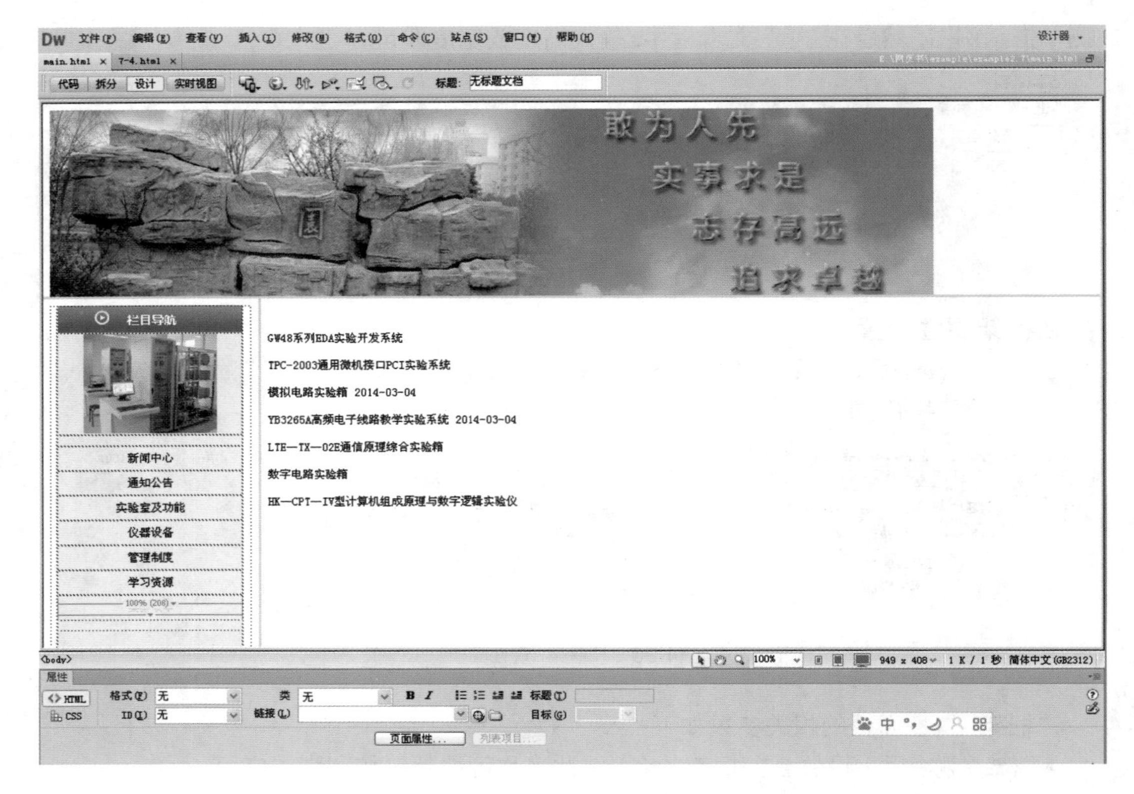

图4.31 添加内容后的框架

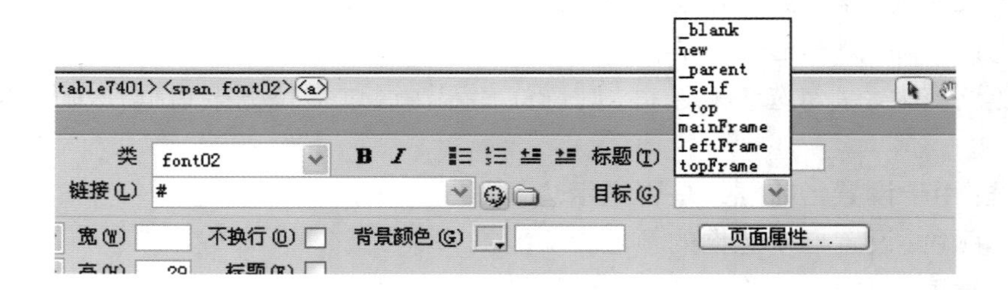

图4.32 链接“目标”下拉菜单

目标选项说明如下：

- _blank：链接的网页在新窗口中打开。
- _parent：链接的网页在父框架集或包含该链接的框架窗口中打开。
- _self：链接的网页在当前框架中打开。
- _top：链接的网页在最外层的框架集中打开。

在保存有框架名为mainFrame，leftFrame，topFrame的框架后，在目标下拉菜单中，还会出现mainFrame，leftFrame，topFrame选项：

- mainFrame：链接的网页在名为mainFrame的框架中。
- leftFrame：链接的网页在名为leftFrame的框架中。
- topFrame：链接的网页在名为topFrame的框架中。

课后练习题

一、单选题

1.一般情况下，一个框架网页至少由（　　）个框架构成。

A.1　　B.2　　C.3　　D.4

2.在Dreamweaver中，表格的宽度可以被设置为100%，这意味着（　　）。

A.表格的宽度是固定不变的

B.表格的宽度会随着浏览器窗口大小的变化而自动调整

C.表格的高度是固定不变的

D.表格的高度会随着浏览器窗口大小的变化而自动调整

3.在Dreamweaver CS6中，在设置各分框架属性时，参数scroll是用来设置（　　）属性的。

A.是否进行颜色设置　B.是否出现滚动条　C.是否设置边框宽度　D.是否使用默认边框宽度

4.若要使访问者无法在浏览器中通过拖动边框来调整框架的大小，则应在框架的属性面板中设置（　　）。

A.将“滚动”设为“否”　　B.将“边框”设为“否”

C.选中“不能调整大小”　　D.设置“边界宽度”和“边界高度”

5.在表格单元格中可以插入的对象有（　　）。

A.文本　　B.图像　　C.flash动画　　D.以上都可以

6.不可以在插入表格时弹出对话框中设置的属性是（　　）。

A.行数　　B.边框粗细　　C.边框高度　　D.列数

7.设置表格的行数和列数，不能采用的方法是（　　）。

A.在插入表格时设置表格的行数和列数

B.选中整个表格，在属性面板中修改其行数和列数

C.通过拆分、合并或删除行、列来修改行数与列数

D.打开代码视图，在<table>标签中修改相应属性，以修改表格的行数与列数

8.下列说法中错误的是（　　）。

A.每个框架都有自己独立的网页文件

B.每个框架的内容不受另外框架内容的改变而改变

C.表格对窗口区域进行划分

D.表格单元中不仅可以输入文字，也可以插入图片

9.在Dreamweaver中，下面关于排版表格属性的说法错误的是（　　）。

A.可以设置单元格之间的距离但是不能设置单元格内部的内容和单元格边框之间的距离

B.可以设置表格的背景颜色

C.可以设置高度

D.可以设置宽度

10.下列说法中错误的是（　　）。

A.单元格可以相互合并　　B.在表格中可以插入行

C.可以拆分单元格　　D.在单元格中不可以设置背景图片

11.Dreamweaver中，想在浏览器中的不同区域同时显示几个网页，可使用（　　）。

A.表格　　B.框架　　C.表单　　D.单元格

12.对于创建一个框架的说法错误的是（　　）。

A.新建一个HTML文档，直接插入系统预设的框架就可以建立框架了

B.打开File菜单，选择Save All Frames命令，系统自动会叫你保存

C.如果要保存框架时，在编辑区的所保存框架周围会看到一圈虚线

D.不能创建13种以外的其他框架的结构类型

13.有二个区域的框架网页，它有(　　)个html文件。

A.1　　B.2　　C.3　　D.4

14.制作中，经常用(　　)进行页面布局。

A.表格　　B.文字　　C.表单　　D.图片

15.下面关于使用框架的弊端和作用说法错误的是(　　)。

A.增强网页的导航功能

B.在低版本的浏览器中不支持框架

C.整个浏览空间变小，让人感觉缩手缩脚

D.容易在每个框架中产生滚动条，给浏览造成不便

二、简答题

1.选定表格的操作有几种方法?

2.若要选择不相邻的单元格，可以通过哪些操作来实现?

3.如何进行网页布局?

第5章　表单

5.1　认识表单

表单用于实现浏览者和网站之间信息交互的一种网页对象，使用表单可以帮助服务器从用户那里收集信息。收发E-mail邮件、搜索引擎搜索数据、申请个人空间等都是利用表单来收集客户端的数据，并将这些提交给相应的动态网页进行数据处理，最后将结果返回给用户。表单在网页上的应用已经相当广泛，是网页和用户之间交互的必备工具，是网站管理者与浏览者之间沟通的桥梁。

5.1.1　表单的工作原理

一个完整的表单由两个部分组成：一是在页面中看到的表单界面；二是处理表单数据的程序，它可以是客户端应用程序，也可以是服务器端的程序，如ASP，JSP，PHP，CGI等。

一般来说，表单中包含文本字段、密码字段、单选按钮、复选框、弹出菜单、可单击按钮和其他表单对象。当访问者在浏览器中的表单内输入信息并单击“提交”按钮时，这些信息会通过Internet被发送到服务器，服务器上有专门的程序对这些数据进行处理，如果有错误会返回错误信息，并要求纠正错误。当数据完整无误后，服务器反馈一个输入完成信息。

5.1.2　表单对象

表单（Form）是一种与用户交互的接口界面，通过表单将用户信息交给服务器端相应程序进行处理。所有的表单对象都包含在一对<form>和</form>标签中。无论插入什么表单对象，都必须先创建一个表单。

在Dreamweaver CS6中，可以通过选择“插入”→“表单”命令来插入表单和表单对象，或者通过如图5.1所示的“插入”面板中的表单来插入表单和表单对象。

- 表单

在文档中插入表单。Dreamweaver在HTML源代码中插入开始和结束form标签。任何其他的表单对象，如文本域、按钮等都必须插入在form标签之间以便数据可以被所有的浏览器正确处理。

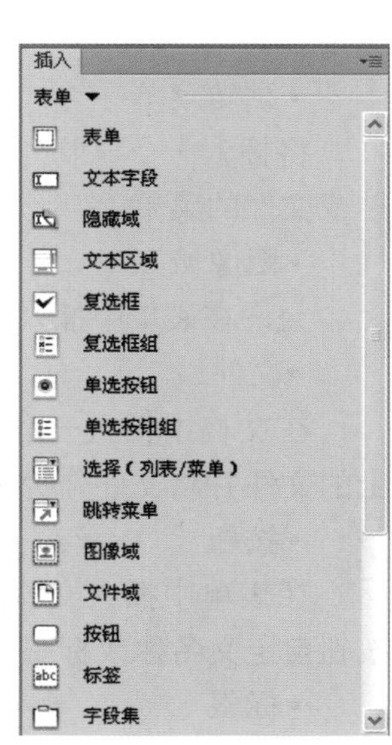

图5.1　“插入”表单面板

• 文本字段

文本字段可以输入字母、数字、文本等类型的内容。文本可以是单行或多行显示，也可以以密码的方式显示。

• 隐藏域

在文档中插入一个可以存储用户数据的隐藏域。隐藏域可以存储用户输入的信息，如名称、邮件地址或者购买偏好等，这样当用户下次访问站点时就可以使用这些数据。

• 文本区域

在表单中插入文本域。文本域接受任何类型的文本、字母或数字条目。输入的文本可以显示为单行、多行、项目列表或星号(*)(为了保护密码)。默认为多行。文本区域在属性面板中默认的名称是textarea，文本字段默认的名称是textfield。这是它们唯一的区别。

• 复选框

表单中插入复选框。复选框允许在一组选项中选取多个响应，用户可以选取任意多个适用的选项。

• 复选框组

复选框组相当于多个名称相同的复选框，它们之间是没有任何区别的，只是创建的方法不同。

• 单选按钮

在表单中插入单选按钮。单选按钮代表唯一的选择。在一组选项中选择一个按钮同时就将取消对其他任何按钮的选择，如用户可以选择“是”或“否”。

• 单选按钮组

单选按钮组相当于多个名称相同的单选按钮，它们之间是没有任何区别的，只是创建的方法不同。

• 选择(列表/菜单)

允许在列表中创建用户的选择。“列表”选项在可滚动列表中显示选项值并允许用户选取列表中的多个选项。“菜单”选项则在下拉列表中显示选项并且只允许用户选取一个选项。

• 跳转菜单

将插入一个导航列表或弹出式菜单。跳转菜单允许插入一个其中每个选项都链接到文档或文件的菜单。

• 图像域

允许在表单中插入图像，图像域可以用于替代“提交”按钮并制作图形按钮。

• 文件域

在文档中插入一个空白文本域和一个“浏览”按钮。文件域让用户可以浏览他们硬盘上的文件并将文件作为表单数据上传。

• 按钮

在表单中插入文本按钮。当按钮被单击时便执行任务，如提交或重置表单。也可以为按钮自定义名称或标签，或者使用预定义好的标签——“提交”或“重置”。

• 标签

用于在文档中给表单加上标签，以<label>开头</label>结尾。

• 字段集

用于在文本中设置文本标签。

5.2 常用表单对象的使用

5.2.1 插入表单

插入表单的操作步骤如下：

①新建一个空白页，保存为form.html。

②插入表格。插入一个3行1列的表格，宽度设为600，对齐方式为居中对齐，填充、间距、边框均设为0。

> 注意：该表格用于布局，然后再插入表单。这样可以对表单进行定位，表单外框大小也容易控制。

③将光标定位于表格的第一行，插入图片hyzx.gif，光标定位在表格第二行，输入文字“您的位置”→“首页 > 会员注册 > 填写信息”，字体设置为“宋体”，大小为14像素，颜色为“#3399FF”。

④插入表单。将光标定位于表格的第三行，选择“插入”面板上的“表单”类别，然后单击“表单”→“插入表单”，设置表单的名称为form1，插入的表单如图5.2所示。表单区域的边界为红色的虚线外框，只有在红色区域内才能插入表单对象，虚线框在浏览器中是不可见的。

图5.2 插入表单

5.2.2 插入文本字段

插入文本字段的操作步骤如下：

①将光标定位在表单中，可先插入一个用于布局的表格，再插入表单对象，此处不再详细介绍。

②输入“用户名”作为输入提示，然后单击“插入”面板上的“文本字段”图标，插入一个单行文本框。

③在“属性”面板中设置文本域的名字为yhm，字符宽度和最多字符数均为15。

④输入“密码”作为输入提示，然后单击“插入”面板上的“文本字段”图标，插入一个单行文本框。

⑤在“属性”面板中设置文本域的名字为mm，字符宽度和最多字符数均为15，类型为密码。

⑥输入“确认密码”作为输入提示，然后单击“插入”面板上的“文本字段”图标，插入一个单行文本框。

⑦在“属性”面板中设置文本域的名字为mm2，字符宽度和最多字符数均为15，类型为密码。效果如图5.3所示。

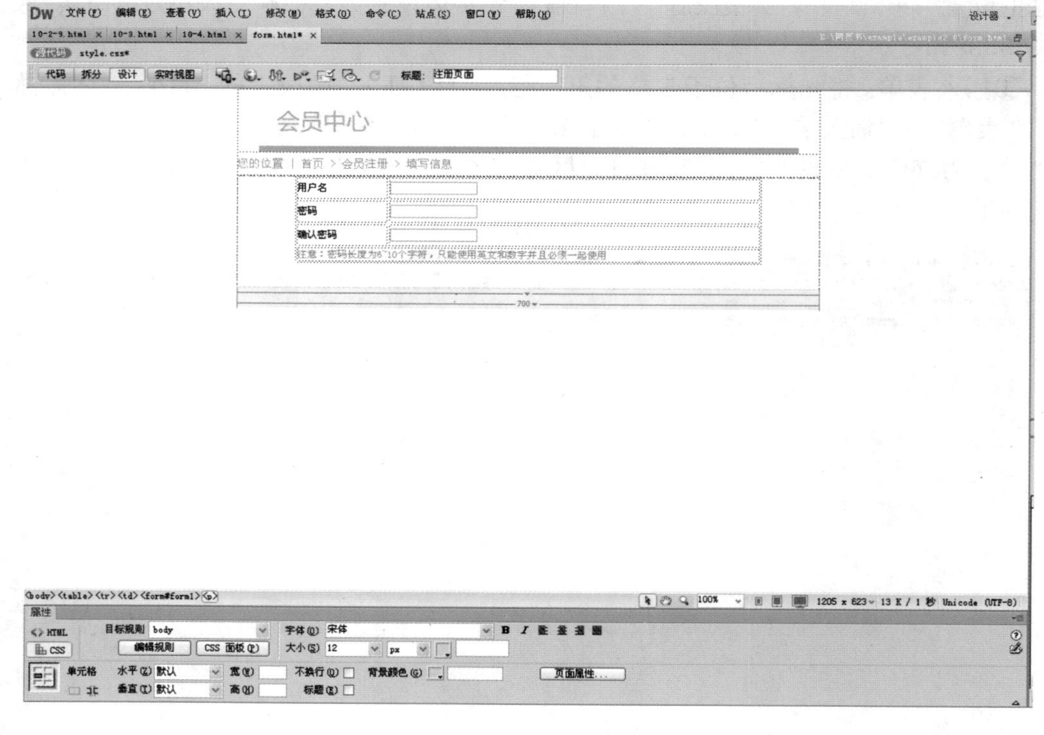

图5.3　插入文本字段

5.2.3 插入选择(列表/菜单)

插入选择的操作步骤如下：

①光标定位在表单中，输入“证件类型”提示信息。单击“插入”面板的“选择(列表/菜

单)”按钮，插入一下拉菜单。

②在“属性”面板中选择类型为“列表”，单击“列表值”按钮，弹出“列表值”对话框，单击“+”可以增加项目标签，设置如图5.4所示。

③单击“确定”按钮，在“属性”面板中设置“初始化选定”的值为“身份证”。设置完成后的效果如图5.5所示。

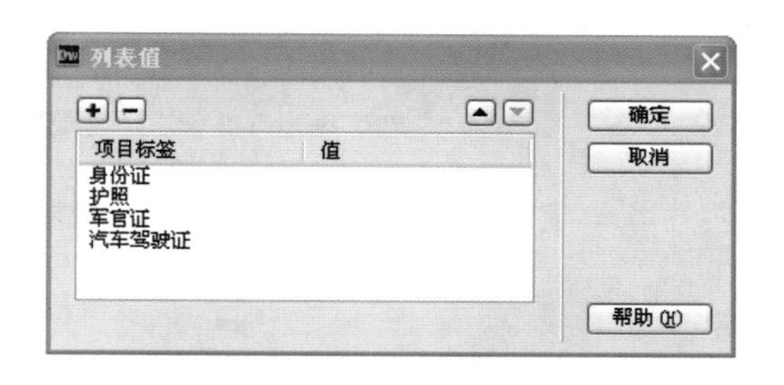

图5.4　“列表值”对话框

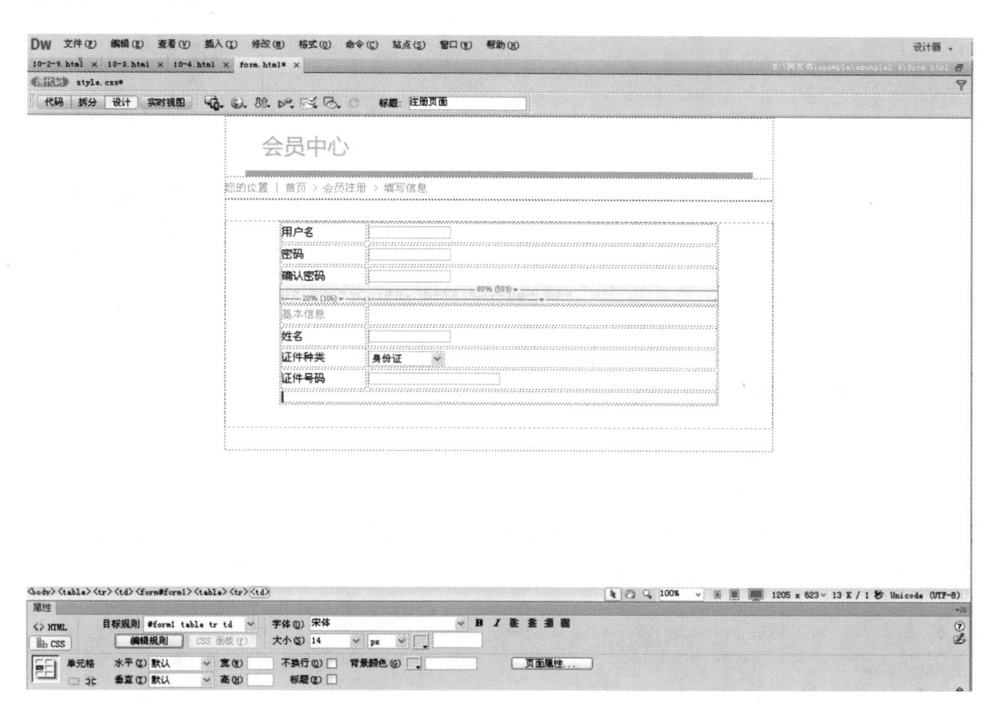

图5.5　插入选择

5.2.4　插入单选按钮组

单选按钮组中的所有单选按钮必须具有相同的名称，包含不同的值域。

插入单选按钮组的操作步骤如下：

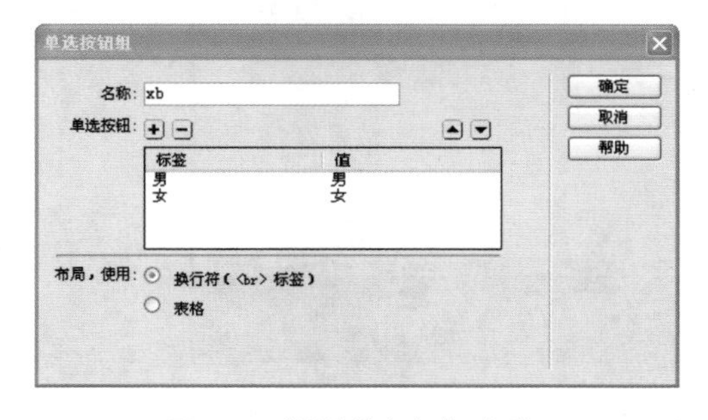

图5.6　“单选按钮组”对话框

①光标定位在表单中，输入“性别”提示信息。

②单击“插入”面板的“单选按钮组”按钮，插入一个单选按钮组，弹出如图5.6所示的“单选按钮组”对话框。在对话框中设置名称为xb，两个单选按钮的标签分别设置为男和女，值也分别设置为男和女，布局使用换行符。

③单击“确定”后，生成按钮组的效果如图5.7所示。

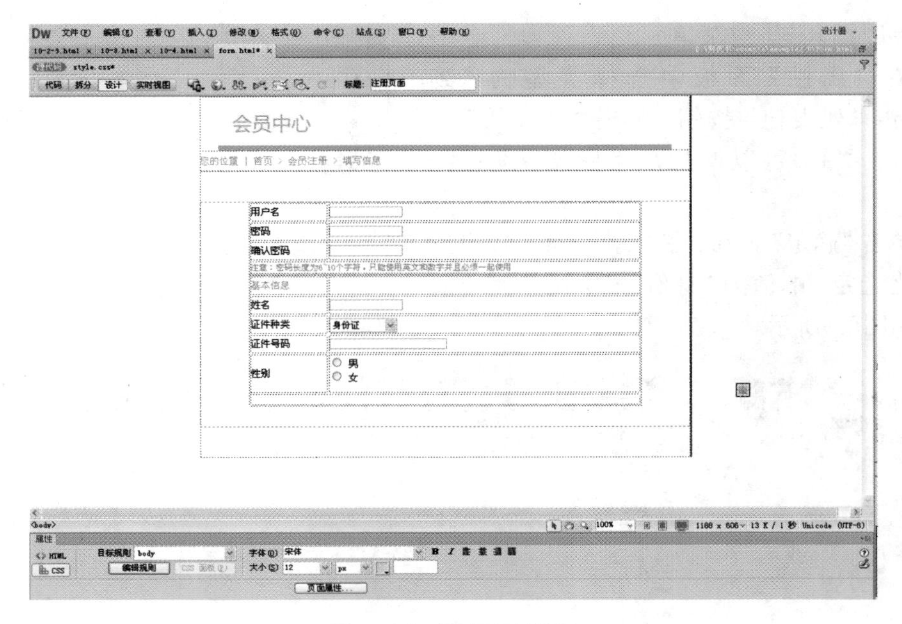

图5.7 生成按钮组的效果

5.2.5 插入文件域

插入文件域的操作步骤如下：

①光标定位在表单中，输入"上传照片"提示信息。

②单击"插入"面板的"文件域"按钮，插入一个文件域。"属性"面板中的名称使用默认的即可。插入文件域的效果如图5.8所示。

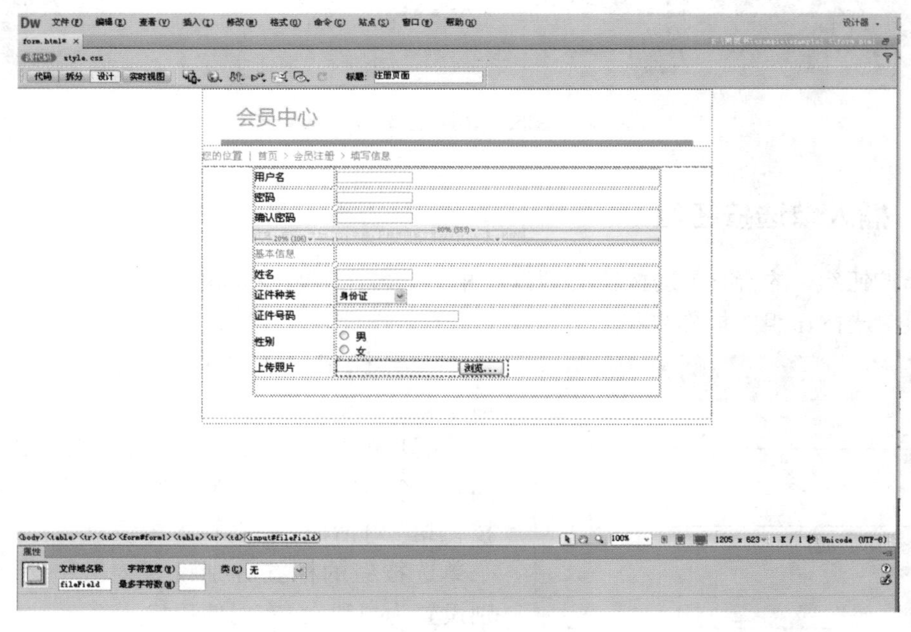

图5.8 插入文件域的效果

5.2.6　插入复选框

插入复选框的操作步骤如下：

①光标定位在表单中，输入“爱好”提示信息。

②单击“插入”面板的“复选框”按钮，插入一个复选框。

③在“属性”面板中设置复选框名称为aihao，选定值为音乐，初始状态为未选中。

④插入一个新的复选框，在“属性”面板中设置复选框名称为aihao，选定值为舞蹈，初始状态为未选中。以此类推，可以插入其他的复选框。

⑤插入复选框的效果如图5.9所示。

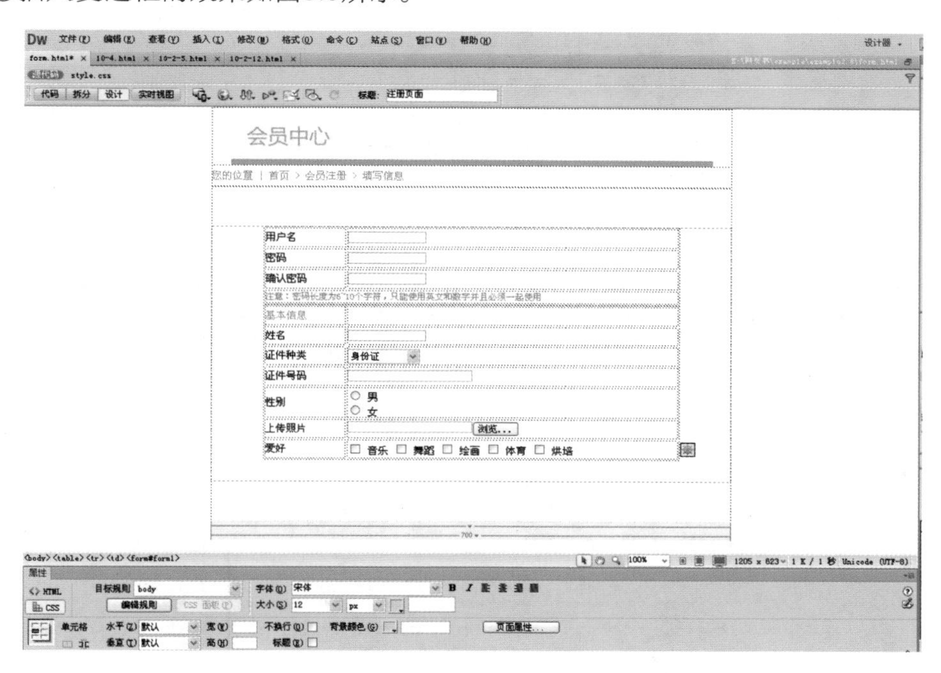

图5.9　插入复选框的效果

5.2.7　插入文本区域

文本区域能为用户提供更多的空间，输入更多的信息。插入文本区域的操作步骤如下：

①光标定位在表单中，输入“意见建议”提示信息。

②单击“插入”面板的“文本区域”按钮，插入一个文本区域。“属性”面板中的文本域名称、字符宽度和长度使用默认的即可。

③插入文本区域的效果如图5.10所示。

5.2.8　插入按钮

插入按钮的操作步骤如下：

①单击“插入”面板的“按钮”图标，插入一个提交按钮。

②使用同样的方法插入一个重置按钮，将对应的“属性”面板中动作设置为“重置表单”，则标签自动改为“重置”。效果如图5.11所示。

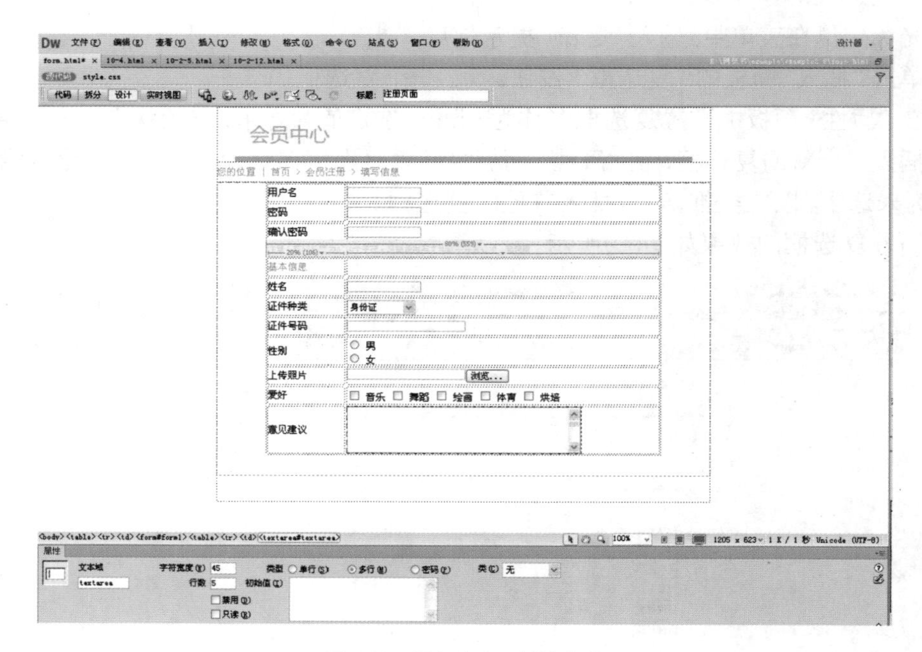

图5.10　插入文本区域的效果

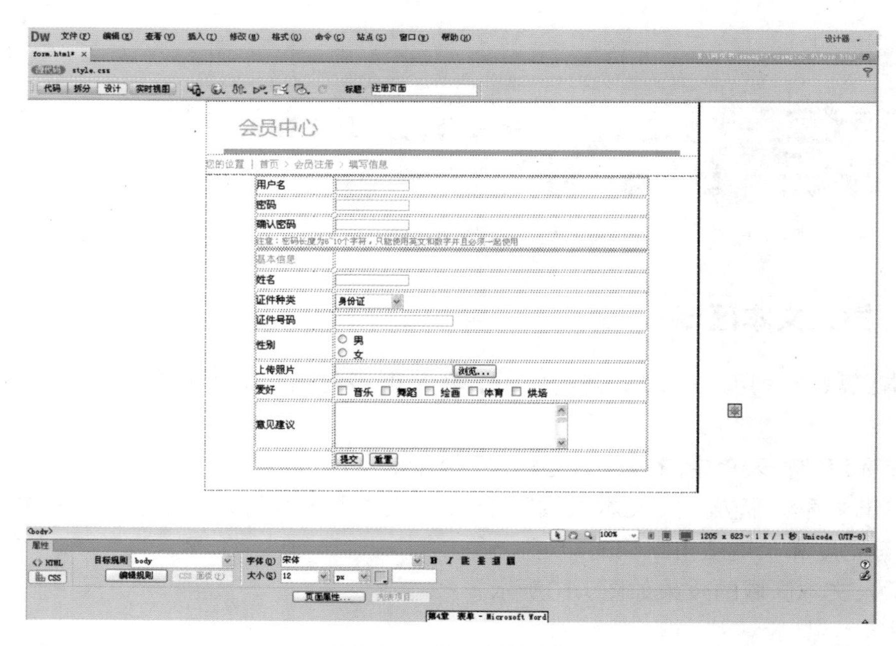

图5.11　插入按钮的效果

5.3 使用行为验证表单

在将表单提交到服务器端以前，必须进行验证，以确保输入数据的合法性。所谓合法性是指，应该输入数据的文本域是否输入了数据，应该输入数字的文本域是否输入了数字，应该输入电子邮件的文本域电子邮件格式是否正确等。总之，在将表单提交到服务器端以前，应该对这些需要用户输入的数据进行检查。使用检查表单行为检查指定文本域的内容，可以对文本框中的数据进行简单的检查。

表单验证分为两种：一种是用户在填写表单时，每输入完一个文本框的内容立即进行验证，不合法的需要重新输入；另一种是等到用户填写完表单中的所有文本域后，在进行数据提交时对所有的数据进行验证，如果含有不合法的数据无法提交表单。对于前一种情况，需要使用检查表单行为分别检查各个表单对象，使用onBlur事件将此动作分别附加到各文本域。对于后一种情况，需要选中整个表单，然后使用检查表单行为对各个表单对象进行统一设置，使用onSubmit事件将其附加到表单，在用户单击“提交”按钮的同时对多个文本域进行检查。

对整个表单进行验证的操作步骤如下：

①如果要在用户提交表单时验证多个文本域，单击“文档”窗口左下角标签选择器中的标签。如果没有标签，首先在文档的“设计”窗口中，单击窗口内的红色虚线框，以选择表单，然后再在左下角选择即可。

②打开行为面板。

③单击“添加行为(+)”按钮，在弹出的下拉菜单中选择“检查表单”命令，如图5.12所示。

④打开“检查表单”对话框，如图5.13所示。

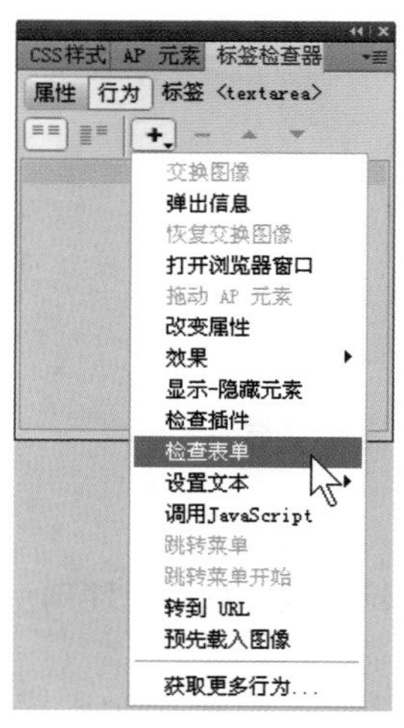

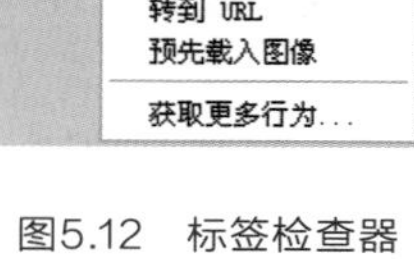

图5.12 标签检查器

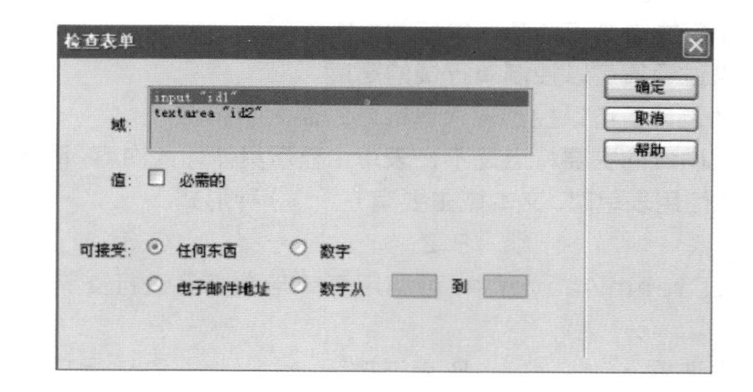

图5.13 “检查表单”对话框

⑤执行下列步骤之一：

如果只验证单个域，请分别从“域”列表和“文档”窗口中选择同样名称的域。

如果要验证多个域，请从“域”列表中选择某个文本域。

⑥如果该域必须包含某种数据，请在“值”中选择“必需的”项。

⑦在“可接受”项中选择下列选项：

• 任何东西：检查该域中必须包含有数据，但是数据类型不限。
• 数字：检查该域中是否只包含数字字符。
• 电子邮件地址：检查该域中是否包含@符号。
• 数字从：检查该域中是否包含指定范围内的数字，并在后面的文本框中输入数值。

⑧如果需要验证多个域，请在“检查表单”对话框的“域”中选择另外需要验证的域，然后重复第⑥步和第⑦步。

⑨单击“确定”按钮。

如果是在用户提交表单时验证多个域，则onSubmit事件将自动出现在“事件”菜单中。

如果是验证单个域，则要检查默认的事件是否是onBlur或onChange事件。如果不是，请从“事件”下拉菜单中选择onBlur或onChange事件。

onBlur或onChange事件都用于在用户从该域中移走用户时触发“检查表单”行为。区别在于：onBlur事件无论用户是否在该域中输入内容都会发生，而onChange事件只在用户改变了域中的内容时才会发生。

因此，当指定的域必须要填写内容时最好使用onBlur事件。

课后练习题

选择题

1.下面关于设置按钮属性说法错误的是（　　）。

A.在设置属性面板上的按钮属性有提交属性

B.在设置属性面板上的按钮属性有重置属性

C.在设置属性面板上的按钮自己不可以添加属性

D.可以用图片来制作图像按钮

2.下面关于设置文本域的属性说法错误的是（　　）。

A.单行文本域只能输入单行的文本

B.通过设置可以控制单行域的高度

C.通过设置可以控制输入单行域的最大字符数

D.密码域的主要特点是不在表单中显示具体输入内容，而是用*来代替显示

3.在使用表单时，文本域主要有（　　）种形式。

A.1　　B.2　　C.3　　D.4

4.在Dreamweaver中，可利用表单与浏览者进行交流，在设计中要区分男女性别，通常采用（　　）。

A.复选框　　B.单选按钮　　C.单行文本域　　D.提交按钮

5.在表单元素“列表”的属性中，（　　）用来设置列表显示的行数。

A.类型　　B.高度　　C.允许多选　　D.列表值

6.在表单操作中，常常需要用户键入一些文本，此时需要用到的表单是（　　）。

A.　　B.　　C.　　D.

7.在表单操作中，常常需要用户选择多项值来完成表单的操作，则需要用到（　　）。

A.　　　　B.　　　　C.　　　　D.

8.有时需要显示的项较多时，会用到下拉菜单，则工具栏的按钮为（　　）。

A.　　　　B.　　　　C.　　　　D.

9.以下说法正确的是（　　）。

A.普通按钮很不美观，为了设计需要，常常使用图像代替按钮，通常使用图像域来提交数据

B.一般情况下，表单中只设有普通按钮

C.提交按钮的作用是将表单数据提交到系统中进行存档

D.重置按钮的作用是将表单的内容还原为初始状态

10.能够设置成密码域的是（　　）。

A.单行文本域　　B.多行文本　　C.单行、多行文本域　　D.多行Textarea标识

第6章　CSS与DIV

现代网页设计的排版格式越来越复杂，许多效果都需要通过CSS来实现。网页制作离不开CSS技术，采用CSS技术可以有效地对网页的布局、字体、颜色、背景和其他效果实现更加精确的控制，只要对相应代码做一些简单的编辑，就可以改变同一页面中不同部分或不同页面的外观和格式。使用CSS不仅可以做出令人赏心悦目的页面，还能给网页添加许多神奇的效果。对于设计者来说，CSS是一个非常灵活的工具，可以将复杂的样式从文档内容中剥离出来。

6.1　CSS的基本概念

CSS是Cascading Style Sheets的简称，被称为“级联样式表”或“风格样式单”，是用来进行网页风格设计的。

CSS是一组格式设置规则，用于设置Web页面的外观，通过使用CSS样式设置页面格式，可以将页面的内容与表现分离。页面内容用HTML代码输出，用定义表现形式的代码则按CSS规则存放。将内容和表现分离，不仅可以使维护站点的外观更加容易，而且还可以使HTML文档代码更加简练，缩短浏览器的加载时间。

当用户需要管理一个大型站点时，使用CSS样式定义站点，可以体现出非常明显的优越性。使用CSS可以快速格式化整个站点，并且CSS样式可以控制多种HTML语言无法控制的属性。使用CSS样式具有以下特点：

①可以更加灵活地控制网页中文字的字体、颜色、大小、间距、风格及位置。

②可以灵活地设置一段文本的行高、缩进，并可以为其加入三维效果的边框。

③可以方便地为网页中的任何元素设置不同的背景颜色和背景图像。

④可以精确地控制网页中各元素的位置。

⑤可以为网页中的元素设置各种过滤器，从而产生阴影、模糊、透明等效果。

⑥可以与脚本语言相结合，从而产生各种动态效果。

⑦由于是直接的HTML格式的代码，因此可以提高页面打开的速度。

在网页中应用CSS样式表有3种方式：内联样式表、内部样式表和外部样式表。在实际操作中，选择方式根据设计的不同要求来确定。

6.1.1　内联样式

内联样式（Inline Style）是指将CSS样式写在HTML标签中，只对所在标签有效地样式。其格式如下：

```
<p style="font-family: 仿宋; font-size: 12px; color: #CCCCCC; ">我是内联样式</p>
```

内联样式由HTML文件中元素的style属性所支持，将CSS代码的“样式名：样式值”对用“；”隔开输入在“style=" "”中，便可以完成对当前标签样式的定义，这是CSS样式定义的一种基本形式。

内联样式仅仅是HTML标签对于sytle属性的支持所产生的一种CSS样式表编写方式，并不适合表现与内容分离的设计模式。使用内联样式与表格布局从代码结构上来说基本相同，仅仅利用了CSS对于元素的精确控制优势，并没有很好地实现表现与内容相分离，所以这种方式不应大量使用。

6.1.2 内部样式表

内部样式表（Internal Style Sheet）又称为嵌入样式表，定义通常写在HTML文档的<head></head>部分，使用<style></style>标记来标识，代码如下：

```
<html>
<head>
<title>CSS样式表</title>
<style type="text/css">
    p {
      font-family：仿宋；
      font-size：20px；
      color：#CCCCCC；
     }
</style>
</head>
<body>
<p>我是内部样式</p>
</body>
</html>
```

内部样式表是CSS样式表的初级应用形式，只对当前页面有效，不能跨页面执行，因此达不到CSS代码多用的目的，在实际的大型网站开发中，较少用到。

6.1.3 外部样式表

外部样式表（External Style Sheet）是CSS样式表中最为理想的一种形式，将CSS样式表代码单独写在一个独立的以.css 为扩展名的文本文件中，在每个需要用到这些样式的网页里应用这个CSS文件，多个网页可以调用同一个外部样式表文件，因此能够实现代码的最大化使用及网站文件的最优化配置。示例如下：

```
<html>
<head>
<title>CSS样式表</title>
<link href="style/style.css" rel="stylesheet" type="text/css"/>
```

```
</head>
<body>
<p>我是外部样式</p>
</body>
</html>
```

在上面的HTML代码中，使用<link>标签，可以将link指定为stylesheet样式表方式，并使用href="style.css"指明外部样式表文件的路径，只需将样式单独编写在style.css文件中即可，内容如下：

```
p {
  font-family: 仿宋;
  font-size: 20px;
  color: #CCCCCC;
  }
```

使用外部样式表的优点有：

①独立于HTML文件，便于修改。

②多个文件可以引用同一个样式表文件。

③样式表文件只需下载一次，就可以在其他链接了该文件的页面内使用。

④浏览器会先显示HTML内容，然后再根据样式表文件进行渲染，从而使访问者可以更快地看到内容。

6.1.4 级联

CSS的第一个单词是Cascading，其意为级联。它是指不同来源的样式可以合在一起形成一种样式。优先级从高到低的Cascading顺序是：

内嵌样式表（Inline Style）$\xrightarrow{\text{高于}}$内部样式表（Internal Style Sheet）$\xrightarrow{\text{高于}}$外部样式表（External Style Sheet）$\xrightarrow{\text{高于}}$浏览器默认样式表（Browser Default Style Sheet）

如果将两种或多种CSS规则应用于同一文本，这些规则可能会发生冲突并产生意外的结果，所以发生冲突时浏览器显示最里面的规则（即离文本本身最近的规则）的属性。最接近目标样定义的样式优先权最高，高优先权样式将继承低优先权样式的未重叠定义并覆盖重叠的定义。

6.2 样式表的基本语法

6.2.1 CSS样式表规则

使用HTML时，需要遵从一定的规则。使用CSS也如此，要想熟练地使用CSS对网页进行修饰，首先需要了解CSS样式规则。其具体格式如下：

选择器 { 属性1：属性值1；属性2：属性值2；属性3：属性值3；　…}

样式规则中，选择器用于指定CSS样式作用的HTML对象，大括号{ }内是对该对象设置的具体样式。其中，属性和属性值以“键值对”的形式出现，属性是对指定的对象设置的样式属性，如字体大小、文本颜色等。属性和属性值之间用“：”连接，多个“键值对”之间用“；”进行分隔，注意以上的符号应为英文半角字符。

一个简单的CSS规则如图6.1所示。

图6.1 CSS描述规则

其中，p为选择器，表示CSS样式作用的HTML对象为<p>标签，font-size和color为CSS属性，分别表示字体大小和颜色，12 px和blue是它们的值。这条CSS样式所呈现的效果是将页面中的所有段落字体大小设置为12像素、蓝色。

初学者在书写CSS样式时，除了要遵循CSS样式规则，还必须注意CSS代码结构中的几个特点，具体为：

①CSS样式中的选择器严格区分大小写，属性和属性值不区分大小写，按照书写习惯一般“选择器、属性和属性值”都采用小写形式。

②多个属性之间必须用英文状态下的分号隔开，最后一个属性后的分号可以省略，但是为了便于增加新样式最好保留。

③如果属性的值由多个单词组成且中间包含空格，则必须为这个属性值加上英文状态下的引号，如p { font-family：“Times New Roman”；}。

④在编写CSS代码时，为了提高代码的可读性，通常会加上CSS注释，如“/* 这是CSS注释文本，此文本不会显示在浏览器窗口中 */”。

⑤在CSS代码中空格是不被解析的，大括号以及分号前后的空格可有可无。因此，可以使用空格键、Tab键、回车键等对样式代码进行排版，即所谓的格式化CSS代码，这样可以提高代码的可读性。例如：

```
h1 { font-size: 12px; color: blue; }
```

和

```
h1 {
    font-size: 12px;                /* 定义字体大小属性 */
    color: blue;                    /* 定义颜色属性 */
}
```

这两段代码所呈现的效果是一样的，但后者的可读性更高。需要注意的是，属性的值和单位之间不允许出现空格，否则浏览器解析会出错，如代码“h1 { font-size：12　px；}”就是不正确的。

6.2.2 CSS的基础选择器

将CSS应用到HTML之中，首先要做的是选择合适的选择器，选择器是CSS控制HTML文档中对象的一种方式，用来告诉浏览器这一样式将应用到哪个对象。

1.标记选择器

标记选择器是指用HTML标记名称作为选择器，按标记名称分类，为页面中某一类标记指定统一的CSS样式。其基本语法格式如下：

标记名 { 属性1：属性值1；属性2：属性值2；属性3：属性值3； … }

该语法中，所有的HTML标记名都可以作为标记选择器，常用的有body，h1，p，div，span，strong等。用标记选择器定义的样式对页面中该类型的所有标记都有效。例如，可以使用p选择器定义HTML页面中所有段落的样式，代码如下：

```
p { font-size: 12px; color: #666666; font-family: "微软雅黑"; }
```

这段样式代码用于设置HTML页面中所有的段落文本，字体大小为12像素，颜色为#666666，字体为微软雅黑。

标记选择器的最大优点是能快速为页面中同类型的标记统一样式，同时这也是它的缺点，不能设计差异化样式。

2.类选择器

类选择器使用点号“.”进行标识，后面紧跟着类名，基本语法格式为：

.类名 { 属性1：属性值1；属性2：属性值2；属性3：属性值3；… }

该语法中，类名即为HTML元素的class属性值，大多数HTML元素都可以定义class属性。类选择器最大的优势是可以为元素对象定义单独或相同的样式。

类选择器与标记选择器实现了让同类标签共享统一样式的目的。如果有两个不同的类别标签，如一个<p>标签，一个<h1>标签，它们都采用了相同的样式，在这种情况下就可以采用class类选择器。使用如下方式：

```
<p  class= "类名" >...</p>
<h1  class= "类名" >...</h1>
```

<h1>和<p>段落都采用了class类选择器，如果这两个标签中的“类名”相同，则这两个标签中的内容将应用相同的CSS样式。如果“类名”不同，则可以分别为这两个标签中的内容应用不同的CSS样式。

【例6.1】

```
<!DOCTYPE html PUBLIC "-//W3C//DTD XHTML 1.0 Transitional//EN"
"http: //www.w3.org/TR/xhtml1/DTD/xhtml1-transitional.dtd">
<html xmlns="http: //www.w3.org/1999/xhtml">
<head>
<meta http-equiv="Content-Type" content="text/html; charset=utf-8" />
<title>无标题文档</title>
<style type="text/css">
.red{color: red; }
.green{color: green; }
.font22{font-size: 22px; }
```

```
p{ text-decoration: underline; font-family: "微软雅黑"; }
</style>
</head>

<body>
<h2 class="red">二级标题文本</h2>
<p class="green  font22">段落一文本</p>
<p class="red  font22">段落二文本</p>
<p>段落三文本</p>
</body>
</html>
```

上例中对标题标记<h2>和第2个段落标记<p>应用“class="red"”，并通过类选择器设置它们的文本颜色为红色。对第1个段落和第2个段落应用“class="font22"”，并通过类选择器设置他们的字号为22像素，同时还对第1个段落应用“class="green"”，将其文本颜色设置为绿色。最后通过标记选择器统一设置所有的段落字体为微软雅黑并加下划线，效果如图6.2所示。

图6.2　使用类选择器

图6.2中，“二级标题文本”和“段落二文本”均显示为红色，课件多个标记可以使用同一个类名，这样可以实现为不同类型的标记指定相同的样式。同时，一个HTML元素也可以应用多个class类名，设置多个样式，在HTML标记中多个类名之间用空格隔开即可。

3.id选择器

id选择器使用“#”进行标识，后面紧跟id名，其基本语法格式如下：

#id名 { 属性1: 属性值1; 属性2: 属性值2; 属性3: 属性值3; … }

该语法中，id名即为HTML元素的id属性值，大多数HTML元素都可以定义id属性，元素的id值是唯一的，只能对应于文档中某一个具体的元素。如使用<div id=“top”></div>代码来表示HTML中的一个div标签被指定了名为top的id选择器。

【例6.2】

```
<!DOCTYPE html PUBLIC "-//W3C//DTD XHTML 1.0 Transitional//EN"
"http: //www.w3.org/TR/xhtml1/DTD/xhtml1-transitional.dtd">
<html xmlns="http: //www.w3.org/1999/xhtml">
<head>
<meta http-equiv="Content-Type" content="text/html; charset=utf-8" />
<title>id选择器</title>
<style type="text/css">
#bold { font-weight: bold; }
#font24 { font-size: 24px; }
```

```
</style>
</head>

<body>
<p id="bold">段落一：id="bold"，设置粗体文字。</p>
<p id="font24">段落二：id="font24"，设置字号为24px。</p>
<p id="font24">段落三：id="font24"，设置字号为24px。（这种不被允许）</p>
<p id="bold font24">段落四：id="bold font24"，同时设置粗体和字号24px。（这种
写法是错误的）</p>
</body>
</html>
```

上例中，为4个<p>标记同时定义了id属性，并通过相应的id选择器设置粗体文字和字号大小。其中第2个和第3个段落标记<p>的id属性值相同，第4个段落标记有2个属性值，浏览器中显示效果如图6.3所示。

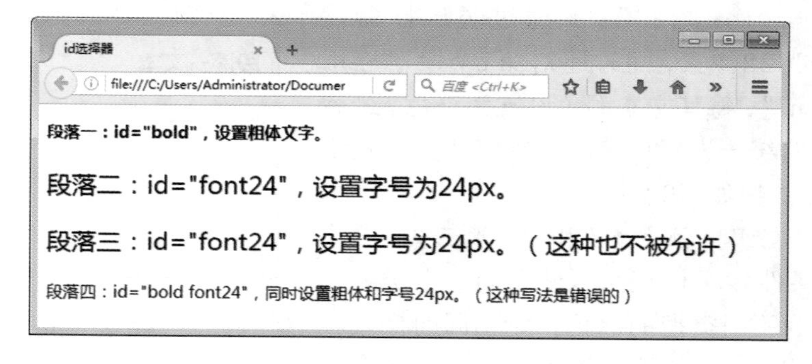

图6.3　使用id选择器

图中可以看出第2行和第3行文本都显示了#font24定义的样式，也就是说将一个id应用于多个标记。这种做法对有些浏览器来说并不报错，但是是不被允许的，因为JavaScript等脚本语言调用id时会出错。同时，最后一行没有应用任何CSS样式，意味着id选择器不支持像类选择器那样定义多个值，即“id="bold font24"”的写法是错误的。

注意：id和class的不同之处在于，id用在唯一的元素上，而class用在多个元素上。

4.通配符选择器

通配符选择器用星号“*”标识，它是所有选择器中作用范围最广的，能匹配页面中所有的元素，其基本语法格式如下：

```
*{ 属性1：属性值1；属性2：属性值2；属性3：属性值3；… }
```

常见的通配符选择器样式定义用来清除所有HTML标记的默认边距为：

```
*{
   margin：0;             /*定义外边距 */
   padding：0;            /*定义内边距 */
}
```

实际网页开发中不建议使用通配符选择器，因为其设置的样式不管标记是否需要，对所有的HTML标记都生效，这样反而降低了代码的执行速度。

5.群选择器

CSS可以对单个HTML对象进行样式指定，也可以对一组标签进行相同样式的指派，如：

```
h2, h3, p, span {
    font-family: 仿宋;
    font-size: 20px;
    color: #CCCCCC;
}
```

使用逗号对选择符进行分隔，使得页面所有的h2、h3、p和span标签中的内容均具有相同的样式。这样做可以使页面中需要使用相同样式的地方只需定义一次样式表，减少了代码冗余，改善了CSS代码结构。

6.派生选择器

当只想对某个对象中的子对象进行样式指定时，可以使用派生选择符。派生选择符可以使组合中的前一个对象包含后一个对象，对象之间使用空格作为分隔符，如：

```
h1 span{
    color: #FF0000;        /*设置文字颜色为红色*/
}
```

其中对h1标签内的span进行样式指派，应用到HTML中可使用下例检测。

【例6.3】

```
<h1>我是h1内的一段文本<span>我是h1中的span</span></h1>
<h1>我是单独的h1中的文本</h1>
<span>我是单独的span中的文本</span>
<h2>我是h2内的一段文本<span>我是h2中的span</span></h2>
```

此时，h1标签下的span标签将被应用color: #FF0000的样式设置，此样式仅仅对有此结构的标签有效，单独存在的h1和span或其他非h1标签下的span均不会应用此样式。

派生选择符除了可以二者包含，也可以多级包含，如下面选择符样式同样可以使用：

```
body h1 span strong{
      color: #FF0000;            /*设置文字颜色为红色*/
}
```

7.标签指定式选择器

标签指定选择器又称为交集选择器，它由两个选择器构成，其中第一个为标记选择器，第二个为class选择器或id选择器，两个选择器之间不能有空格，如h3.special或p#one等。此种选择器的用法与类选择器或id选择器类似，只是h3.special样式只适用于<h3 class="special">…</h3>标记内的内容，而<p class="special">…</p>中内容则不适用。

6.3 样式表的常用属性

6.3.1 CSS字体样式属性

为了更方便地控制网页中各种各样的字体，CSS提供了一系列的字体样式。

1.font-size字号大小

该属性用于设置字号，其值可以使用相对长度单位，也可以使用绝对长度单位，见表6.1。

表6.1 CSS长度单位

相对长度单位	说 明
em	相对于当前对象内文本的字体尺寸
px	像素，最常用，推荐使用
绝对长度单位	说 明
in	英寸
cm	厘米
mm	毫米
pt	点

其中，相对长度单位比较常用，推荐使用像素单位px，绝对长度单位使用较少。如可以使用p { font-size: 12 px; }的代码将网页中所有段落文本的字号大小设置为12 px。

2.font-family字体

该属性用于设置字体。网页中常用的中文字体有宋体、微软雅黑、黑体等，如可以使用p { font-family: "微软雅黑"; }的代码将网页中所有段落文本的字体设置为微软雅黑。也可以同时指定多种字体，中间以逗号隔开，表示如果浏览器不支持第一个字体，则会尝试下一个，直到找到合适的字体。若均不支持则使用浏览器默认字体。

使用font-family设置字体时，需要注意：

①各种字体之间必须使用英文状态下的逗号隔开。

②中文字体需要加英文状态下的引号，英文字体一般不需要加引号。当需要设置英文字体时，英文字体名必须位于中文字体名之前。

③如果字体名中包含空格、#、$等符号，则改字体必须加英文状态下的单引号或双引号。

④尽量使用系统默认字体，保证在任何用户的浏览器中都能正确显示。

3.font-weight字体粗细

该属性用于定义字体的粗细，其可用属性值见表6.2。

表6.2 font-weight可用属性值

值	描 述
normal	默认值。定义标准的字符
bold	定义粗体字符
bolder	定义更粗的字符
lighter	定义更细的字符
100~900(100的整数倍)	定义由细到粗的字符。其中400等于normal,700等于bold,值越大字体越粗

实际工作中,常用的font-weight的属性值为normal和bold,用来定义正常或加粗显示的字体。

4.font-variant变体

该属性用于设置变体(字体变化),一般用于定义小型大写字母,仅对英文字符有效。其可用属性值有如下:

- normal:默认值,浏览器会显示标准字体。
- small-caps:浏览器会显示小型大写的字体,即所有的小写字母均会转换为大写。但是所有使用小型大写字体的字母与其他文本相比尺寸更小。

5.font-style字体风格

该属性用于定义字体风格,如设置斜体、倾斜或正常字体,可用属性值如下:

- normal:默认值,浏览器会显示标准的字体样式。
- italic:浏览器会显示斜体的字体样式。
- oblique:浏览器会显示倾斜的字体样式。

其中italic和oblique都用于定义斜体,两者在显示效果上并没有本质区别,但实际工作中常用italic。

6.font综合设置字体样式

该属性用于对字体样式进行综合设置,其基本语法格式如下:

选择器{font: font-style font-variant font-weight font-size/line-height font-amily;}

使用font属性时,必须按照前面语法格式中的顺序书写,各个属性以空格隔开。其中line-height指的是行高。如当需要定义如下样式时p { font-family: Arial, "宋体"; font-size: 30 px; font-style: italic; font-weight: bold; font-variant: small-caps; line-height: 40 px; },可以写成p { font: italic small-caps bold 30px/40px Arial, "宋体"; },其中不需要设置的属性可以省略(取默认值),但必须保留font-size和font-family属性,否则font将不起作用。

6.3.2 CSS文本外观属性

使用HTML可以对文本外观进行简单的控制,但是效果并不理想。为此CSS提供了一系列的文本外观样式。

1.color文本颜色

该属性用于定义文本的颜色，取值方式有3种。

• 预定义的颜色值：red、green、blue、yellow等。

• 十六进制：如#FF0000、#FF6600、#29D794等，实际应用中，该方式是最常用的定义颜色的方式。

• RGB代码：如红色可以表示为rgb（255，0，0）或rgb（100%，0%，0%）。

2.letter-spacing字间距

该属性用于定义字间距，即字符与字符之间的空白距离，属性值可以为不同单位的数值，允许使用负值，默认为normal。

3.word-spacing单词间距

该属性用于定义英文单词之间的间距，对中文字符无效。和letter-spacing一样属性值可以为不同单位的数值，允许使用负值，默认为normal。

4.line-height行间距

该属性用于设置行间距，即行与行之间的距离，也可以理解为字符的垂直间距，一般称为行高。常用的属性值单位有3种，分别为像素px、相对值em和百分比%，实际应用中使用最多的是像素px。

5.text-tansform文本转换

该属性用于控制英文字符的大小写，可用属性值如下：

• none：不转换（默认值）。

• capitalize：首字母大写。

• uppercase：全部字符转换为大写。

• lowercase：全部字符转换为小写。

6.text-decoration文本装饰

该属性用于设置文本的下划线、上划线、删除线等装饰效果，可用属性如下：

• none：没有装饰（正常文本默认值）。

• underline：下画线。

• overline：上画线。

• line-through：删除线。

• text-decoration：后面可以赋多个值，用于给本文添加多种显示效果。

7.text-align水平对齐方式

该属性用于设置文本内容的水平对齐，相当于html中的align对齐属性，可用属性如下：

• left：左对齐（默认值）。

• right：右对齐。

• center：居中对齐。

该属性仅适用于块级元素，对行内元素无效，若要对图像设置水平对齐，可以为图像添加一个容器如<p>或<div>，再对其容器标记使用text-align属性。

8.text-indent首行缩进

该属性用于设置首行文本的缩进，其属性值可为不同单位的数值、em字符宽度的倍数或相对于浏览器窗口宽度的百分比%。允许使用负值，建议使用em为单位。该属性也仅适用于块级元素，对行内元素无效。

9.white-space空白符处理

该属性用来设置空白符的处理方式。使用HTML制作网页时，不论源代码中有多少空格，在浏览器中只会显示一个字符的空白，可使用white-space来修改，属性值如下：

- nomal：常规（默认值），文本中的空格、空行无效，满行（到达区域边界）后自动换行。
- pre：预格式化，按文档的书写格式保留空格、空行。
- nowrap：空行无效，强制文本不能换行，文本会在同一行上继续，除非遇到换行标记
。内容超出元素的边界也不换行，若超出浏览器页面则会自动增加滚动条。

6.3.3 CSS背景属性

背景属性看起来似乎不如文字和文本等属性重要，但它往往影响着网站的整体风格。

1.background-color背景颜色属性

该属性用来设置元素的背景颜色，有3种取值方式。

- 预定义的颜色值：如red、green、blue、yellow等。
- 十六进制：如#FF0000、#FF6600、#29D794等，实际应用中，该方式是最常用的定义颜色的方式。
- RGB代码：如红色可以表示为rgb（255，0，0）或rgb（100%，0%，0%）。

可以为所有元素设置背景颜色，包括body，em，a等行内元素。background-color 不能继承，其默认值是 transparent。transparent 有“透明”之意。也就是说，如果一个元素没有指定背景色，那么背景就是透明的，这样其祖先元素的背景才可见。

2.background-image背景图片

该属性用来设置元素的背景图像，属性值为图像的URL。background-image 属性的默认值是 none，表示背景上没有放置任何图像。

【例6.4】

```
body { background-image: url(/image/ clouds.gif); }
body { background-image: url(http: //www.hkxy.edu.cn/clouds.gif); }
```

URL可以是相对地址，如上例中第一行代码；也可以使用绝对地址，如上例中第二行代码。background-image 也不能继承。

3.background-repeat背景图片的重复设置

该属性用来设置是否以及如何重复背景图像。默认情况下，背景图像在水平和垂直方向上重复，可能的取值见表6.3。

表6.3 background-repeat取值

值	描 述
repeat	默认。背景图像将在垂直方向和水平方向重复
repeat-x	背景图像将在水平方向重复
repeat-y	背景图像将在垂直方向重复
no-repeat	背景图像将仅显示一次
inherit	规定应该从父元素继承 background-repeat 属性的设置

4.background-position背景图片位置

该属性用来改变图像在背景中的位置。如果将背景图像的平铺属性定义为no-repeat，图像将显示在元素的左上角。若希望背景图像出现在其他位置，就需要使用background-position属性来设置，其属性值通常设置两个，中间用空格隔开，用于定义背景图像在元素的水平和垂直方向的坐标，如可用“right bottom”，默认值为“0 0”或“top left”，即背景图像位于元素的左上角。

background-position属性的取值可以有多种形式，如：

• 使用不同单位（最常用的是像素px）的数值：直接设置图像左上角在元素中的坐标，如“background-position：20px 20px；”。

• 使用预定义的关键字来指定背景图像在元素中的对齐方式：包含水平方向的left，center，right和垂直方向的top，center，bottom。两个关键字的顺序任意，若只有一个值，则另一个默认为center。

• 使用百分比，按背景图像和元素的指定点对齐：如“0% 0%”表示图像左上角与元素左上角对齐；“50% 50%”表示图像50% 50%中心点与元素50% 50%的中心点对齐；“20% 30%”表示图像20% 30%的点与元素20% 30%的点对齐；“100% 100%”表示图像右下角与元素的右下角对齐。若只有一个百分数，将作为水平值，垂直值则默认为50%。

5.background-attachment背景图片固定位置

该属性用来设置背景图片是否随着滚动条滚动而改变位置。一般在网页上设置背景图像时，随着页面滚动条的移动，背景图像也会跟着一起移动，若希望背景图像固定在屏幕上，不随着页面元素滚动，则使用该属性，属性值如下：

• scroll：图像随页面元素一起滚动（默认值）。

• fixed：图像固定在屏幕上，不随页面元素滚动。

6.综合设置元素的背景

同文本属性一样，在CSS中背景属性也是一个复合属性，可以将背景相关的样式都综合定义在一个复合属性background中。使用background属性综合设置背景样式的语法格式如下：

```
background：背景色 url（“图像”） 平铺 定位 固定；
```

这个语法格式中，各个样式顺序任意，中间用空格隔开，不需要的样式可以省略，通常建议按照背景色、URL、平铺、定位的固定顺序来书写。

6.4 Div+CSS布局

在传统表格布局中完全依赖于表格对象table，页面中绘制一个由多个单元格组成的表格，然后在相应的表格中放置内容，并通过对表格单元格的位置控制实现布局的目的。如今我们所要接触的是一种全新的布局方式，Div是这种布局方式的核心对象，使用CSS布局的页面排版不需要依赖表格，仅需要Div容器，因此称为Div+CSS布局。

6.4.1 Div和SPAN

Div是英文division的缩写，意为“分割、区域”。<div>标记简单而言就是一个区块容器标记，可以将网页分割为独立的、不同的部分，以实现网页的规划和布局。<div>和</div>划分的区域相当于一个容器，里面可以容纳段落、标题、图像等各种网页元素，也就是说大多数HTML标记都可以嵌套在<div>标记中，<div>中还可以嵌套多层<div>。

与其他HTML对象一样，只需在代码中应用<div> </div>这样的标签形式，将内容放置其中，便可以应用Div标签。

注意：Div标签只是一个标识，其作用是把内容标识成一个区域，并不负责其他事情。Div只是CSS布局工作的第一步，需要通过Div将页面中的内容元素标识出来，而为内容添加样式则由CSS来完成。

DIV对象在使用的时候，与其他HTML对象一样，可以加入其他属性，如id，class等。为了实现内容与表现分离，一般不将样式属性用于Div，所以Div代码拥有以下两种形式：

<div id=“id名称”> 内容 </div>

<div class= "class名称" > 内容 </div>

在一个没有CSS应用的页面中，即使应用了Div也没有任何实际效果，和直接输入Div中的内容没有区别。在浏览器中仅会看到两行“内容”文字，如图6.4所示。

图6.4 DIV布局

从图中可以看出，Div对象占据整行的一种对象，称为“块级元素”。

• 块元素：在页面中以区域块的形式出现，其特点是每个块元素通常都会独自占据一整行或多整行，可以对其设置宽度、高度、对齐等属性，常用于网页布局和网页结构的搭建。常用的块元素有<h1>~<h6>、<p>、<div>、<ul>、<ol>、<li>等，其中<div>是最常用的块元素。

• 行内元素：行内元素也称内联元素或内嵌元素，其特点是不必在新的一行开始，同时，也不强迫其他的元素在新的一行显示。一个行内元素通常会和它前后的其他行内元素显示在同一行中，它们不占有独立的区域。仅仅靠自身的字体大小和图像尺寸来支撑结构，一般不可以设置宽度、高度、对齐等属性，常用于控制页面中文本的样式。常见的行内元素有<strong>、<b>、<em>、<i>、<del>、<s>、<ins>、<u>、<a>、<span>等，其中<span>标记是最典型的行内元素。

<span>标记与<div>一样，也作为容器标记被广泛应用在HTML语言中。由于SPAN是行内元素，所以<span></span>之间只能包含文本和各种行内标记，<span>也可以多层嵌套。

6.4.2 CSS布局定位

CSS排版是一种比较新的排版理念，它首先将页面在整体上进行<div>标记的分块，然后对各个块进行CSS定位，最后在各个块中添加相应的内容。通过CSS排版的页面，更新十分容易，甚至页面的拓扑结构，都可以通过修改CSS属性来重新定位。

1.浮动定位

浮动定位是CSS排版中非常重要的手段，浮动属性作为CSS的重要属性，被频繁地应用在网页制作中。所谓元素的浮动是指设置了浮动属性的元素会脱离标准文档流的控制，移动到其父元素中相应位置的过程。通过float属性来定义浮动，基本语法格式如下：

选择器 { float: 属性值; }

常用的float属性值有3个，分别表示见表6.4。

表6.4 float的常用属性值

属性值	描　述
left	元素向左浮动
right	元素向右浮动
none	元素不浮动（默认值）

例6.5的代码显示的页面如图6.5所示。

【例6.5】

```
<!DOCTYPE html PUBLIC "-//W3C//DTD XHTML 1.0 Transitional//EN" "http: //www.w3.org/TR/xhtml1/DTD/xhtml1-transitional.dtd">
<html xmlns="http: //www.w3.org/1999/xhtml">
<head>
<meta http-equiv="Content-Type" content="text/html; charset=utf-8" />
<title>浮动定位</title>
<style type="text/css">
.box{
background: #CCCCCC;
border: 1px dashed #999999;
}
.box01, .box02, .box03{
background-color: #ff99aa;
height: 150px;
width: 150px;
margin: 10px;
}
</style>
</head>

<body>
<div class="box">
    <div class="box01">我是01号区域</div>
    <div class="box02">我是02号区域</div>
    <div class="box03">我是03号区域</div>
```

```
</div>
</body>
</html>
```

所有元素均未应用float属性，3个块元素从上到下依次排列。即不设置浮动时，元素及其内部子元素将按照标准文档流的样式排列，块元素占据整行。

接下来，在上面代码的基础上将01块向右浮动，添加代码如下：

```
.box01{
float: right;
}
```

效果如图6.6所示，01号块元素拖离文档流并向右移动，直到其边缘碰到包含它们的容器右边框为止。

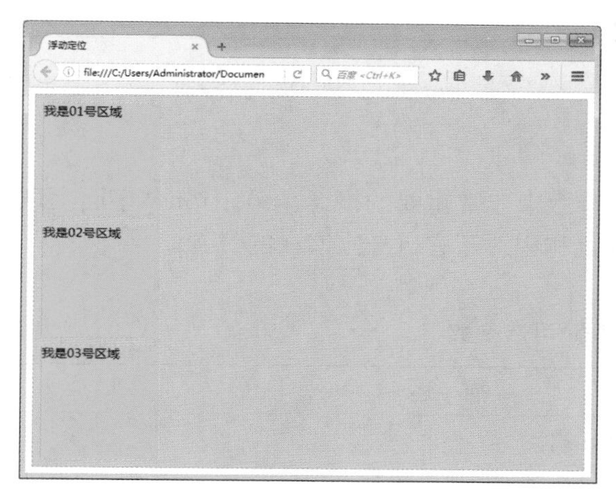

图6.5 不浮动时默认排列效果

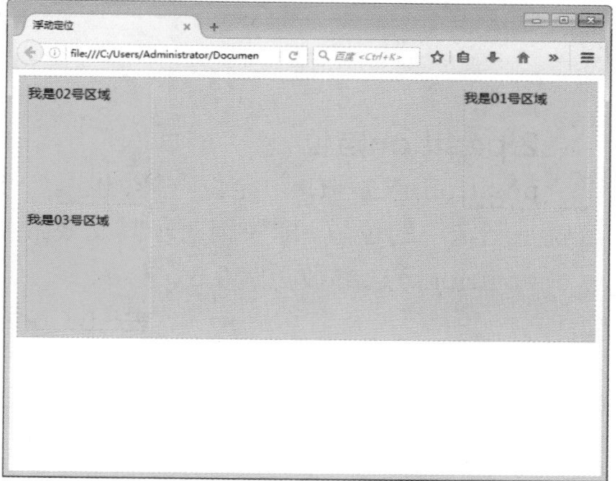

图6.6 向右浮动

若将01号块元素向左浮动，修改代码如下：

```
.box01{
float: left;
}
```

它将拖离文档流并向左移动，直到其边缘碰到包含它的容器左边框为止，如图6.7所示。由于不再处于文档流中，所以它不占据空间，实际上覆盖住了02号框，使其从视图中消失。

若添加代码：

```
.box01, .box02, .box03{
float: left;
}
```

把3个块元素均向左浮动时，01号块向左浮动直到碰到包含框box的左边缘为止，另两个块元素向左浮动直到碰到前一个浮动框为止，如图6.8所示。

如果包含框太窄，无法容纳水平排列的3个浮动元素，则多出来的浮动块将向下移动，直到有足够的空间。若浮动框元素的高度不同，则它们向下移动时可能会被其他浮动元素卡住，可以举例观察效果。

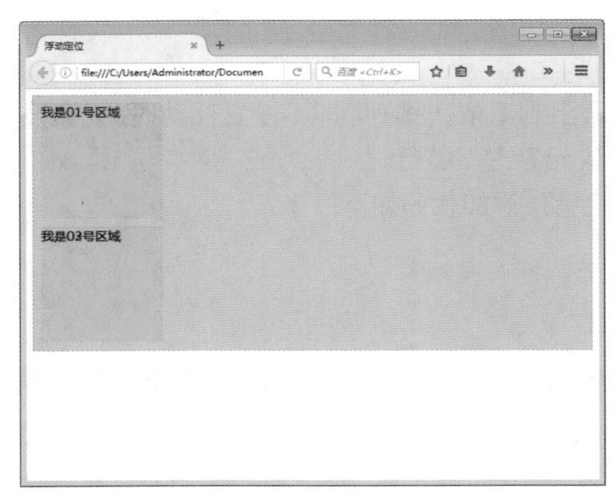

图6.7 向左浮动

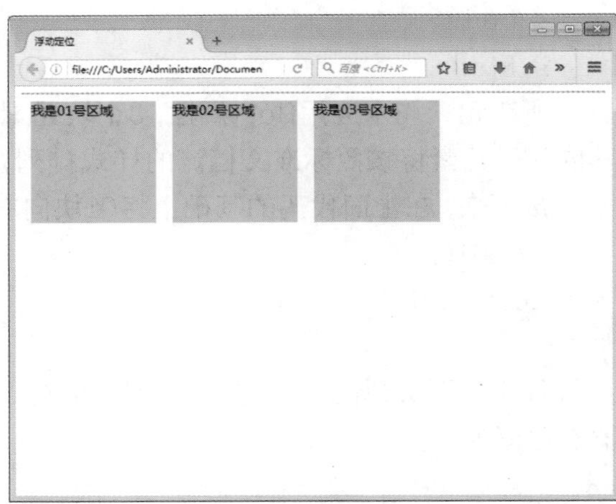

图6.8 三个框同时向左浮动

2.position定位

position定位与float定位一样，也是CSS排版中非常重要的概念。position从字面上理解就是制定块的位置，即块相对于其父块的位置和相对于它自身应该在的位置。

position可选参数见表6.5。

表6.5 position可选参数

值	描　述
static	自动定位（默认定位方式）
relative	相对定位，相对于其原文档流的位置进行定位
Absolute	绝对定位，相对于其上一个已经定位的父元素进行定位
fixed	固定定位，相对于浏览器窗口进行定位
inherit	规定应该从父元素继承 position 属性的值

•静态定位：是元素的默认定位方式，当position属性的取值为static时，可以将元素定位于静态位置。所谓静态位置就是各个元素在HTML文档流中默认的位置。任何元素在默认状态下都会以静态定位来确定自己的位置 ，所以当没有定义position属性时，并不说明该元素没有自己的位置，它会遵循默认值显示为静态位置。在静态定位状态下，无法通过边偏移属性（top、bottom、left或right）来改变元素的位置。

•相对定位：相对定位是将元素相对于它在标准文档流中的位置进行定位，当position属性的取值为relative时，可以将元素定位于相对位置。对元素设置相对定位后，可以通过边偏移属性改变元素的位置，但是它在文档流中的位置仍然保留。

•绝对定位：绝对定位是将元素依据最近的已经定位（绝对、固定或相对定位）的父元素进行定位，若所有父元素都没有定位，则依据body根元素（即浏览器窗口）进行定位。当position属性的取值为absolute时，可以将元素的定位模式设置为绝对定位。

•固定定位：固定定位是绝对定位的一种特殊形式，它以浏览器窗口作为参照物来定义网页元素。position属性的取值为fixed时，即可将元素的定位模式设置为固定定位，此时它将脱离标准文档流的控制，始终依据浏览器窗口来定义自己的显示位置。不管浏览器滚动条如何滚动，也不管浏览器窗口的大小如何变化，该元素会始终显示在浏览器窗口的固定位置。

6.4.3 CSS盒模型

盒模型是CSS网页布局的基础，只有掌握了盒模型的各种规律和特征，才可以更好地控制网页中各个元素所呈现的效果。

所谓盒模型就是把HTML页面中的元素看成是一个矩形的盒子，也就是一个装着内容的容器。每个矩形都由元素的内容（content）、内边距（padding）、边框（border）和外边距（margin）组成，如图6.9所示。

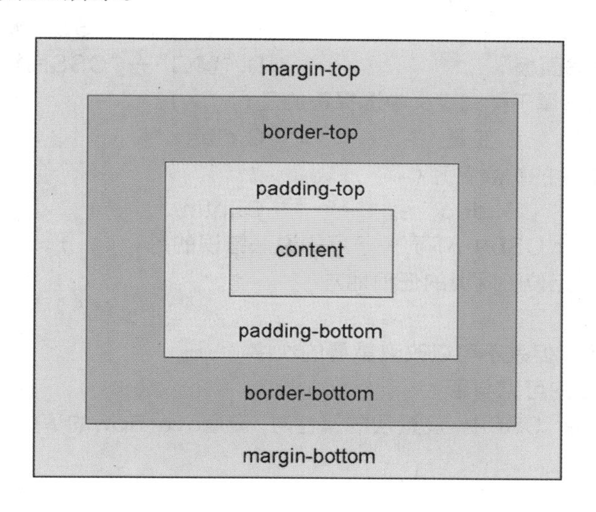

图6.9 盒模型

填充、边框和边界都分为上下左右4个方向，既可以分别定义，也可以统一定义，如：

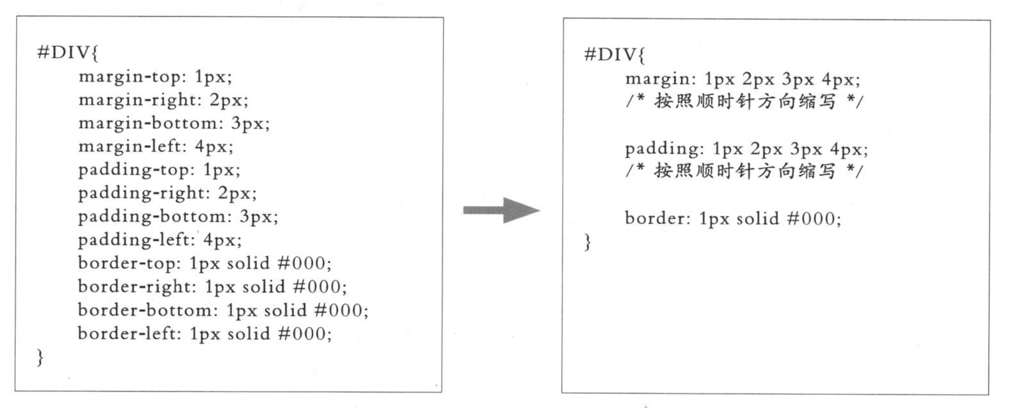

```
#DIV{
    margin-top: 1px;
    margin-right: 2px;
    margin-bottom: 3px;
    margin-left: 4px;
    padding-top: 1px;
    padding-right: 2px;
    padding-bottom: 3px;
    padding-left: 4px;
    border-top: 1px solid #000;
    border-right: 1px solid #000;
    border-bottom: 1px solid #000;
    border-left: 1px solid #000;
}
```

```
#DIV{
    margin: 1px 2px 3px 4px;
    /* 按照顺时针方向缩写 */

    padding: 1px 2px 3px 4px;
    /* 按照顺时针方向缩写 */

    border: 1px solid #000;
}
```

CSS内定义的宽（width）和高（height），一般指的是填充的内容范围，因此一个元素的“实际宽度=左边界+左边框+左填充+内容宽度+右填充+右边框+右边界”，当然不同的浏览器算法略有不同。

课后练习题

单选题

1.下列各项中不是CSS样式表的优点的是（　　）。

A.CSS对于设计者来说是一种简单、灵活、易学的工具，能使任何浏览器都听从指令，知道该如何显示元素及其内容

B.CSS可以用来在浏览器的客户端进行程序编制，从而控制浏览器等对象操作，创建出丰富的动态效果

C.一个样式表可以用于多个页面，甚至整个站点，因此具有更好的易用性和扩展性

D.使用CSS样式表定义整个站点，可以大大简化网站建设，减少设计者的工作量

2.选中层之后，可以在属性面板中调整层的显示属性，其中表示层总是隐藏的选项是（　　）。

A.default　　B.inherit　　C.visible　　D.hidden

3.要打开CSS面板，可以执行的命令是（　　）。

A.“编辑”→“CSS面板”　　B.“插入”→“CSS面板”

C.“修改”→“CSS面板”　　D.“窗口”→“CSS面板”

4.在CSS中，下列不属于样式定义中选择符的是（　　）。

A.HTML中的标记　　B.变量　　C.class　　D.ID

5.外部式样是单文件的扩展名为（　　）。

A..js　　B..doc　　C..htm　　D..CSS

6.在Dreamweaver CS6中，下面关于层的说法错误的是（　　）。

A.层可以被准确地定位于网页的任何地方

B.层可以规定大小

C.层与层可以重叠，但是不可以改变重叠的次序

D.可以动态设定层的可见与否

7.在Dreamweaver CS6中，设置层的属性时，设置overflow的下拉选项中的hidden时，表示（　　）。

A.不显示超出层边界的内容

B.不管层的边界，显示所有元素

C.层的右方和下方出现滚动条而不论元素是否溢出

D.当层中元素溢出时才出现滚动条

8.在Dreamweaver CS6中，关于层与表格的转换的说法正确的是（　　）。

A.层可以转换为表格，但是表格不能转换为层

B.表格可以转换为层，但是层不能转换为表格

C.表格和层可以互相转换

D.以上说法都错

9.在Dreamweaver中，通过（　　）实现对网页内容的精确定位。

A.表单　　B.AP Div元素　　C.表格　　D.文本域

10.（　　），则无法实现AP Div元素的重叠。

A.AP Div元素模板上的“防止重叠”被勾选　　B.AP Div元素面板上的“防止重叠”被勾选

C.框架面板上的“防止重叠”被勾选　　D.框架面板上的“防止重叠”不被勾选

11.下面不属于CSS插入形式的是（　　）。

A.索引式　　B.内联式　　C.嵌入式　　D.外部式

12.在Dreamweaver中，按住（　　）键，同时鼠标单击图AP Div元素，可以同时选取多个图AP Div元素。

A.Shift+Q　　B.Shift　　C.Ctrl　　D.Ctrl+Shift+Q

13.以下各项中可以精确控制文本大小，使得文本的样式并不随浏览器设置而产生变化的是（ ）。

A.CSS B.HTMLStye C.HTML D.Style

14.CSS表示（ ）。

A.层 B.行为 C.样式表 D. 时间线

15.（ ）几乎可以控制所有文字的属性，它也可以套用到多个网页，甚至整个网站的网页上。

A.HTML样式 B.CSS样式 C.页面属性 D.文本属性面板

16.CSS样式表存在于文档的（ ）区域中。

A.HTML B.BODY C.HEAD D.TABLE

17.Dreamweaver中CSS滤镜特效属于CSS样式定义分类中的（ ）。

A.定位 B.类型 C.边框 D.扩展

18.如果要使一个网站的风格统一并便于更新，在使用CSS文件的时候，最好是使用（ ）。

A.外部链接样式表 B.内嵌式样式表 C.局部应用样式表 D.以上三种都一样

19.下面可以建立AP Div元素的HTML标签的是（ ）。

A.<div>标签 B.<span>标签 C.<ilayer>标签 D.<table>标签

第7章　Photoshop入门

7.1　图像基础知识

7.1.1　位图和矢量图

数字图像按存储方式的不同分为两种类型：位图与矢量图。

1.位图

位图图像（Bitmap），　也称为点阵图像或栅格图，是由很多个像小方块一样的颜色网格（称作像素）组成的图像。这些像素点由其位置值和颜色亮度值表示，进行不同的排列和染色而构成丰富多彩的图样。适合表现大量的图像细节，可以很好地反映明暗的变化、复杂的场景和颜色，图像文件较大。

2.矢量图

矢量图也称为向量图或绘图图像，使用直线和曲线来描述图形，矢量图文件一般较小。矢量图最大的优点是无论放大、缩小或旋转等不会失真，但却难以表现色彩层次丰富的逼真图像效果，所以主要用于插图、文字和可以自由缩放的徽标等图形设计。

如图7.1和图7.2所示为将PS图标的位图文件和矢量图文件分别放大800倍后得到的效果图。可见，位图放大后会出现明显的锯齿状边缘，图像失真明显，而矢量图并无明显变化。

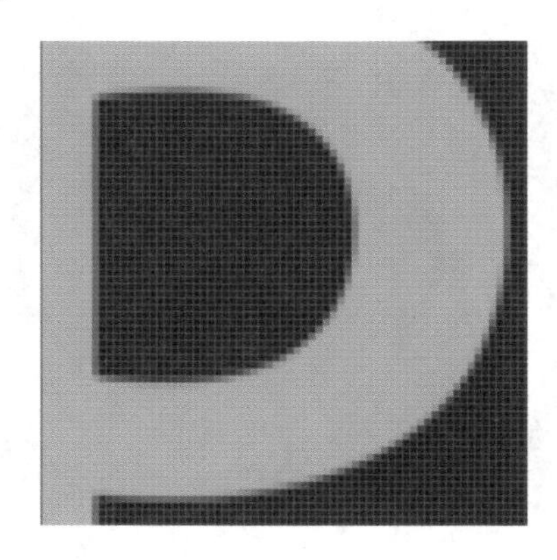

图7.1　位图

图7.2　矢量图

7.1.2　像素、分辨率与图像尺寸

1.像素

像素（Pixels）是构成图像的基本单元。位图文件包含的像素点越多，文件就越大，图

像品质就越好。

2.分辨率

分辨率（Resolution）用于描述图像文件信息的术语，表示图像上每单位长度所能显示的像素数量，通常用“像素/英寸”或“像素/厘米”来表示。

分辨率的高低直接影响图像的效果。使用太低分辨率会导致图像粗糙，在网页上显示时图片会变得模糊；而使用太高的分辨率则会增加文件的大小，降低网页中图像的显示速度，图7.3和图7.4显示了同样尺寸的图像不同分辨率下的图像大小。

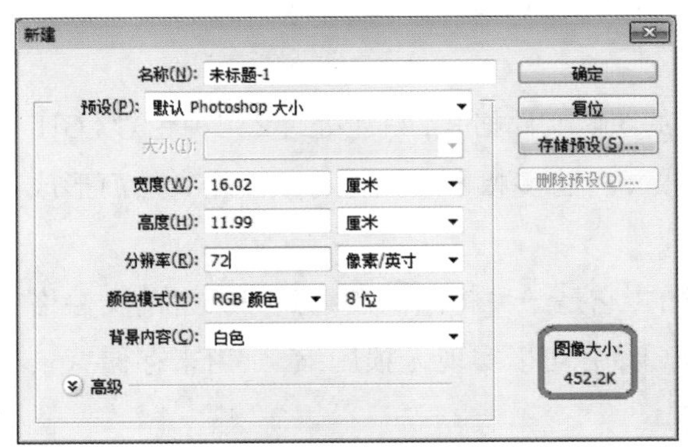

图7.3 72像素/英寸

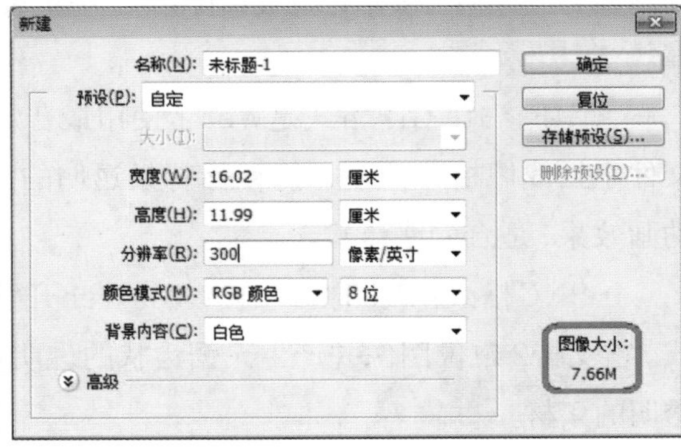

图7.4 300像素/英寸

3.图像尺寸

图像文件的大小是由文件的尺寸（宽度、高度）和分辨率决定的。图像文件的宽度、高度和分辨率数值越大，图像文件也就越大。

通常在Photoshop中新建文件时，默认的“分辨率”值是“72像素/英寸”；印刷彩色图像，分辨率一般设置为“300像素/英寸”；设计报纸广告，分辨率一般设置为“120像素/英寸”；发布于网络上的图像，分辨率一般设置为“72像素/英寸”或“96像素/英寸”。

7.1.3 常用图像文件格式

Photoshop支持的文件格式非常多，了解各种文件格式有助于对图像进行编辑、保存以及转换等操作。

• PSD格式：PSD格式是Photoshop的专用格式，能够保存图像数据的细小部分，如图层、通道等信息，图层之间相互独立，在图像编辑未完成前暂存可以使用这种格式便于以后修改。

• BMP格式：BMP是Bitmap的缩写，是Windows操作系统中的标准图像文件格式，它支持RGB、索引颜色、灰度和位图颜色模式的图像。

• EPS格式：EPS格式是一种跨平台的通用格式，由于该标准制定得早，几乎所有的平面设计软件都能够兼容，所以用Photoshop，Illustrator，Corel Draw，Freehand等软件都可以打开。

• JPEG格式：JPEG是第一个国际图像压缩标准，JPEG格式是最常用的一种图像文件格式，可用于Windows和Mac平台，是所有压缩格式中的佼佼者。它是一种有损压缩格式，使用此格式存储时可以选择压缩品质，以控制数据的损失程度。Photoshop从低到高共提供了0~12档品质。

• TIFF格式：TIFF是使用最广泛的位图文件格式行业标准之一，几乎所有工作中涉及位图的应用程序都能处理TIFF格式的文件，广泛应用于对图像质量要求较高的图像的存储与转换。

• AI格式：AI格式是一种矢量图格式。在Photoshop中可以将保存了路径的图像文件输出为"*.AI"格式，然后在Illustrator或CorelDRAW等应用程序中直接打开并进行编辑。

• GIF格式：GIF格式是Web上使用最普遍的图像文件格式，只能处理256种色彩。GIF文件小且成像相对清晰并能存储背景透明的图像，可将多幅彩色图像存成一个文件而形成动画效果，适合网络传输。

• PNG格式：PNG格式是专门为Web开发的，它是一种将图像压缩到Web上的文件格式。它支持244位图像并产生无锯齿状的透明背景，并可以实现无损压缩，常用来存储背景透明的素材。

7.2 初识Photoshop

Photoshop是由Adobe公司推出的平面设计软件，其功能强大、实用性强，一直是平面设计工作者的首选。使用该软件不但可以绘制出漂亮的作品，还可以对已有的数码图片进行编辑和再创作，并打印输出。

7.2.1 Photoshop CS6工作界面

启动Photoshop CS6，其工作界面由菜单栏、属性栏、文档名称选项卡、工具箱、状态栏、文档窗口和各式各样的控制面板组成，如图7.5所示。

• 菜单栏：位于主窗口的最上方，将控制工作界面的菜单命令及快捷键分为11大类主菜单，单击相应的主菜单，即可打开该组菜单。

• 属性栏：位于菜单栏的下方，主要用来设置工具的参数选项，会随所选工具的不同而变换内容。

• 文档名称选项卡：在选项卡中会显示打开文件的名称、格式、窗口缩放比例及颜色模式等信息。当打开多个图像时，它们会自动排列到选项卡中，单击选项卡名即可在打开的多个图像文件中进行切换编辑。

• 工具箱：位于工作界面的左侧，集合了Photoshop的大部分工具。图像编辑中选择工具、绘图工具、文字工具、路径选择工具等操作按钮均可以在其中找到。

• 状态栏：位于工作界面的最底部，可以显示当前文档的大小、文档尺寸、当前工具和窗口缩放比例等信息，可根据需要设置要在状态栏中显示的内容。

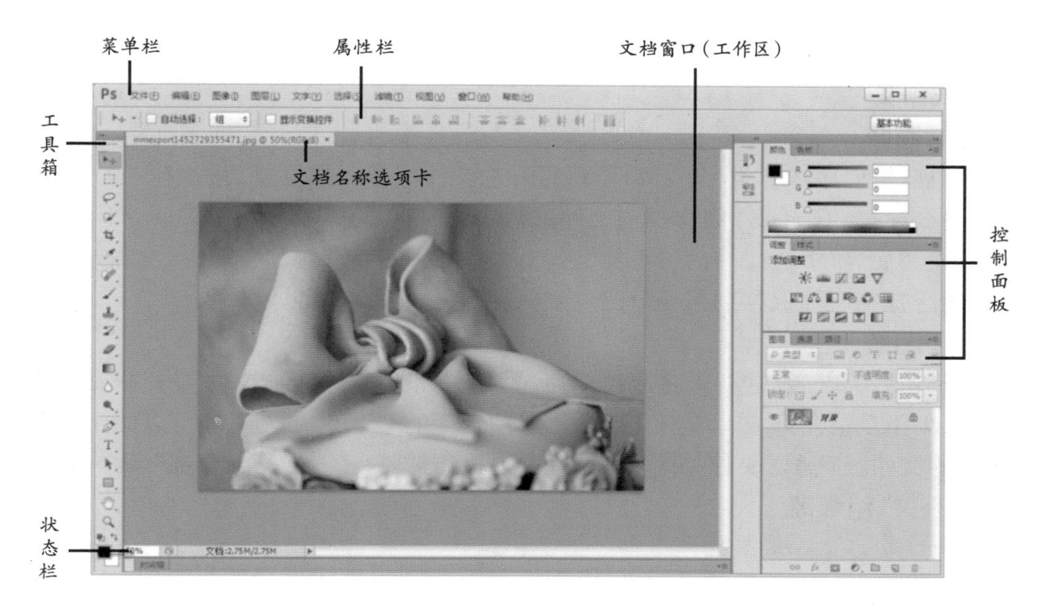

图7.5　主工作界面

•文档窗口(工作区):用于显示和编辑图像的区域。

•控制面板:位于工作界面的右侧,Photoshop提供了大量的控制面板,主要用来配合图像的编辑、对操作进行控制以及设置参数等。可以在菜单栏中单击“窗口”菜单项,在弹出的下拉菜单中选择需要显示/隐藏的面板。

7.2.2　Photoshop的基本操作

1.新建图像

若需要制作一个新的文件可以执行“文件”→“新建”菜单命令或按“Ctrl+N”组合键,打开“新建”对话框,在对话框中可以设置文件的名称、尺寸、分辨率、颜色模式等。

•名称:默认情况下的文件名为“未标题-1”。

•预设:可以快速选择一些内置的常用尺寸,单击下拉列表选择即可。包含“剪贴板”“默认Photoshop大小”“美国标准纸张”“国际标准纸张”“照片”“Web”“移动设备”“胶片和视频”和“自定”9个选项。

•大小:用于设置预设类型的大小。

•宽度/高度:设置文件的宽度和高度,常用单位有“像素”“英寸”和“厘米”等。

•分辨率:用来设置文件的分辨率大小,单位有“像素/英寸”和“像素/厘米”两种。“默认Photoshop大小”和“Web”均为72dpi。

•颜色模式:用来设置文件的颜色模式以及相应的颜色深度。

•背景内容:用来设置文件的背景内容,有“白色”“背景色”和“透明”3种选择。

单击“确定”按钮即可创建新的文件了。

2.打开图像

打开文件的方法有很多种,可以直接执行“文件”→“打开”菜单命令,在弹出的对话框中选择需要打开的文件,然后单击打开按钮;或者直接双击文件。也可以在Photoshop工作区中双击鼠标左键，或者使用“Ctrl+O”组合键，弹出“打开”对话框，注意选择正确的文件类型才能找到文件。

3.存储图像

和其他应用程序操作类似，若需要将打开的文件保存回原位置，可执行“文件”→“存储”菜单命令或按“Ctrl+S”组合键对文件进行快速保存。

当不希望覆盖掉源文件时，可以执行“文件”→“存储为”菜单命令或按“Shift+Ctrl+S”组合键将文件保存到另一个位置或保存为另一个文件名。

4.关闭图像

当编辑完图像以后，需要先将图像保存，然后关闭文件。执行“文件”→“关闭”菜单命令、按“Ctrl+W”组合键或者单击文档名称选项卡旁的“关闭”按钮，均可以关闭当前处于激活状态的文件。而需要快速关闭所有文件，则执行“文件”→“关闭全部”菜单命令或按“Alt+Ctrl+W”组合键。

7.2.3 工具箱的使用

工具箱中包含各种图形绘制和图像处理工具，默认位置在工作区的左侧，可以根据需要拖动到窗口的任意区域，单击◀◀可以将工具箱转换为单列显示。

将鼠标光标移动到工具箱中的按钮上时，该按钮将凸起显示，停留片刻鼠标处即会显示该工具的名称。大多数工具按钮是以工具组的形式存放的，长按右下角带黑色小三角的按钮即可将工具组中隐藏的其他工具按钮显示出来，这时移动鼠标至所需工具上单击即可选择该工具使用了。

工具箱及其所有展开的工具按钮如图7.6所示。

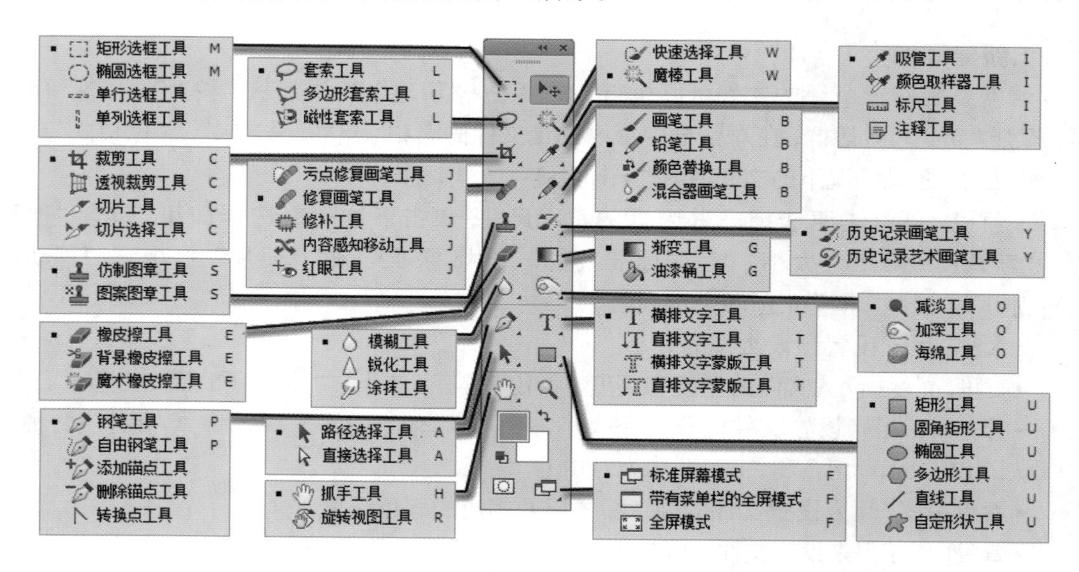

图7.6 工具箱及所有工具按钮

7.2.4 控制面板的显示与隐藏

Photoshop提供了大量的控制面板，在有限的操作界面内无法完整显示全部控制面板。在图像处理工作中，为了操作方便，经常需要调出某个控制面板、调整工作区中部分控制面板的位置或将其隐藏。熟练掌握对控制面板的操作，可以有效提高工作效率。

在“窗口”菜单列表项中，左侧带有✔符号的命令表示该控制面板已在工作区中显示，而不带✔符号的则表示该控制面板隐藏，可通过单击相应命令行在显示/隐藏间切换。控制面板上方的双向箭头按钮▸▸，能将控制面板区域隐藏，只显示图标，这样可以扩大文档窗口以提供更多的工作区域。

已显示的控制面板可以通过鼠标的拖曳操作将以组形式堆叠的控制面板拆分出来，或者将某个控制面板组合进组。图7.7表示将“色板”控制面板组合进“颜色”控制面板组中，即拖动面板标签至目标面板组，出现蓝色边框时释放鼠标即可。图7.8即为合并后的效果。拆分控制面板的方法类似。

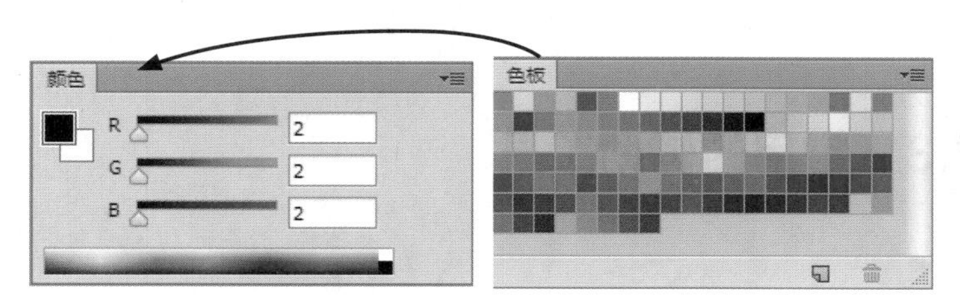

图7.7 控制面板的组合

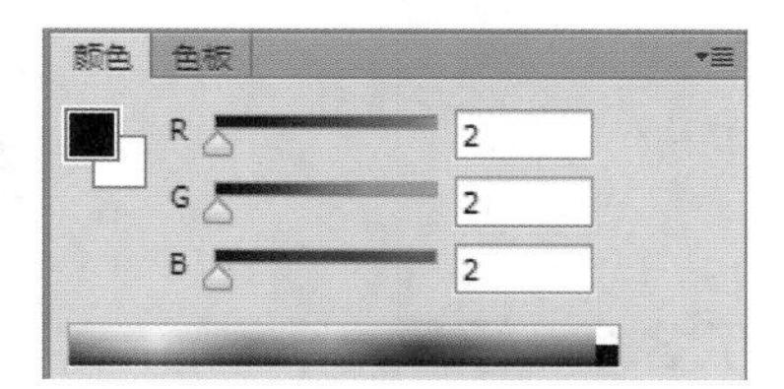

图7.8 组合后效果

7.2.5 文档窗口

在Photoshop中打开一张图像会自动创建一个文档窗口，如果打开多张图像，多个文档窗口则会以选项卡的形式在工作区上方显示，在文档的名称上单击即可将其设置为当前操作的窗口。

快捷键“Ctrl+Tab”可以按照先后顺序切换窗口，快捷键“Ctrl+Shift+Tab”可以按相反的顺序切换窗口。在任意窗口的标题选项卡上单击并拖动即可将其从选项卡中拖出，使其成为可以任意移动位置和缩放大小的浮动窗口，可以方便地在多文档之间进行编辑操作。

7.2.6 状态栏

状态栏主要用来显示文档窗口的缩放比例、文档大小以及当前使用的工具等信息。单击▸按钮，在弹出菜单中可以选择“状态栏”的显示内容。

• Adobe Drive：显示该文档的Version Cue工作组状态。Adobe Drive能够连接到Version Cue CS6服务器，连接后则可以在资源管理器中查看服务器的项目文件。

• 文档大小：默认选项，显示有关图像中的数据量的信息，状态栏上会出现两组数据。斜杠左边显示的是拼合图层在存储文件后的文档大小，右边显示的是文档在包含图层和通道情况下的近似大小。

• 文档配置文件：显示图像所会用的颜色配置文件的名称。

• 文档尺寸：显示图像的尺寸。

• 测量比例：显示文档的比例。

• 暂存盘大小：显示有关于处理当前文档所需的内存和Photoshop暂存盘的信息，状态栏上会出现两组数据，左边表示程序用来显示所有打开的图像的内存量，右边表示可用于处理图像的总内存量。如果左边的数据大于右边的数据，则Photoshop将启用暂存盘作为虚拟内存。

• 效率：现实执行操作实际花费时间的百分比。当该值为100%时，表示当前处理的图像在内存中生成；如果该值低于100%，表示Photoshop正在使用暂存盘，操作速度也会变慢。

• 计时：显示上一次操作所用的时间。

• 当前工具：显示当前所选择使用的工具名称。

• 32位曝光：用于调整预览图像，以便于在计算机显示器上查看32位/通道高动态范围（HDR）图像的选项。只有文档窗口显示HDR图像时，该选项才可以使用。

• 存储进度：对文档进行存储时，将在状态栏上显示存储的进度。

7.3 常用的辅助工具

7.3.1 标尺

标尺的主要作用是度量当前图像的尺寸，定位图像或元素的位置，从而更精确地设计。执行“视图”菜单下的“标尺”命令，或者使用快捷键“Ctrl+R”，即可在文档窗口的顶部和左侧显示标尺。

默认情况下，标尺的原点位于窗口的左上角（0，0）标记处，将鼠标放置在原点上，单击并向右下方拖动，图像上会出现十字线，在需要的位置松开鼠标，该处即成为新的原点位置，而在原点处的方形区域双击鼠标即可恢复默认原点设置，如图7.9所示。

如果要修改标尺的测量单位，可以双击标尺，在弹出的“首选项”对话框中可以对其进行设置，还可以在标尺上单击右键，在弹出菜单中进行设置，如图7.10所示。

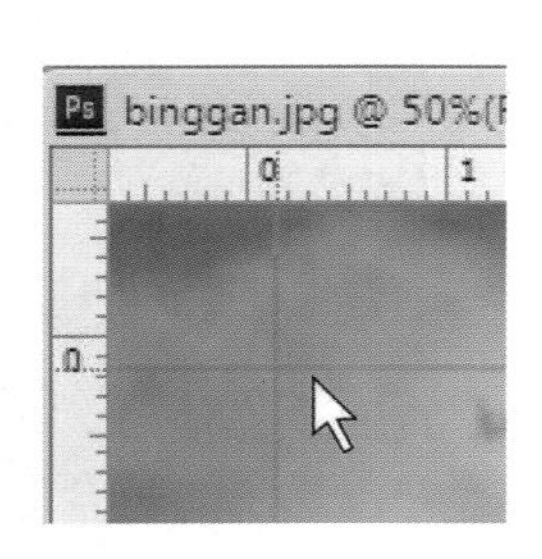

图7.9　拖动标尺原点

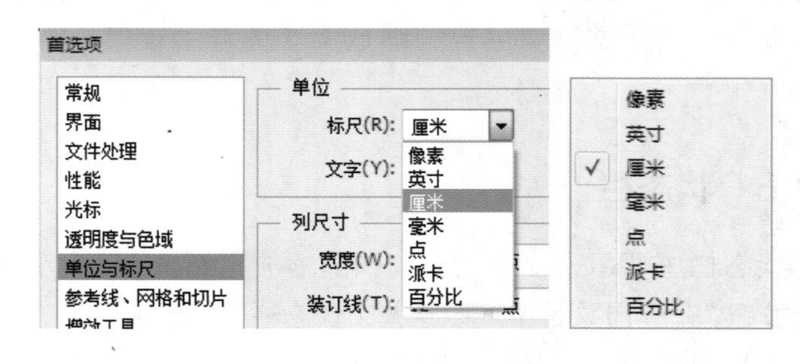

图7.10　设置标尺的单位

7.3.2 参考线

参考线的使用可以有效地帮助用户更加精准地定位图像在进行裁切或缩放操作时的位置。显示标尺后，将鼠标移至水平标尺上，单击鼠标左键并向下拖动即可拖出一条水平参考线。同样，也可以从垂直标尺上拖出一条垂直参考线。将光标移动到参考线上成双向箭头状态时，单击并拖动可以移动参考线的位置。为避免在操作过程中参考线会被移动，可执行

"视图"菜单下的"锁定参考线"命令，将拖出的参考线锁定。当需要删除某条参考线时，将其拖回标尺上即可，若需要删除所有参考线，可使用 "视图"菜单下"清除参考线"命令。

在Photoshop CS6中，还可以使用智能参考线。当用"移动工具"对文档中的对象进行移动操作时，即可通过智能参考线将图形、切片和选区进行对齐。

7.3.3 网格

网格的功能对于对称布置的对象比较有用，执行"视图"菜单下的"显示"子菜单中的"网格"命令，即可显示网格，如图7.11所示。同时可选择"视图"→"对齐"→"网格"命令启用对齐功能，在之后进行创建选区或移动图像等操作时，对象会自动对齐到网格上。

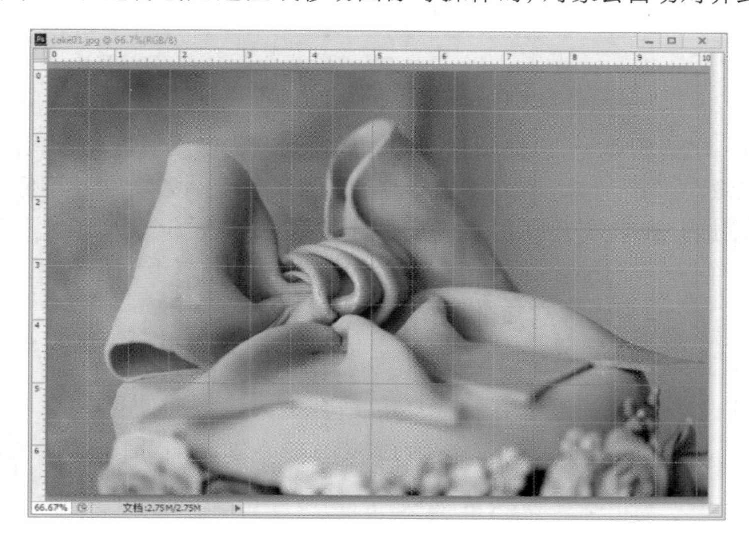

图7.11 显示网格效果

7.4 调整图像

图像在各领域中的应用非常广泛，在图像处理中常常需要对图像以及画布进行适当的调整以达到满意的效果。在Photoshop CS6中调整图像尺寸或画布大小，应注意像素大小、文档大小以及分辨率的设置。

7.4.1 调整图像大小

打开一幅图像，执行"图像"菜单中的"图像大小"命令，或者按快捷键"Ctrl+Alt+I"，可以打开图像大小对话框，如图7.12所示，在对话框中即可调整图像的相关参数。

•像素大小：该选项用来设置图像的像素大小，包括"宽度"和"高度"的像素值，也可以设置为百分比值。

•文档大小：该选项用来设置图像的打印尺寸和图像分辨率。

•缩放样式：如果在图像中包含了应用样式的图层，勾选此项可以在调整图像大小时按比例缩放样式。

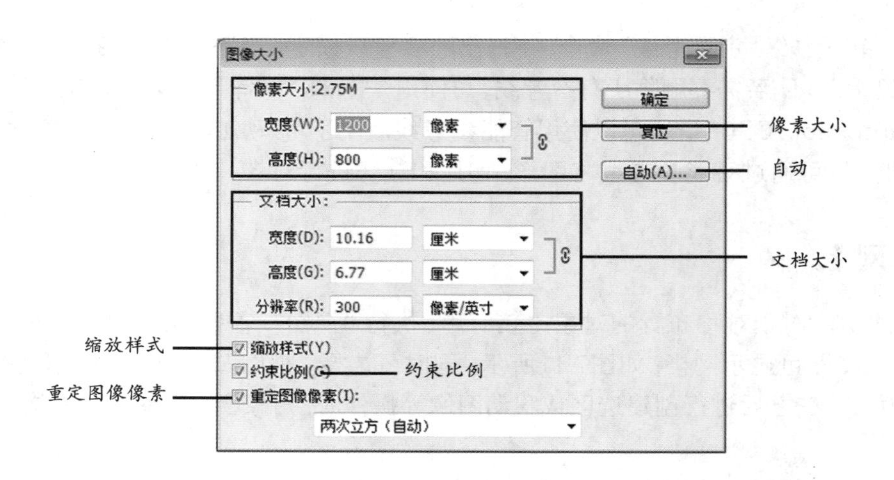

图7.12 “图像大小”对话框

•约束比例：勾选此项，可以在调整图像时保持当前的像素宽度和像素高度比例。

•重定图像像素：勾选此项，在对图像修改时图像像素不会改变，缩小图像的尺寸会自动增加分辨率，反之增加分辨率会自动缩小图像尺寸。下拉列表包含的6个选项含义分别为：

◆临近（保留硬边缘）：为不精确的差值方法，会产生锯齿效果。

◆两次线性：为中等品质的差值方法。

◆两次立方（适用于平滑渐变）：为高精度的差值方法。

◆两次立方较平滑（适用于扩大）：适合扩大图像时使用。

◆两次立方较锐利（适用于缩小）：适合缩小图像时使用。

◆两次立方（自动）：为默认选项，高精度差值方式。

•自动：单击此按钮，可弹出“自动分辨率”对话框，如图7.13所示。在该对话框中可以设置打印输出的精度，还可以将打印图像的品质设置为草图、好或最好。设置为“草图”输出文件较小；设置为“最好”输出文件较大并且作品效果最佳。

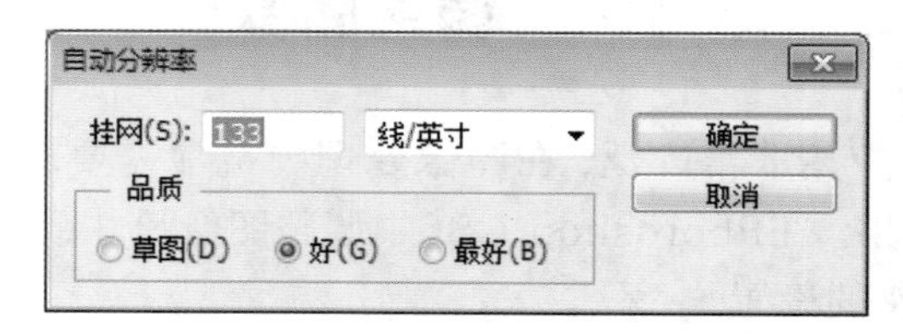

图7.13 “自动分辨率”对话框

7.4.2 调整画布大小

所谓画布，就是文档的整个工作区域，可以通过执行“图像”菜单中的“画布大小”命令或按快捷键“Ctrl+Alt+C”，在“画布大小”对话框中对画布尺寸进行调整，如图7.14所示。

•当前大小：显示当前图像的宽度和高度以及文件的实际大小。

•新建大小：可用来设置画布的“宽度”和“高度”。如果输入的数值大于原图像尺寸，则增加画布大小，反之则减小画布大小。

• 相对：勾选该项后，上方“宽度”和“高度”选项框中所填的数值将代表增加或减小的尺寸，若为正值则增加画布大小，负值则减小画布大小。

• 定位：使用该选项可以选择为图像扩大画布的方向，用鼠标选择一个箭头单击即可。

• 画布扩展颜色：在下拉列表中可选择填充新画布的颜色，但当图像的背景设置为透明时该选项不可用。

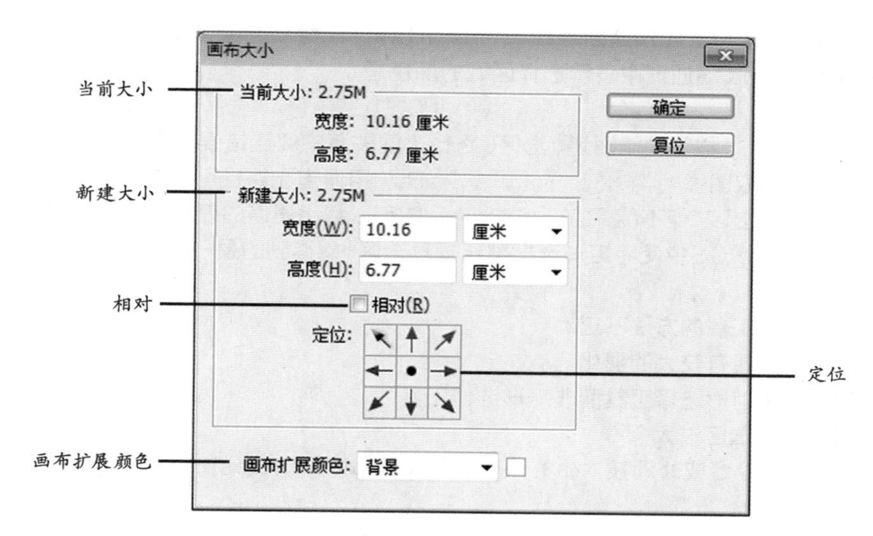

图7.14　“画布大小”对话框

课后练习题

一、单选题

1.Photoshop CS中关于像素和分辨率说法正确的是(　　)。

A.像素高的图像分辨率一定大

B.像素相同而分辨率不同的图片保存后文件大小相同

C.出版印刷时，分辨率大的图片效果更好

D.分辨率决定像素大小，为了使图像质量更好，图片处理时要尽量提高图像的分辨率

2.以下图像文件格式中，不能直接插入Word文档中的图片格式是(　　)。

A.PSD　　B.BMP　　C.JPEG　　D.PNG

3.以下属于Photoshop CS专有图像格式的是(　　)。

A.BMP　　B.JPG　　C.GIF　　D.PSD

4.在Photoshop CS中，RGB颜色模式所代表的3种基本颜色是(　　)。

A.红、绿、黄　　B.绿、蓝、紫　　C.蓝、红、橙　　D.红、绿、蓝

5.Photoshop CS中，在图层面板中不可以调节的参数是(　　)。

A.透明度　　B.编辑锁定　　C.显示隐藏　　D.图层大小

6.在用Photoshop CS编辑图像时，可以还原多步操作的面板是(　　)。

A.动作面板　　B.路径面板　　C.历史记录面板　　D.图层面板

7.在Photoshop CS中，Ctrl+Z可以还原上一步的操作，如果需要还原多步操作，可以采用的方法是(　　)。

A.使用“编辑”菜单中的“还原”命令　　B.使用“历史记录”面板设置
C.使用“编辑”菜单中的“返回”命令　　D.使用“图层调板”设置

8.在用Photoshop CS编辑图像时，只能用来选择规则图形的工具是（　　）。
A.矩形选框工具　　B.魔棒工具　　C.钢笔工具　　D.套索工具

9.Photoshop CS可以用来选择连续相似颜色的工具是（　　）。
A.椭圆选框工具　　B.魔棒工具　　C.矩形选框工具　　D.磁性套索工具

10.在Photoshop CS中，Alpha通道最主要的用途是（　　）。
A.保存图像色彩信息　　B.创建新通道　　C.存储和建立选区　　D.为路径提供通道

11.在Photoshop CS通道中表示选择区域的颜色是（　　）。
A.黑色　　B.红色　　C.白色　　D.绿色

12.Photoshop CS以下关于通道、选区、路径之间关系的叙述错误的是（　　）。
A.都可以用来选取图像　　B.利用通道和路径可以建立选区
C.路径可以建立选区，但不能保存　　D.可以利用通道的颜色分层改变图片颜色

13.在Photoshop CS中使用矩形选框创建矩形选区时，得到的是一个具有圆角的矩形选区，其原因是（　　）。
A.拖动矩形选框工具的方法不正确
B.矩形选框工具具有较大的羽化值
C.使用的是圆角矩形选择工具而非矩形选框工具
D.所绘制的矩形选区过大

14.“抠图”是图像合成处理技术中的一项重要技能，以下Photoshop CS中可以用来抠图的是（　　）。
A.图层样式　　B.魔棒工具　　C.色相/饱和度　　D.填充工具

15.在Photoshop CS中关于钢笔工具的说明错误的是（　　）。
A.使用钢笔工具可以建立路径　　B.使用钢笔工具可以选择规则和不规则图形
C.钢笔工具不能直接建立选区　　D.与铅笔工具的作用相同

16.如图所示，Photoshop CS中不能把宝宝照片脸部的斑点去掉的工具是（　　）。
A.修复画笔工具　　B.修补工具　　C.颜色替换工具　　D.仿制图章工具

17.下列（　　）是Photoshop图像最基本的组成单元。
A.节点　　B.色彩空间　　C.像素　　D.路径

18.图像必须是（　　）模式，才可以转换为位图模式。
A.RGB　　B.灰度　　C.多通道　　D.索引颜色

19.索引颜色模式的图像包含多少种颜色：（　　）。
A.2　　B.256　　C.约65 000　　D.1 670万

20.当将CMKY模式的图像转换为多通道时，产生的通道名称是（　　）。
A.青色、洋红和黄色　　B.四个名称都是Alpha通道
C.四个名称为Black（黑色）的通道　　D.青色、洋红、黄色和黑色

二、多选题

1.下面（　　）因素的变化会影响图像所占硬盘空间的大小。
A.像素大小　　B.文件尺寸
C.分辨率　　D.存储图像时是否增加后缀

2.在“新画笔”对话框中可以设定画笔的是（　　）。
A.直径　　B.硬度　　C.颜色　　D.间距

3.在“动态画笔”设定对话框中可以进行（　　）设定。
A.画笔大小　　B.不透明度　　C.颜色　　D.样式

4.下面对渐变填充工具功能的描述正确的是（　　）。

A.如果在不创建选区的情况下填充渐变色，渐变工具将作用于整个图像
B.不能将设定好的渐变色存储为一个渐变色文件
C.可以任意定义和编辑渐变色，不管是两色、三色还是多色
D.在Photoshop中共有五种渐变类型
5.下面选项属于规则选择工具的是（　　）。
A.矩形工具　　B.椭圆形工具　　C.魔术棒工具　　D.套索工具
6.下面是创建选区时常用的功能，正确的是（　　）。
A.按住“Alt”键的同时单击工具箱的选择工具，就会切换不同的选择工具
B.按住“Alt”键的同时拖拉鼠标可得到正方形的选区
C.按住“Alt”和“Shift”键可以形成以鼠标落点为中心的正方形和正圆形的选区
D.按住“Shift”键使选择区域以鼠标的落点为中心向四周扩散
7.在套索工具中包含（　　）套索工具类型。
A.自由套索工具　　B.多边形套索工具　　C.矩形套索工具　　D.磁性套索工具
8.下列（　　）可以在工具选项中使用选区运算。
A.矩形选择工具　　B.单行选择工具　　C.自由套索工具　　D.画笔工具
9.Modify（修改）命令是用来编辑已经做好的选择范围，它提供了（　　）功能。
A.扩边　　B.扩展　　C.收缩　　D.羽化

第8章　图像的绘制与编辑

8.1　选择绘图区域

在Photoshop中处理局部图像时，首先要选定编辑操作的有效区域，称为创建选区。各种图像的处理都是基于选区的选取后才能在所选区域中进行，选区在窗口中表现为流动的虚线。Photoshop用于创建选区的工具很多，如选框工具组、套索工具组、魔棒工具组等。

8.1.1　选框工具

选框工具组包括“矩形选框工具”“椭圆选框工具”“单行选框工具”和“单列选框工具”4种，位于工具箱的左上角，可绘制规则的集合形状选区，对应快捷键为M键，而快捷键“Shift+M”则可在矩形和椭圆形选区间进行切换。选中所需形状的选框工具后，“选项”栏中会出现该工具的相关属性设置，4种选框工具的选项基本相同，可设置“羽化”“样式”等参数，如图8.1所示。

图8.1　选框工具选项

• 选区运算按钮：选区运算的方式从左至右分别为“新选区”“添加到选区”“从选区减去”和“与选区相交”4种。

◆新选区：画布中只创建一个选区，创建的新选区会将旧选区替换掉，默认选项。

◆添加到选区：在已有旧选区中加入当前选取范围的新选区，和按住“Shift”键再选取选区功能相同。

◆从选区减去：从已有旧选区范围中减去与当前选取范围相交的部分，和按住“Alt”键再选取功能相同。

◆与选区相交：只保留旧选区与当前选取范围相交的部分，和按住“Shift+Alt”键再选取功能相同。

• 羽化：用来设置选区边界的羽化程度，范围为0~1 000像素。羽化值越大，羽化的范围也就越大；羽化值越小，创建的选区越精确。

• 消除锯齿：该复选框可消除选区边缘的锯齿。在创建不规则边缘的选区时，选区的边缘会产生锯齿，尤其将图像放大后会更加明显，使用该选项可在选区边缘一个像素的范围内添加与周围图像相近的颜色，从而使选区看上去较光滑。

• 样式：设置选区的创建方法，有“正常”“固定比例”和“固定大小”3种方式。

◆ 正常：默认值，通过拖曳鼠标创建任意大小的选区。

◆ 固定比例：可在右侧的“宽度”和“高度”文本框中输入数值，创建固定比例的选区。比如输入宽度为2、高度为1，则可创建一个宽度是高度2倍的矩形选区或横向半径是纵向半径2倍的椭圆选区。

◆ 固定大小：可在右侧的“宽度”和“高度”文本框中输入选区的宽度和高度值，在画布中单击即可创建固定大小的选区。

• 调整边缘：可调出“调整边缘”对话框来对选区进行更加细致的操作，常用来选取边缘较复杂的图像区域。

“单行/单列选框工具”是一种特殊的选区创建工具，它规定了选区的高度/宽度只能为1个像素，可用于修复图像中丢失的像素线。

8.1.2 套[illegible]

选框工具[illegible]几何形状的选区，若需要创建不规则形状边缘的选区则可使用套索工具组，包括“套索工具”“多边形套索工具”和“磁性套索工具”3种。

• 套索工具：用来手动选取不规则形状的图像，启用该工具后在图像中适当位置单击并按住鼠标不放拖曳鼠标绘制出需要的选区，松开鼠标后自动封闭至起点形成选区。

• 多边形套索工具：用来创建直线或折线外形的不规则选区，启用该工具后在图像中适当位置单击鼠标设置所选区域的起点，继续单击鼠标依次选取区域的其他点，选取多边形完成后将鼠标移回起点，鼠标显示为图标时，单击鼠标即可创建闭合选区。创建选区过程中，按“Enter”键可以封闭选区；按“Esc”键，可以取消选区；按“Delete”键，可以删除刚建立的选区点；按“Alt”键可以暂时切换为“套索工具”。

• 磁性套索工具：可以用来选取边缘不规则且颜色反差较大的图像区域，启用该工具后再在图像中适当位置单击鼠标设置所选区域的起点，沿着所选图像区域缓缓移动鼠标，选取图像的磁性轨迹会紧贴图像的边缘识别选区，将鼠标指针移回起点鼠标显示为图标时，单击鼠标即可闭合选区，在操作中的快捷键使用与“多边形套索工具”相同。

8.1.3 魔棒工具

魔棒工具组内有“快速选择工具”和“魔棒工具”两种工具，这两种工具都是通过选取图像中的某一个像素点，再将与这点颜色相同或相近的点自动加入到选区中的，可以用来快速选取图像中色彩变化不大且色调相近的区域。

• 快速选择工具：利用可调整的圆形画笔笔尖快速创建选区，选中工具后在画布中拖动或单击鼠标，选区会向外扩展并自动查找并跟随图像中定义颜色相近区域，如图8.2所示。

• 魔棒工具：能够选取图像中色彩相近的区域，比较适合选取图像中颜色比较单一的选区，选中工具后在画布中单击即可创建选区，如图8.3所示。

图8.2 “快速选择工具”创建选区

图8.3 “魔棒工具”创建选区

8.1.4 修改选区

选区作为Photoshop中最基本的工具，虽然功能十分简单，却有着重要的作用。用户创建选区后，常常还要根据实际需求对选区进行进一步操作。如执行“选择”菜单中的“反向”命令对选区进行反选操作（Shift+Ctrl+I），还可以进行“扩展”“收缩”“平滑”“羽化”及“变换选区”等操作。

1.扩展选区

扩展选区是将当前选区按照设定的像素值进行扩大，使用“选择”→“修改”→“扩展”命令，如图8.4所示。在弹出的“扩展选区”对话框中，设置相应的扩展像素值，以实现扩展选区效果，如图8.5所示。

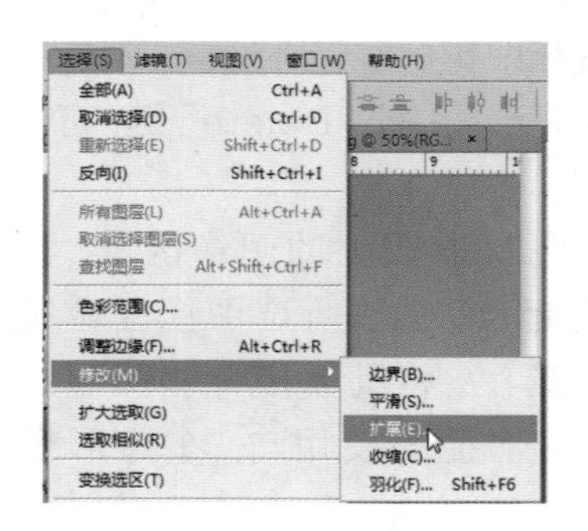

图8.4 “扩展”命令

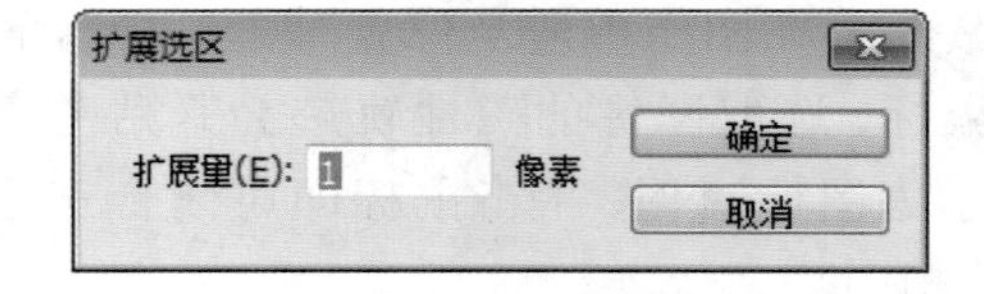

图8.5 “扩展选区”对话框

2.收缩选区

收缩选区时将当前选区按照设定的像素值进行缩小，使用“选择”→“修改”→“收缩”命令，如图8.6所示。在弹出的“收缩选区”对话框中，设置相应的收缩像素值，以实现收缩选区的效果，如图8.7所示。

3.平滑选区

平滑选区用于消除选区边缘的锯齿，使用“选择”→“修改”→“平滑”命令，如图8.8所示。在弹出的“平滑选区”对话框中，设置适合的取样半径，以实现平滑选区的效果，如图8.9所示。

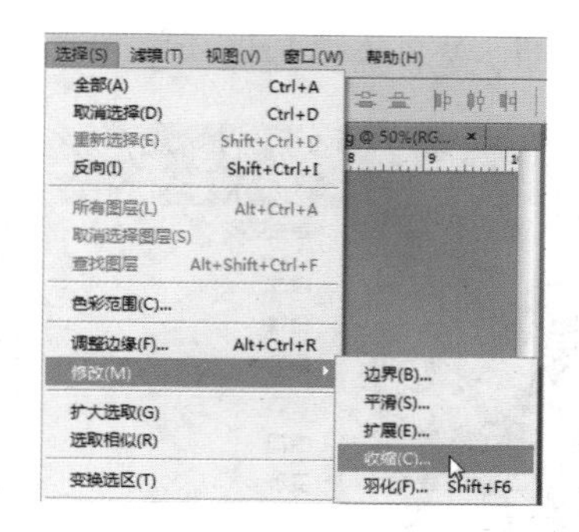

图8.6　“收缩”命令

图8.7　“收缩选区”对话框

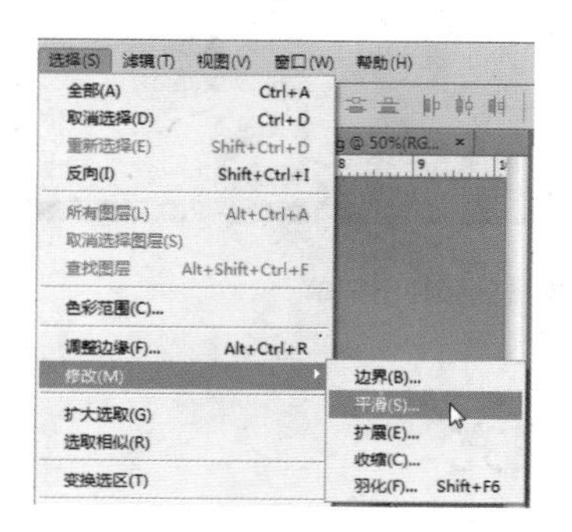

图8.8　“平滑”命令

图8.9　“平滑选区”对话框

4.羽化选区

羽化选区可以使选区呈现平滑收缩状态且虚化选区的边缘，执行“选择”→“修改”→“羽化”命令，如图8.10所示。在弹出的“羽化选区”对话框中，设置羽化半径的像素值，以实现羽化选区的效果，如图8.11所示。羽化半径值与最终形成的选区大小成反比，半径越大形成最终选区的范围越小，反之则越大。

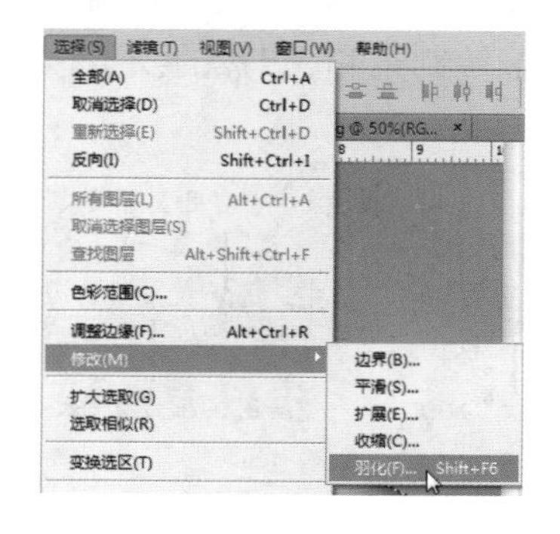

图8.10　“羽化”命令

图8.11　“羽化选区”对话框

5.变换选区

变换选区是根据需求对已有选区进行调整，执行“选择”→“变换选区”命令，如图8.12所示。在选区周围会出现8个控制点的变换框，单击鼠标右键，在弹出的菜单中选择相应的选项，如图8.13所示，再通过拖动控制点或变换框进行变换选区。注意完成后需单击“选项”栏右侧的“提交变换”按钮✔确定，或者单击“取消变换”按钮⊘放弃刚才的操作。在进行变换选区操作时，鼠标指针移至变换框或控制点附近时会变成不同的形状，此时进行拖曳操作，即可实现对选区的放大、缩小、旋转、扭曲、变形等多种操作了。

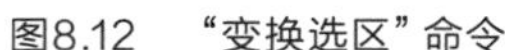
图8.12 “变换选区”命令

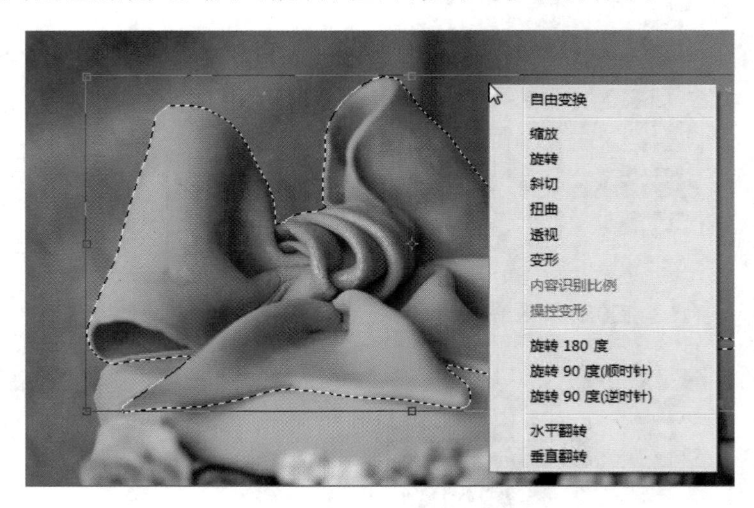

图8.13 变换选区和弹出菜单

8.2 图像的绘制与填充

利用绘图工具可以在空白图像中进行绘画，也可以在已有图像中对图像进行再创作，Photoshop中基本绘图工具有“画笔工具”“铅笔工具”“颜色替换工具”“混合器画笔工具”4种，掌握好它们可以使作品更精彩。

8.2.1 画笔工具

鼠标选择“画笔工具”或使用“Shift+B”快捷键，在选项栏中进行相应设置后，就可以在画布或选区中通过单击并拖曳鼠标操作，模拟真实的画笔绘制柔和、自然的线条。画笔选项设置如图8.14所示。

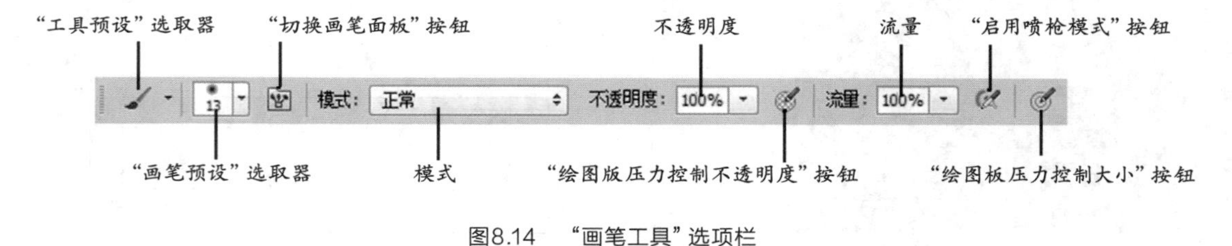

图8.14 “画笔工具”选项栏

• “工具预设”选取器：在“工具预设”选取器中可以选择系统预设的画笔样式或将当前画笔定义为预设画笔，也可载入下载的各款画笔样式。

• “画笔预设”选取器：在“画笔预设”选取器中可以对画笔的大小、硬度和样式进行设置，如图8.15所示。选择右上角的按钮，可以在弹出的菜单中选择自定义画笔预设或选择更多的画笔类型，如图8.16所示。

• “切换画笔面板”按钮：单击按钮可以打开或关闭“画笔”面板，在面板中可以对画笔进行更多设置。

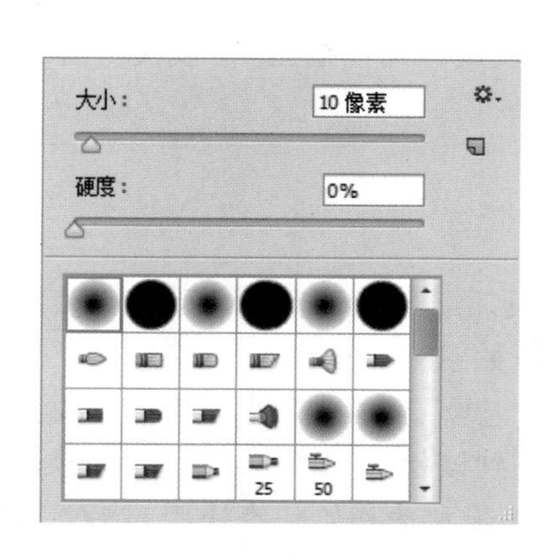

图8.15　“画笔预设”选取器

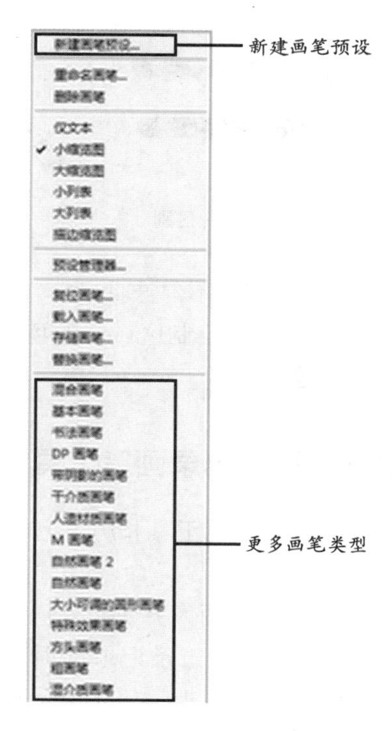

图8.16　其他画笔类型

•模式：用于设置使用“画笔工具”在图像中进行涂抹时，涂抹区域颜色与图像像素之间的混合模式，与图层混合模式类似。

•不透明度：用于设置使用绘图工具在图像中涂抹时，笔尖部分颜色的不透明度，该值为百分数，范围为1%~100%，默认值为100%即不透明。在画笔、铅笔、仿制图章和历史记录画笔等绘图工具的选项中都有该项。

•“绘图板压力控制不透明度”按钮：在使用外部绘图板设备对“画笔工具”进行操作时，按下该按钮后则由绘图板压力控制不透明度，“选项”中的设置便不会产生影响。

•流量：用来控制使用对应工具在画布中进行涂抹时，笔尖部分的颜色流量，流量越大喷色越浓，该值的范围为1%~100%，默认值为100%。

•“启用喷枪模式”按钮：启用喷枪模式后，绘画时若按住鼠标不放，则该处图案颜色量会不断增大。

•“绘图板压力控制大小”按钮：按下该按钮，可以控制画笔的大小，和“绘图板压力控制不透明度”按钮一样，在连接外部绘图板设备时才会起作用。

运用“画笔工具”时可以配合一些快捷键方便操作，键盘上的“[”和“]”键可以减小或增大画笔的直径；“Shift+[”和“Shift+]”可以减少或增加画笔的笔触硬度；直接按数字键可以调整画笔的不透明度；“Shift+数字”可以调整画笔的流量值。

8.2.2　铅笔工具

用“铅笔工具”可以绘制出具有硬边的线条，使用“画笔工具”和“铅笔工具”绘制的线条对比如图8.17所示。“铅笔工具”的使用方法和选项设置与“画笔工具”类似，只是其绘制的线条轮廓较硬，不含流量选项，增加了自动抹除选框如图8.18所示。

图8.17　画笔和铅笔区别　　　　图8.18　“铅笔工具”选项栏

• 自动抹除：不勾选此项，“铅笔工具”绘图时默认使用前景色；勾选此项后，用“铅笔工具”绘图时，若绘制区域的颜色为前景色则自动切换成背景色绘图。可按快捷键D键恢复默认颜色绘制。

8.2.3　历史记录画笔工具

历史记录画笔工具和历史记录艺术画笔工具一般都配合“历史记录”面板来使用。选择“窗口”→“历史记录”命令，可打开“历史记录”面板如图8.19 所示。

当打开一幅图像并进行了一些操作后，在“历史记录”面板中就会产生相应的记录。鼠标单击面板中的某一条记录选项，历史记录即可恢复到该状态。撤销某一历史记录后，其后面的历史记录也将被撤销。面板最上面一行为原始图像称为初始状态快照，当对图像进行一系列编辑和操作后，如果想保留该状态下的效果，可以单击面板底部的“创建新快照”按钮，创建新的快照，如图8.20所示。可单击快照或历史记录左侧的空白图标，设置历史记录恢复点，如图8.21所示，设置历史记录恢复点后，在进行恢复操作时将恢复到该状态下的效果。

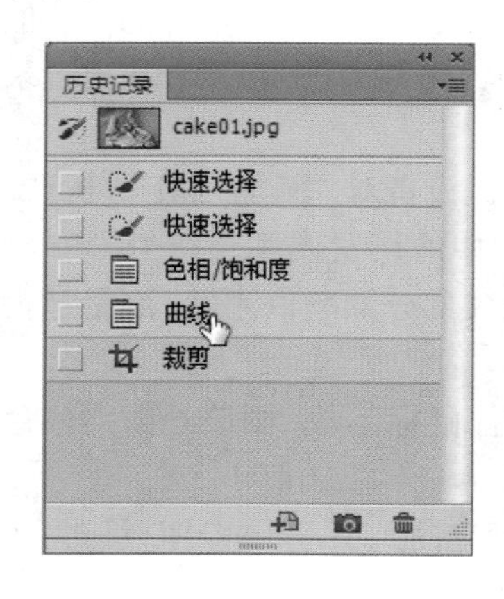

图8.19　“历史记录”面板

图8.20　创建新快照

图8.21　设置历史恢复点

“历史记录画笔工具”的作用则是将修改后的图像恢复到“历史记录”面板中所设置的历史记录恢复点位置的图像效果，选项栏如图8.22所示。

图8.22　“历史记录画笔工具”选项栏

“历史记录艺术画笔工具”和“历史记录画笔工具”类似，区别在于其在恢复的同时还可以进行相应的艺术处理，其选项栏如图8.23所示。

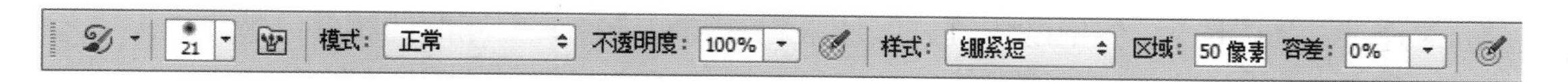

图8.23　“历史记录艺术画笔工具”选项栏

• 样式：设置不同样式的艺术风格将产生不同的艺术效果。

• 区域：用于设置历史记录艺术画笔工具的描绘范围。

• 容差：设置所绘制的颜色与要恢复的颜色之间差异的百分比，其数值越大，则失真程度也越大。

8.2.4　渐变工具

使用渐变工具，可以创建不同颜色间的混合过渡效果，选项栏如图8.24所示。

图8.24　“渐变工具”选项栏

• 预设 ：单击右侧的 ，可打开“预设渐变色”面板，从中选择所需渐变色。单击图标左侧的 ，打开“渐变编辑器”，可对当前选择的渐变色进行编辑修改或定义新的渐变色。

• 渐变类型 ：从左向右依次是线性渐变、径向渐变、角度渐变、对称渐变和菱形渐变。

• 模式：指定当前渐变色以何种颜色混合模式应用到图像上。

• 不透明度：用于设置渐变填充的不透明度。

• 反向：选中该项，可反转渐变填充中的颜色顺序。

• 仿色：选中该项，可用递色法增加中间色调，形成更加平缓的过渡效果。

• 透明区域：选中该项，可使渐变中的不透明度设置生效。

8.2.5　油漆桶工具

油漆桶工具用于在特定颜色和与其相近的颜色区域填充前景色或指定图案，常用于颜色比较简单的图像，选项栏如图8.25所示。

图8.25　油漆桶工具选项栏

• 填充类型：包括前景和图案两种。选择“前景”（默认选项），使用当前前景色填充图像。选择“图案”可从右侧的“图案选取器”中选择某种预设图案或自定义图案进行填充。

• 模式：制定填充内容以何种颜色混合模式应用到要填充的图像上。

• 不透明度：设置填充颜色或图案的不透明度。

• 容差：控制填充范围。容差越大，填充范围越广。取值范围为0~255，系统默认值为32。容差用于设置待填充像素的颜色与单击点颜色的相似程度。

• 消除锯齿：选中该项，可使填充区域的边缘更加平滑。

• 连续：默认选项，作用是将填充区域限定在与单击点颜色匹配的相邻区域内。
• 所有图层：选中该项，将基于所有可见图层的拼合图像填充当前层。

8.3 路径与形状

路径与形状可以创建精确的矢量图形，并且可以绘制出各种复杂的图形，利用路径还能创建出复杂的选区，因此应熟练掌握。

8.3.1 认识路径

路径在屏幕上表现为一些不可打印、不活动的矢量图形，无论放大或缩小图像，都不会影响其分辨率和平滑程度。可以使用钢笔工具和矢量绘图工具来绘制路径，它可以是一个点、一条直线或一条曲线。在绘制路径时，单击确定的点成为锚点。通常情况下每个锚点均带有一条或两条方向控制线，拖动控制点调整控制线的长度和方向，可以调整锚点旁曲线段的位置和形状，如图8.26所示。

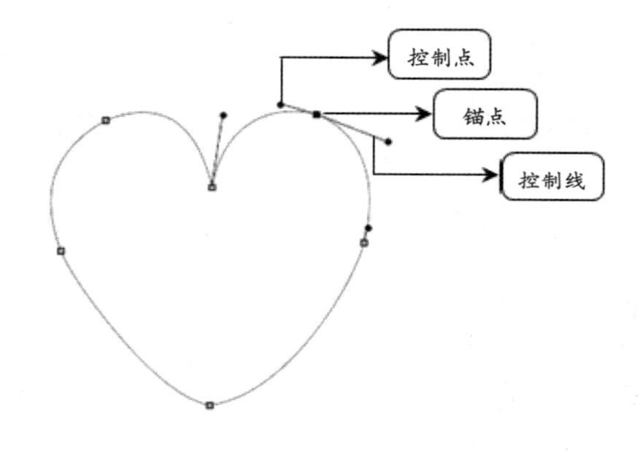

图8.26　路径中的锚点控制

图8.27　路径面板

创建路径后，路径将自动保存在“路径”面板中，如图8.27所示。利用“路径”面板可以将路径转化为选区，同理也可以将选区转化为路径，然后进行填充或描边操作以完成绘图。“路径”面板下方7个按钮的功能依次为：使用前景色填充路径、使用画笔对路径描边、将路径转化为选区、将选区转化为路径、添加蒙版、创建新路径和删除路径层。

注意：Photoshop中创作的工作路径都是临时的，当再次绘制路径时新路径会替代原来的工作路径，所以绘制复杂图形时应随时保存工作路径。在“路径”面板中将工作路径拖至“创建新路径”按钮上即可存储，新路径依次以“路径1”“路径2”命名，可修改路径名方便记忆。

8.3.2 矢量绘图工具

使用矢量绘图工具可以绘制各种矢量图形和路径，该工具组包含“矩形工具”“圆角矩形工具”“椭圆工具”“多边形工具”“直线工具”和“自定义形状工具”6种工具，如图8.28所示。在工具箱中选中相应形状的矢量绘图工具，在“选项”栏上对相关选项进行设置，在画布中单击或拖曳鼠标即可创建矢量形状或路径。

图8.28 矢量绘图工具组

图8.29 “矩形工具”选项栏

工具模式有形状、路径和像素3个选项，制定不同的绘图模式可用来创建不同类型的对象，如图8.29所示，其他矢量工具模式相同（钢笔工具不能使用像素选项）。

•形状：绘制图像后，在“图层”面板中新创建一个包括缩略图和矢量蒙版缩览图的形状图层，并在 “路径”面板中生成一个矢量蒙版。

•路径：在当前图层绘制路径，在“路径”面板中生成路径层，“图层”面板无变化。可使用路径面板底部的按钮将路径转换为选区、创建矢量蒙版，也可以为其填充和描边，从而得到栅格化的图形。

•像素：在当前图层绘制出相应形状的位图图像，“图层”面板不会产生新图层，“路径”面板也不会产生新路径，且绘制的形状会在当前图层以前景色填充，并覆盖当前图层中的重叠区域。

“矩形工具”用来绘制矩形路径或形状，“圆角矩形工具”主要用来绘制带有一定圆角的矩形，“椭圆工具”主要用来绘制椭圆或圆形，“多边形工具”可以绘制各种多边形和星形，“直线工具”主要用于绘制直线或箭头。

“自定义形状工具”可以绘制各种预设形状，单击形状按钮图标可打开“形状”面板，在面板中单击需要的预设形状，即可在画布中绘制。在形状图标上右键单击可以给形状重命名或删除该形状，也可以使用“编辑”→“自定义形状”命令将当前工作路径中的形状存储下来，以便今后反复使用。

8.3.3 钢笔工具组

“钢笔工具”是绘制路径的基本工具，工具组中包含“钢笔工具”“自由钢笔工具”“添加锚点工具”“删除锚点工具”和“转换点工具”5种工具，如图8.30所示。“钢笔工具”选项栏如图8.31所示，其各参数的含义如下：

•选区：建立选区，设置选区的羽化半径像素。

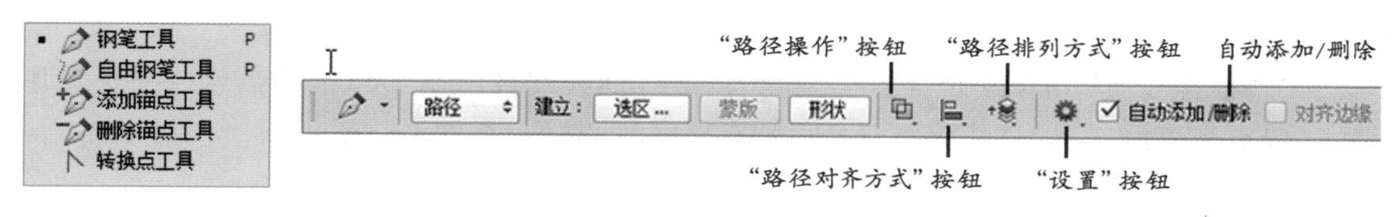

图8.30 钢笔工具组

图8.31 “钢笔工具”选项栏

•蒙版：新建矢量蒙版。

•形状：新建形状图层。

•“路径操作”按钮：选择“新建图层”“合并形状”“减去顶层形状”“与形状区域相交”“排除重叠形状”和“合并形状组件”等路径操作模式。

•“路径对齐方式”按钮：选择路径的对齐方式。

•“路径排列方式”按钮：选择“将形状置为顶层”“将形状前移一层”“将形状后移一层”和“将形状置为底层”等路径排列方式。

•“设置”按钮：可选择“橡皮带”复选框，在绘制路径时可以预先看到将要绘制的路径线段，从而判断出路径走向。

•自动添加/删除：复选框，选中该项可以让用户在单击线段时添加锚点，或在单击锚点时删除锚点。

使用“钢笔工具”绘制路径时，只需沿所需绘制的路径依次单击鼠标创建锚点，可得到开放型路径。当鼠标指针移至起始锚点位置时，指针将变为形状，此时单击鼠标左键即可闭合路径。

通过“添加锚点工具”或“删除锚点工具”可以为路径添加或删除锚点。也可以直接使用“钢笔工具”选项栏勾选“自动添加/删除”复选框，移动鼠标至路径上当鼠标呈状态时添加锚点；移动鼠标至锚点上当鼠标呈状态时删除锚点。

“自由钢笔工具”可以随意绘制路径就像铅笔在纸上绘图一样，在绘制的过程中，系统会自动为路径添加锚点，选项工具栏如图8.32所示，其“设置”参数含义如下：

图8.32 “自由钢笔工具”选项栏

•曲线拟合：用于控制绘制路径时对鼠标指针移动的敏感性，输入的数值越大，则创建的路径锚点就越少，路径相对就越平滑。

•磁性的：复选框，选中即可沿图像边缘创建路径。

•宽度：用于设置磁性钢笔工具产生的磁性的范围，即可探测的距离，其数值介于1~40像素，数值越大，可探测的距离也越大。

•对比：用于设置边缘像素之间的对比度，其数值介于0%~100%，数值越大，其对比度要求越高。

•频率：用于设置绘制路径时产生锚点的密度，数值越大锚点数量越多。

“转换点工具”可以实现锚点类型间的转换，曲线路径就是通过拖动锚点控制柄来调整的。锚点有直线锚点、曲线锚点以及贝叶斯锚点3种类型，如图8.33所示。

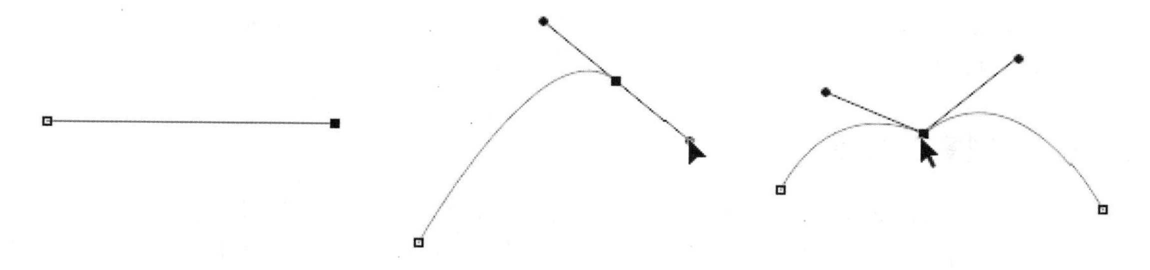

图8.33　直线锚点、曲线锚点和贝叶斯锚点

8.3.4　路径的选择与编辑

路径选择工具组包含“路径选择工具”和“直接选择工具”。

• “路径选择工具” ：主要用于选择整条路径，当整条路径都被选中时，路径上所有的锚点都为黑色方块。选中整条路径后，拖曳鼠标可以移动路径，按住“Alt”键拖曳可以复制路径。选择“编辑”→“变换路径”菜单下的相应命令可以对路径进行缩放、旋转、斜切、扭曲、透视和变形等操作。

• “直接选择工具” ：主要用于选择路径中的锚点并调整，单击需要选择的锚点即可选中，选中的锚点以黑色实心显示。可在图像中按住鼠标左键并拖动生成一个控制框，来选中框内的多个锚点；也可以配合“Shift”键逐个单击锚点选中多个锚点操作。选中锚点后拖曳鼠标操作，可以移动锚点的位置。

8.4　修改图像

通过素材获得的图像往往不能完全满足用户的需求，如拍摄的照片中有多余的人物、商品广告中有需要擦除的文字、图片主题对象显示不完全等现象，这时需要利用Photoshop中提供的修饰工具来修改图像，使其符合设计的整体要求。

8.4.1　橡皮擦工具组

橡皮擦工具组包含“橡皮擦工具”“背景橡皮擦工具”和“魔术橡皮擦工具”3种工具，如图8.34所示，用来删除图像中的多余部分，选项栏设置和画笔工具类似，区别在于一个是绘制图像一个是擦除图像。

• 橡皮擦工具：主要功能是擦除图像上的原有像素。它在不同类型的图层上擦除时，结果是不一样的。在背景图层上擦除时，被擦除区域的颜色以当前背景色取代；在普通图层上可将图像擦成透明色；包含矢量元素的图层（如文字层、形状层等）是禁止擦除的。

• 背景橡皮擦工具：是一种智能橡皮擦，具有自动识别对象边缘的功能，可采集画笔中心的色样，并删除在画笔内出现的这种颜色，使擦除区域成为透明区域。

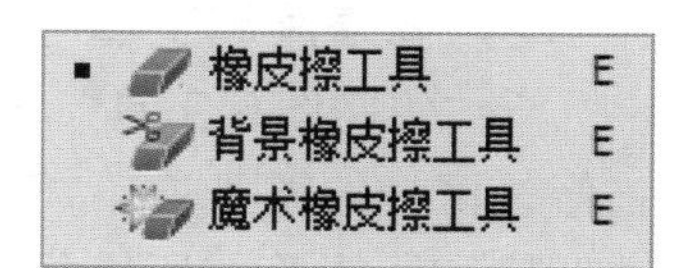

图8.34　橡皮擦工具组

• 魔术橡皮擦工具：主要用于删除图像中颜色相近或大面积单色区域的图像，与“魔棒工具”类似。

另外，通过选中选项栏上的“抹到历史记录”参数配合历史记录面板，还可以将图像擦除到指定的历史记录状态或某个快照状态。

8.4.2 图章工具组

图章工具组常用来修改图像和绘制图案，包括“仿制图章工具”和“图案图章工具”。

利用“仿制图章工具”可以将图像中的全部或者部分区域复制到其他位置或者其他图像中，通常使用该工具来去除图片中的污点、杂点或者进行图像合成，“仿制图章工具”选项栏如图8.35所示。使用该工具时，应先按住“Alt”键在画布中单击鼠标进行取样。

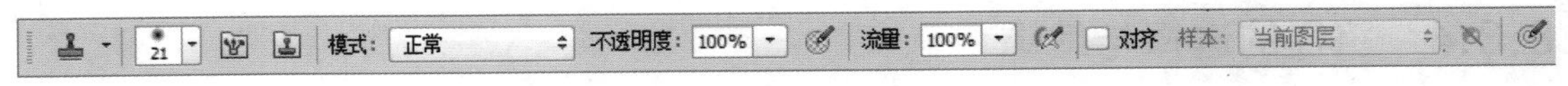

图8.35 图章工具选项栏

- 对齐：选中该项，复制图像时无论依次起笔还是多次起笔都是使用同一个取样点和原始样本数据。否则，每次停止并再次拖动鼠标光标时都是重新从原取样点开始复制，并且使用最新的样本数据。
- 样本：确定从哪些可见图层进行取样。
- 按钮：选择该按钮，可忽略调整层对被取样图层的影响。

“图案图章工具”的使用方法和“仿制图章工具”基本相同，但操作时不需要按住“Alt”键进行取样，在该工具的选项栏中增加了两个选项。

- “图案下拉列表”：用于选择在图像中填充的图案，单击右侧的倒三角按钮，在弹出列表框中列出了Photoshop自带的图案选项，选定后在图像中拖动鼠标指针即可绘制该图案。
- 印象派效果：勾选该复选框，可使复制的图像效果具有类似于印象派油画的风格，画面比较抽象、模糊，默认为未选中状态。需要注意的是，勾选该复选框后，在图像中拖动鼠标进行喷涂的艺术效果是随机产生的，没有一定的规则。

8.4.3 修复工具组

修复工具组可以将取样点的颜色信息十分准确地复制到图像其他区域，并保持图像的色相、饱和度、高度以及纹理等属性，是一组十分方便的图像修复工具，如图8.36所示。

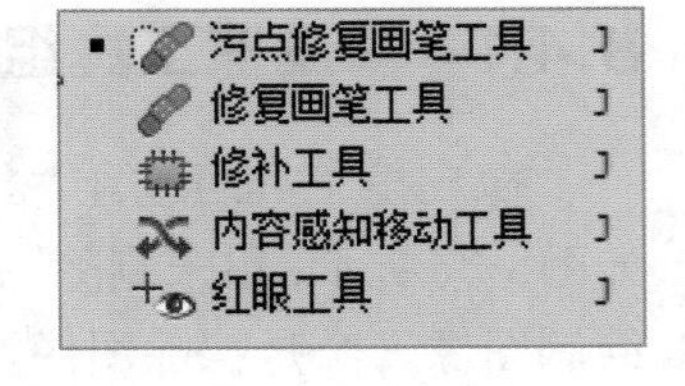

图8.36 修复工具组

1.“污点修复画笔工具”

主要用于快速修复图像中的斑点、色块、污迹、霉变和划痕等小面积区域。与“修复画笔工具”的效果类似，它也是使用图像或图案中的样本像素进行绘画，并能使样本像素的纹理、光照、透明度和阴影与所修复的像素相匹配。

2.“修复画笔工具”

与“仿制图章工具”一样，可以利用图像或图案中的样本像素来绘画。但该工具可以从被修饰区域的周围取样，使用图像或图案中的样本像素进行绘画，并使样本的纹理、光照、透明度和阴影等与所修复的像素相匹配，从而去除照片中的污点和划痕，修复后的效果不会产生人工修复的痕迹。

3.“修补工具”

它的工作原理与修复工具一样，唯一的区别是在使用该工具进行操作时，要像使用“套索工具”一样绘制一个选区，然后把该区域内的图像拖动到目标位置完成对目标区域的修复。

4.“内容感知移动工具”

它可以轻松地移动图像中对象的位置，并在对象原位置自动填充附近的图像。

•模式：选择“移动”模式可以移动选区中的图像，并将图像原位置填充其附近的图像；选择“扩展”模式，则可以移动选区中的图像，并在图像中保留原选区位置的图像。

•适应：在该选项列表中包含“非常严格”“严格”“中”“松散”和“非常松散”5个选项，表示图像与背景的融合程度。如果选择“非常严格”选项，则移动对象与背景的融合更加自然，系统默认为“中”选项。

5.“红眼工具”

可以消除由数码相机拍摄照片时闪光灯的光线给人眼睛造成反光斑点的红眼现象，使用该工具在红眼睛上单击一次即可修正红眼，修正时可以调整瞳孔大小和暗部数量。

8.5　文本与图层

文字是设计作品中的重要组成部分，不仅能起到传达信息的作用，还能产生画龙点睛、强化主题的效果。Photoshop提供了多个用于创建与编辑文字的工具，可用于创建变形文字、路径文字和栅格化文字图层等。图层是Photoshop中最为重要的功能之一，通过图层不仅可以随心所欲地将文档中的图像放置于不同的平面中，还可以轻易地对图层的顺序进行调整，对单一图层的操作不会影响其他图层的效果。

8.5.1　文本工具

文本工具组包括4个文字工具，“横排文字工具”“直排文字工具”“横排文字蒙版工具”和“直排文字蒙版工具”，选择工具箱中的文字工具按钮 T，即可看到相应菜单，如图8.37所示。

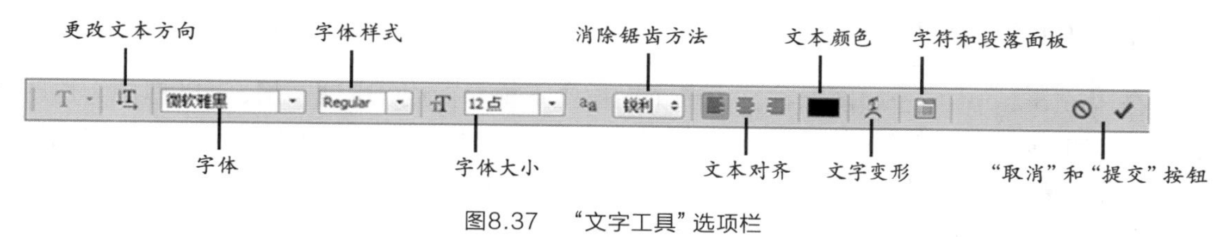

图8.37　“文字工具”选项栏

选择工具后在画布中单击即可输入横排或竖排文字，使用“横排文字工具”在画布中拖出定界框还可以创建段落文字，而使用文字蒙版工具在画布中输入的文字会以选区的方式出现。“选项”栏中显示工具的设置选项，可以调整字体、字体大小、文字颜色、文本方向、文本对齐等，如图8.38所示。

“字符”面板相对于文本工具的“选项”栏更全面，默认情况下工作区并不显示该面板，可以执行“窗口”→“字符”命令，打开“字符”面板如图8.39所示。

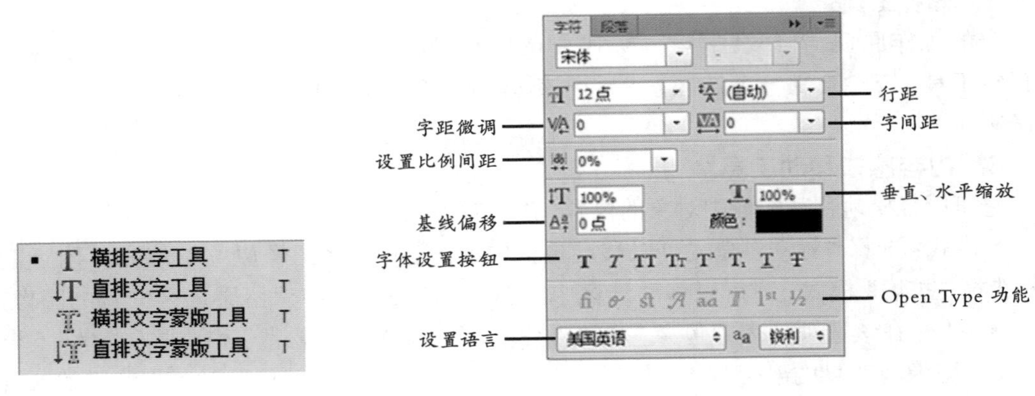

图8.38　文字工具

图8.39　“字符”面板

• 行距：指两行文字之间的基线距离，默认行距为“自动”。

• 字距微调：指增加或减少特定字符之间的间距的过程，也就是调整两个字符之间的间距。

• 字间距：在“字符”面板中的“字距”下拉列表框中直接输入字符间距的数值（正值为扩大间距，负值为缩小间距），或者在下拉列表框中选中想要设置的字符间距数值，就可以设置文本的字符间距。

• 设置比例间距：按指定的百分比值减少字符周围的空间，但字符自身不会发生变化。

• 垂直、水平缩放：在“垂直缩放”文本框和“水平缩放”文本框中输入数值，即可缩放所选的文字比例。比例大于100%则文字越大，小于100%则文字越小。

• 基线偏移：偏移字符基线，可以使字符根据设置的参数上下移动位置。在文本框中输入数值，正值使文字上移，负值使文字下移。

• 字体设置：按钮组，功能从左往右依次为加粗、倾斜、全部大写字母、小型大写字母、上标、下标、下画线、删除线。

• Open Type功能：用于设置各种特殊效果，包括8个按钮分别为“标准连字”“上下文替代字”“自由连字”“花饰字”“替代样式”“标题替代字”“序数字”和“分数字”。

• 设置语言：对所选字符进行有关字符和拼写规则的语言设置。

8.5.2　图层的使用

在Photoshop中，一幅图像往往由多个图层上下重叠而成。所谓图层，可以理解为透明的电子画布，通常情况下，如果某一图层上有像素存在，会遮住其下方图层上对应位置的图像。在图像窗口中看到的画面，实际上是各图层叠加之后的总体效果。

默认情况下，Photoshop用灰白相间的方格图案表示图层的透明区域。新建图像文件或打开一个图像文件时，图层面板只有一个图层，称为背景图层。背景层是一个特殊的图层，只要不转化为普通图层，它将永远是不透明的且被锁定于所有图层的底部。

在编辑包含多个图层的图像时，若要编辑图像的某一部分，应先选择该部分所在的图层。若画布中存在选区，应理解为选区浮动于所有图层之间，而不是专属于某一图层。对选区内的图像操作时，是对当前图层选区内的图像进行编辑。

1.图层基本操作

（1）选择图层

在图层面板上通过单击图层的名称选择图层。可以按住“Shift”键或“Ctrl”键配合鼠标单击来选择多个连续或不连续的图层，而同时对这些图层进行移动、变换等操作。

（2）新建图层

单击图层面板上的“创建新图层”按钮或选择“图层”→“新建”菜单中的命令可以创建新图层。

（3）删除图层

在图层面板上选择要删除的图层，单击“删除图层”按钮或直接将图层缩略图拖动到“删除图层”按钮上即可删除图层。

（4）显示与隐藏图层

在图层面板上通过单击图层缩略图左边的图层显示图标，可使对应图层在显示和隐藏之间切换。

（5）复制图层

同一图像中复制图层，可在图层面板上将图层的缩略图拖动到“创建新图层”按钮上；或选择要复制的图层，使用菜单“图层”→“复制图层”命令。不同图像中复制，可将需要复制的图层缩略图直接拖到目标图像窗口中即可，或使用菜单命令。

（6）重命名图层

在图层面板上，双击要改名的图层名称，进入名称编辑状态。在名称编辑框中输入新的名称，按“Enter”键确认。

（7）更改图层不透明度

在图层面板右上角的“不透明度”框内直接输入百分比值，按“Enter”键确认；或单击“不透明度”框右侧的三角按钮，在弹出的对话框中拖动滑块，调整当前图层的不透明度。

（8）图层的重新排序

图层的排列次序会影响图像最终的显示效果。可在图层面板上，将图层向上或向下拖动，当突出显示的线条出现在要放置图层的位置时，松开鼠标即可；也可通过“图层”→“排列”菜单下的一组命令来改变图层的排列次序。

（9）合并图层

合并图层能够有效的减少图像占用的存储空间。图层合并命令包括“向下合并”“合并图层”“合并可见图层”和“拼合图像”等，在“图层”菜单和图层面板菜单中都可以找到。

- 向下合并：将当前图层与其下面的一个图层合并（组合键为“Ctrl+E”）。
- 合并图层：将选中的多个图层合并为一个图层（组合键为“Ctrl+E”）。
- 合并可见图层：将所有可见图层合并为一个图层（组合键为“Ctrl+Shift+E”）。
- 拼合图像：将所有可见图层你合并到背景层。

（10）链接图层

选择需要链接的图层并单击“图层”面板中的“链接图层”按钮，可将选中的图层链接在一起。将图层链接后可以同时对多个图层中的内容进行移动或是执行变换操作。

（11）锁定图层

锁定图层可以防止在完成编辑的图层上进行错误的操作，从而影响图层效果。

• 锁定透明像素：当前图层上的透明部分被保护起来，不会被编辑，以后的所有操作只对不透明的图像起作用。

• 锁定图像像素：当前图层被锁定，不管是透明还是图像区域都不允许颜色填充或进行色彩编辑。

• 锁定位置：当前图层像素将被锁定，不允许被移动或进行各种变形操作，但仍可以对该图层进行填充、描边等其他绘图操作。

• 锁定全部：当将前图层的所有编辑均被锁住，将不允许对图层图像进行任何操作，只能改变图层叠放顺序。

(12) 快速选择图层的不透明区域

按住“Ctrl”键，单击某个图层的缩略图（注意不是图层名称），可基于该图层上的所有像素创建选区。若操作前图像中存在选区，操作后新选区将取代原有选区。该操作同样适用于图层蒙版、矢量蒙版和通道。

(13) 背景层转化为普通层

背景层默认情况下是锁定的，即其排列顺序、不透明度、填充、混合模式等许多属性都无法更改，图层样式、图层蒙版、图层变换也不能应用。可以通过将其转换为普通图层来解除“锁定”。在图层面板上双击背景层，在弹出的“新建图层”对话框中输入图层名称（默认为图层0），单击“确认”按钮。

2.图层样式

图层样式是创建图层特效的重要手段，包括投影、外发光、斜面与浮雕、内阴影、内放光、光泽、叠加和描边等多种，图层样式影响的是整个图层，不受选区影响的限制，且对背景层和全部锁定的图层是无效的。

(1) 添加图层样式

选择要添加图层样式的图层，在图层面板上单击“添加图层样式”按钮fx.，从弹出的菜单中选择相应的图层样式命令；或选择菜单“图层”→“图层样式”下的有关命令，打开“图层样式”对话框，如图8.40所示。在对话框左侧单击要添加的图层样式的名称，选择该样式（蓝色突出显示），并在参数控制区设置图层样式的参数。可以在同一图层上同时添加多种图层样式，在对话框左侧继续选择其他样式名称并设置其参数。

(2) 编辑图层样式

添加图层样式后，图层面板上对应图层的右端会出现fx图标，图层样式处于展开状态。通过单击fx图标中的三角形按钮，可折叠或展开图层样式；单击图层样式名左侧的图标，可在图像中显示或隐藏图层样式；在图层样式面板上双击展开的图层样式名称，可以打开“图层样式”对话框来重新修改相应图层样式的参数，如图8.41所示。

(3) 删除图层样式

在图层面板上，将图层样式拖到“删除图层”按钮上，即可删除该图层样式；拖动fx图标或“效果”到“删除图层”按钮上，可删除该图层的所有样式。

3.图层混合模式

图层混合模式决定了图层像素如何与其下方图层的像素进行混合，包括正常、溶解、变暗、正片叠底、变亮、滤色、叠加、柔光等，不同的混合模式会产生不同的图层叠盖效果。图层默认的混合模式为“正常”，在这种模式下，上面图层上的像素将覆盖其下面图层上的对

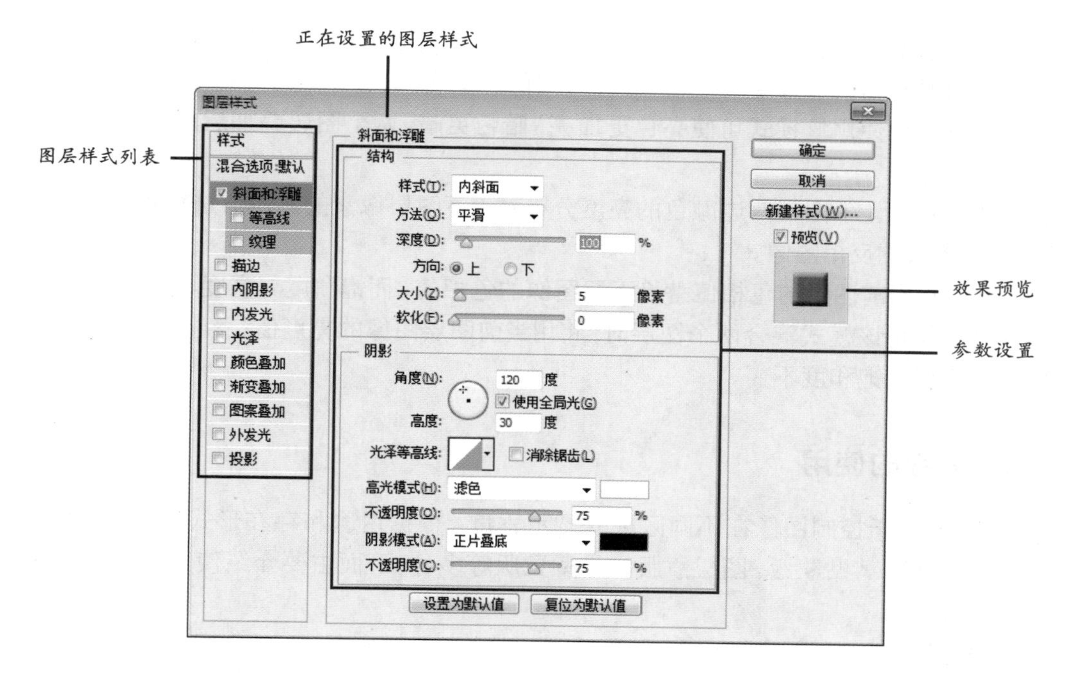

图8.40　图层样式对话框

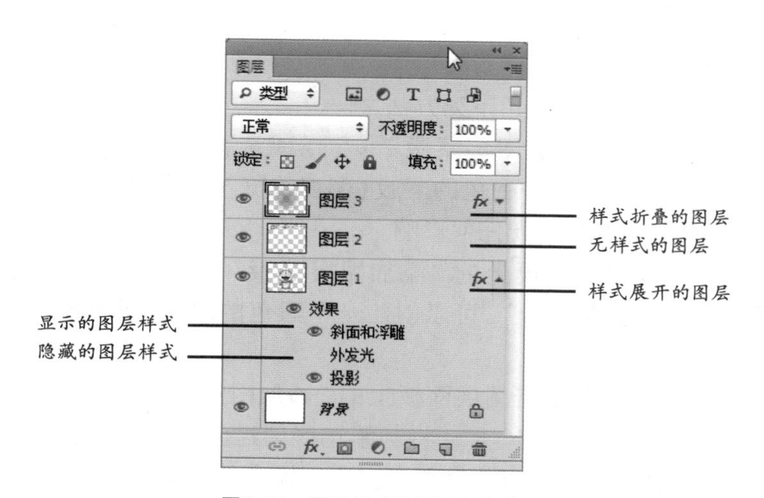

图8.41　图层样式的显示与隐藏

应位置的像素。列表中的图层混合模式被水平分割线分成多个组，一般来说每个组中各混合模式的作用是类似的。

• 正片叠底：可以降低图像的亮度，突出背景图像中色调较暗的部分。

• 颜色加深：会加暗图层的颜色值，并使底层的颜色变暗，与“正片叠底”类似但它会根据叠加的像素颜色相应的增加底层的对比度。

• 滤色：会使混合的图像颜色变亮，具有漂白效果。

• 颜色减淡：会通过降低对比度加亮底层颜色来混合色彩。使用这种模式时，黑白像素混合没有任何效果。

• 叠加：发生变化的是中间色调，底层颜色的高光与阴影部分的亮度细节均被保留。

• 强光：产生的效果是为图像添加高光效果。

•点光：按照上方图层颜色分布信息来替换颜色。如果上方图层颜色亮度高于50%灰度，则上方图层颜色被下方图层颜色替代，否则保持不变。

•实色混合：使用该模式可使亮色更加亮，暗色更暗，两个图层叠加后具有很强的硬性边沿。

•差值：根据上下图层两边颜色的亮度分布对上下图层像素的颜色值进行相减处理，从而得到负片效果的反相图像。

•色相：用当前图层的色相值替换下层图像的色相值，而饱和度与亮度不变。

•明度：使用该模式混合两个图层时，将用当前图层图像的亮度值替换下方图层图像的亮度值，而色相与饱和度不变。

8.5.3 蒙版的使用

蒙版主要用于控制图像在不同区域的显示程度。根据用途和存在形式的不同，可将蒙版分为快速蒙版、剪贴蒙版、图层蒙版和矢量蒙版等多种。下面主要介绍使用较广泛的图层蒙版和剪贴蒙版。

1.图层蒙版

图层蒙版附着在图层上，能够在不破坏图层的情况下，控制图层上不同区域像素的显隐程度。

(1) 添加图层蒙版

选择要添加蒙版的图层，可采用下列方法之一。

①单击图层面板上的“添加图层蒙版”按钮，或选择菜单命令“图层”→“图层蒙版”→“显示全部”，可以创建一个白色的蒙版（图层缩览图右边的附加缩览图表示图层蒙版）。白色蒙版对图层的内容显示无任何影响。

②按“Alt”键单击图层面板上的“添加图层蒙版”按钮，或选择菜单命令“图层”→“图层蒙版”→“隐藏全部”，可以创建一个黑色的蒙版。黑色蒙版隐藏了对应图层的所有内容。

③在存在选区的情况下，单击图层面板上的“添加图层蒙版”按钮，或选择菜单命令“图层”→“图层蒙版”→“显示选区”，将基于选区创建蒙版；此时选区内的蒙版填充白色，选区外的蒙版填充黑色。按“Alt”键单击图层面板上的“添加图层蒙版”按钮，或选择菜单命令“图层”→“图层蒙版”→“隐藏选区”，所产生的蒙版恰恰相反。

注意：背景层不能添加图层蒙版，只有将背景层转化为普通层后，才能添加图层蒙版。

(2) 删除图层蒙版

在图层面板上选择图层蒙版的缩览图，单击面板上的按钮，或选择菜单命令“图层”→“图层蒙版”→“删除”。在弹出的提示框中单击“应用”按钮，将删除图层蒙版，同时蒙版效果被永久地应用在图层上（图层遭到破坏）；单击“删除”按钮，则在删除图层蒙版后，蒙版效果不会应用到图层上。

(3) 蒙版编辑状态与图层编辑状态

当为图层添加了蒙版后，可以用鼠标选择蒙版缩览图，当图层蒙版缩览图周围有边框时表示当前图层处于蒙版编辑状态，此时所有编辑操作都是作用在图层蒙版上，如图8.42所示。单击图层缩览图可切换到图层编辑状态，此时所有的编辑操作都是作用在图层上而对蒙版没有任何影响，如图8.43所示。

图8.42 图层蒙版编辑状态

图8.43 图层编辑状态

图层蒙版是以8位灰度图像的形式存储的，其中黑色表示所附着图层的对应区域完全透明，白色表示完全不透明，其余黑白之间的灰色表示半透明，透明度程度由灰色的深浅决定。可使用绘图与填充工具、图像修正工具及相关的滤镜和菜单命令对图层蒙版进行编辑和修改。

2.剪贴蒙版

剪贴蒙版以通过一个称为基地图层的图层控制其上面的一个或多个内容图层的显示区域和显隐程度。选中内容图层，选择菜单命令“图层”→“创建剪贴蒙版”为该图层创建剪贴蒙版。剪贴蒙版创建完成后，带有图标并向右缩进的图层称为内容图层。与内容图层下方相邻的一个图层称为基底图层，如图8.44所示。基底图层充当了内容图层的剪贴蒙版，其中像素的颜色对剪贴蒙版的效果无任何影响，而像素的不透明度却控制着内容图层的显示程度。不透明度越高，显示程度越高。

若想释放剪贴蒙版重新转化成普通图层，可选择菜单命令“图层”→“释放剪贴蒙版”。

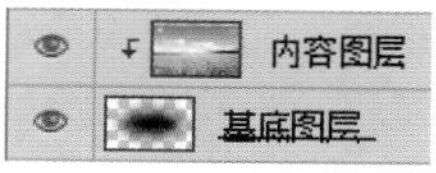

图8.44 剪贴蒙版

8.5.4 通道的使用

通道是存储图像颜色信息或选区信息的一种载体，用户可以将选区存放在通道的灰度图像中，并可以对这种灰度图像做进一步处理，创建更加复杂的选区。Photoshop通道包括颜色通道、Alpha通道、专色通道和蒙版通道等多种类型，其中使用频率最高的是颜色通道和Alpha通道。

图像的颜色模式决定了颜色通道的数量，如RGB颜色模式的图像包含红（R）、绿（G）、蓝（B）3个单色通道和一个复合通道；CMYK图像包含青（C）、洋红（M）、黄（Y）、黑（K）4个单色通道和一个复合通道；Lab图像包含明度通道、a颜色通道、b颜色通道和一个复合通道；而灰度、位图、双色调和索引颜色模式的图像都只有一个颜色通道。

Alpha通道用于存放和编辑选区，专色通道则用于存放印刷中的专色。如RGB图像中，最多可以添加53个Alpha通道或专色通道。位图模式的图像不能额外添加通道。

8.5.5 滤镜

滤镜主要用于实现图像的各种特殊效果，利用特定的方式使像素产生位移，数量变化或颜色值变化等，从而使图像出现各种令人惊叹的效果。其种类繁多，操作方便，功能强大。

使用滤镜的方法很简单，先选择要应用滤镜的图层、蒙版或通道，或局部使用创建相应的选区后，选择“滤镜”菜单下的相应滤镜命令，在弹出的滤镜对话框中，设置参数确定即可。使用滤镜后，可使用“编辑”→“渐隐××”命令弱化或改变滤镜效果。按组合键

“Ctrl+F”可重复上一次滤镜操作。

Photoshop中预设了“液化”“消失点”“风格化”“画笔描边”“模糊”“扭曲”“纹理”“锐化”“素描”“艺术效果”“像素化”“视频”等多种类型的滤镜。每个滤镜组都包含了若干滤镜，共100多个，称为内置滤镜。还有一类滤镜，是由第三方公司开发的，称为外挂滤镜，需要单独安装后可和内置滤镜一样使用。外挂滤镜应选择装于Photoshop安装路径下的Plug-Ins文件夹中，或直接将8BF文件存于该目录中，重启Photoshop即可在滤镜菜单下看到新安装的外挂滤镜。

使用滤镜时应注意：

①如果图像中有选区，则Photoshop会选取区域进行滤镜效果处理；若没有定义选区，则对整个图像起作用。

②若当前选中的是某一图层或某一通道，则只对当前图层或通道起作用。

③滤镜的处理效果以“像素”为单位，因此滤镜的处理效果与图像的分辨率有关。

④只对局部图像进行滤镜效果处理时，应为选区设置羽化值，可以使处理的区域能自然地与原图像相融合，从而减少突兀感。

⑤在“位图”“索引”和“16位通道”色彩模式下不能使用滤镜。

课后练习题

一、单选题

1.在Photoshop CS6中，选区是可以保存的，它保存在（　　）。

A.内存中　　B.图像中　　C.图层中　　D.通道中

2.在Photoshop CS6中，下列说法不正确的是（　　）。

A.“色相/饱和度”命令可以调整图像中特定颜色分量的色相、饱和度和明度

B.“色阶”命令可以调整图像的暗调、中间调和高光等强度级别，校正图像的色调范围和色彩平衡

C.“亮度/对比度”命令可以调节图像的亮度及对比度，值为正数时，增强亮度和对比度，值为负数时相反

D.“滤镜”命令可以实现图像的各种特殊效果，功能强大，但同一种滤镜效果不能重复使用

3.在Photoshop CS6中，对文字图层添加滤镜效果的说法正确的是（　　）。

A.必须将文字图层栅格化之后才能应用滤镜

B.确认文字图层和其他图层没有链接才可以添加滤镜效果

C.使得这些文字变成选择状态，然后在滤镜菜单下选择一个滤镜命令

D.添加图层样式的文字图层不能再添加滤镜效果

4.在Photoshop CS6中，可以减少图像饱和度的工具是（　　）。

A.加深工具

B.海绵工具

C.减淡工具

D.任何一个在选项调板中有饱和度滑块的绘图工具

5.在Photoshop CS6滤镜中可以产生柔和效果的是（　　）。

A.模糊　　B.加入杂质　　C.灰尘与划痕　　D.照明效果

6.在Photoshop中使用仿制图章工具过程中，可以按住并单击以确定取样点的键盘键位是（　　）。

A.“Alt”键　　B.“Ctrl”键　　C.“Shift”键　　D.“Alt+Shift”键

7.小明同学用Photoshop设计了一幅班徽图样，为了便于以后的修改，应该保存的最合适的图像格式是（　　）。

A.PSD　　B.BMP　　C.JPEG　　D.GIF

8.李丽同学在山上拍摄了一幅佛塔图像，没想到拍歪了，它想把图像调正，正确的操作是（　　）。

A.对图像进行旋转和剪切　　B.对图像进行羽化、浮雕合成处理

C.对图像进行色彩调整　　D.对图像进行亮度、对比度调整

9.在Photoshop中使用魔棒工具选择图像时，在“容差”数值输入框中，输入下列数值选择范围相对较大的是（　　）。

A.5　　B.10　　C.15　　D.20

10.如果一个100 px×100 px的图像被放大到200 px×200 px，文件的像素大小会（　　）。

A.大约是原大小的3倍　　B.不变

C.大约是原大小的2倍　　D.大约是原大小的4倍

11.下面可以用来去掉扫描照片上斑点，使图像更清晰的滤镜是（　　）。

A.模糊-高斯模糊　　B.艺术效果-海绵　　C.杂色-去斑　　D.素描-水彩画笔

12.Photoshop里变换对象的快捷键是（　　）。

A.Ctrl+D　　B.Ctrl+T　　C.Shift+D　　D.Shift+T

13.Photoshop里不能用（　　）工具创建选区。

A.魔棒工具　　B.多边形套索工具　　C.画笔工具　　D.钢笔工具

14.色彩范围在Photoshop菜单栏里可以找到的是（　　）。

A.选择　　B.图层　　C.编辑　　D.滤镜

15.Photoshop里通过复制新建图层的快捷键是（　　）。

A.Ctrl+B　　B.Ctrl+J　　C.Ctrl+D　　D.Ctrl+E

16.Photoshop里撤销选区的快捷键是（　　）。

A.Ctrl+D　　B.Ctrl+T　　C.Shift+D　　D.Shift+T

17.Photoshop里将路径变为选区的快捷键是（　　）。

A.Enter　　B.Alt+Enter　　C.Shift+Enter　　D.Ctrl+Enter

18.下列在Photoshop里不能用来调色的是（　　）。

A.色相/饱和度　　B.色彩平衡　　C.查找边缘　　D.曲线

19.Photoshop里的滤镜工具不包含（　　）选项。

A.风格化　　B.模糊　　C.纹理　　D.描边

20.Photoshop里蒙版创建好后，不能用（　　）对蒙版进行调整。

A.画笔工具　　B.矩形选区填色　　C.路径变选区填色　　D.魔棒工具

21.Photoshop里创建好选区后，不能对选区进行（　　）操作。

A.变换大小　　B.羽化　　C.外发光　　D.填色

22.Photoshop里色阶的作用是（　　）。

A.调整明暗对比度　　B.调成其他的颜色　　C.添加杂色　　D.减少杂色

23.Photoshop里图层样式不包括（　　）选项。

A.描边　　B.投影　　C.外发光　　D.渐变

24.让一幅彩色图像变成黑白的素描效果，应使用（　　）菜单栏下的工具。

A.编辑　　B.图像　　C.滤镜　　D.图层

25.Photoshop里曲线的快捷键是（　　）。

A.Ctrl+L　　B.Ctrl+U　　C.Ctrl+M　　D.Ctrl+J

二、多选题

1.下列可以建立新图层的方法是（　　）。

A.双击图层调板的空白处
B.单击图层面板下方的新建按钮
C.使用鼠标将当前图像拖动到另一张图像上
D.使用文字工具在图像中添加文字

2.下列操作不能删除当前图层的是(　　)。
A.将此图层用鼠标拖至垃圾桶图标上
B.在图层面板右边的弹出菜单中选删除图层命令
C.直接按“Delete”键
D.直接按“Esc”键

3.下面对图层上蒙板的描述正确的是(　　)。
A.图层上的蒙板相当于一个8位灰阶的Alpha通道
B.在按住“Alt”键的同时单击图层调板中的蒙板，图像就会显示蒙板
C.在图层调板的某个图层中设定了蒙板后，会发现在通道调板中有一个临时的Alpha通道
D.在图层上建立蒙板只能是白色的

4.下面对图层蒙板的显示、关闭和删除描述正确的是(　　)。
A.按住“Shift”键的同时单击图层选项栏中的蒙板就可以关闭蒙板，使之不在图像中显示
B.当在图层调板的蒙板图标上出现一个黑色叉号标记，表示将图层蒙板永久关闭
C.图层蒙板可以通过图层调板中的垃圾桶图标进行删除
D.图层蒙板创建后就不能被删除

5.填充图层包括(　　)类型。
A.纯填充图层　B.渐变填充图层　C.图案填充图层　D.快照填充图层

6.下面特性是调节层所具有的有(　　)。
A.调节图层是用来对图像进行色彩编辑，并不影响图像本身，并随时可以将其删除
B.调节图层除了具有调整色彩功能之外，还可以通过调整不透明度、选择不同的图层混合模式以及修改图层蒙板来达到特殊的效果
C.调节图层不能选择“与上一图层进行编组”命令
D.选择任何一个“图像”→“调整”弹出菜单中的色彩调整命令都可以生成一个新的调节图层

7.在Photoshop中提供了(　　)图层合并方式。
A.向下合并　B.合并可见层　C.拼合图层　D.合并链接图层

8.文字图层中的文字信息可以进行修改和编辑的是(　　)。
A.文字颜色
B.文字内容，如加字或减字
C.文字大小
D.将文字图层转换为像素图层后可以改变文字的排列方式

9.段落文字可以进行(　　)操作。
A.缩放　B.旋转　C.裁切　D.倾斜

10.Photoshop中文字的属性可以分为(　　)部分。
A.字符　B.段落　C.水平　D.垂直

11.Photoshop提供了修边功能，修边可分为(　　)类型。
A.清除图像的黑色边缘
B.清除图像的白色边缘
C.清除图像的灰色边缘
D.清除图像的锯齿边缘

第9章　创建网页动画特效

Photoshop是设计行业的“全能型选手”，除了用于各种传统的平面图像设计外，在网页设计中也有很好的表现，可以轻松创建网站图像、动态图像、按钮等，还可以通过切片及相关存储功能输出完整的网页框架及链接。

9.1　图像的优化与输出

优化图像可以减小文件的大小，从而使得在Web上发布图像时，Web服务器能够更加高效地存储和传输图像，并使用户下载更快。

9.1.1　优化图像

在“文件”菜单中选择“存储为web所用格式”命令，可使用弹出的对话框中的优化功能对图像进行优化和输出，如图9.1所示。

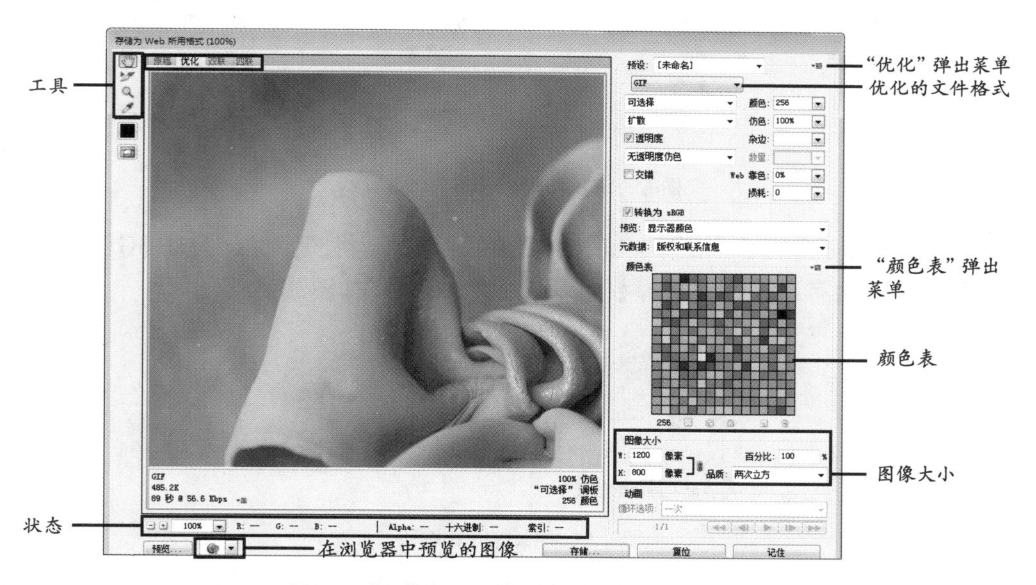

图9.1　“存储为Web所用格式”对话框

1.显示选项

单击“原稿”标签，窗口中显示没有优化的图像。单击“优化”标签，窗口中只显示应用了当前优化设置的图像，单击“双联”标签，并排显示图像的两个版本，即优化前和优化后的图像。单击“四联”标签，并排显示图像的4个版本。

2.工具

在该工具箱中包含了6种工具，分别为“抓手工具”“切片选择工具”“缩放工具”“吸管工具”“吸管颜色”和“切换切片可见性”按钮。

3.状态栏

在状态栏中显示的是光标当前所在位置的图像相关信息，包括RGB颜色值和十六进制颜色值等。

4.在浏览器中预览的图像

单击该按钮，可在系统上默认的Web浏览器中预览优化后的图像。预览窗口中显示图像的题注，其中列出了图像的文件类型、像素尺寸、文件大小、压缩规则和其他HTML信息。可选择“其他”选项更换浏览器。

5.优化的文件格式

在该选项的下拉菜单中包含了5种文件格式，分别为GIF，JPEG，PNG-8，PNG-24和WBMP。

• GIF和PNG-8格式：GIF是用于压缩具有单调颜色和清晰细节图像的标准格式，是一种无损的压缩格式。PNG-8格式与GIF格式一样，也可以有效地压缩纯色区域，同时保留清晰的细节。优化选项如图9.2所示。

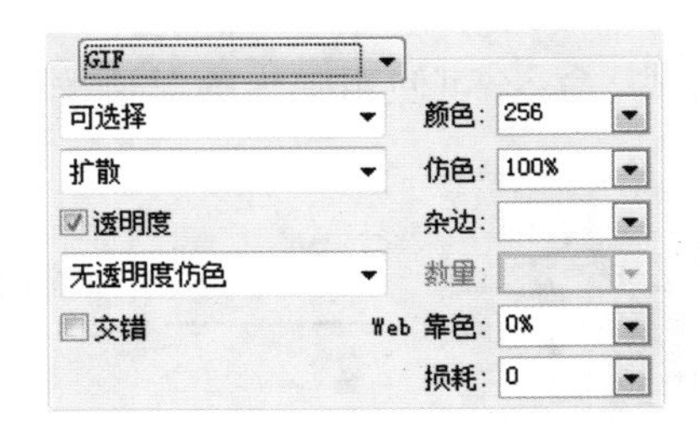

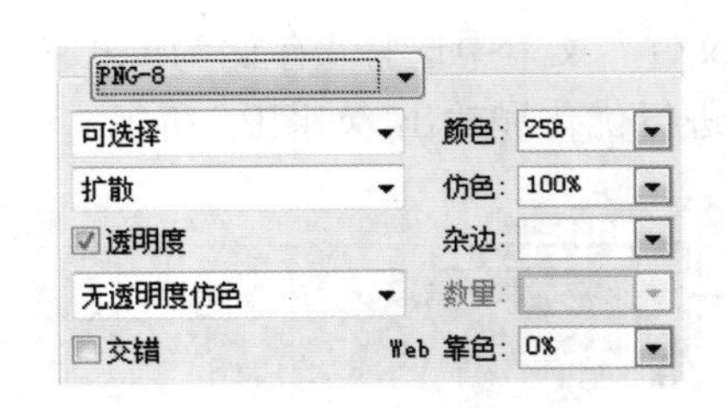

图9.2　GIF和PNG-8的优化选项

• JPEG格式：适用于压缩连续色调图像的标准格式。将图像优化为JPEG格式时采用的是有损压缩，它会有选择性地扔掉数据以减小文件大小，如图9.3所示。

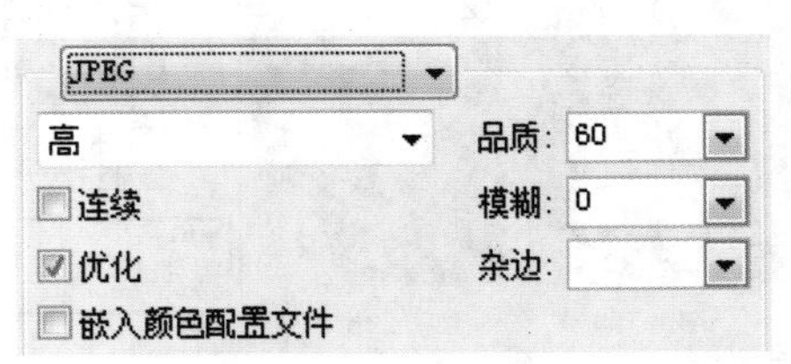

图9.3　JPEG的优化选项

• PNG-24格式：适用于压缩连续色调的图像，其优点是可以在图像中保留多达256个透明度级别，但生成的文件要比JPEG格式生成的文件大得多，如图9.4所示。

• WBMP格式：适用于优化移动设备（如移动电话）图像的标准格式。如图9.5所示，使用该格式优化后，图像中只包含黑色和白色像素。

6.“优化”弹出菜单

单击该按钮，可以弹出优化菜单，包含“存储设置”“链接切片”“编辑输出设置”等命令。

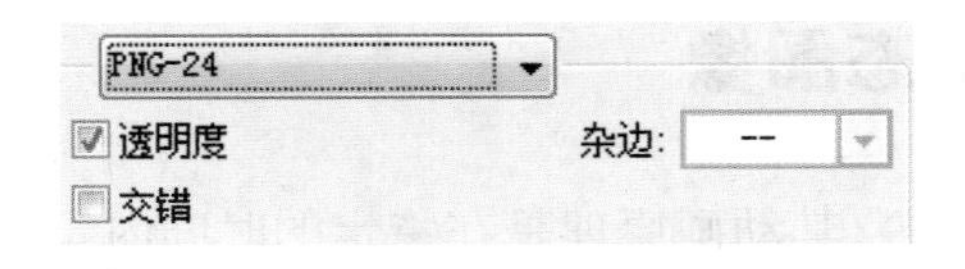

图9.4　优化为PNG-24选项

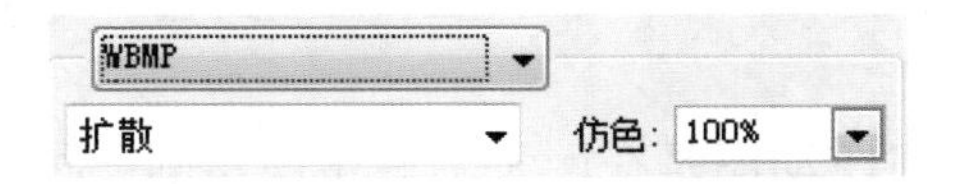

图9.5　优化为WBMP格式

7.“颜色表”弹出菜单

单击该按钮，可以弹出颜色表菜单，包含于颜色表有关的命令，可以新建颜色、删除颜色及对颜色进行排序等。

8.颜色表

将图像优化为GIF、PNG-8和WBMP格式时，可在“颜色表”对话框中对图像颜色进行优化设置。

9.图像大小

在该选项区域中可以通过设置相关参数，将图像大小调整为制定的像素尺寸或原稿大小的百分比。

9.1.2　输出图像

将图像优化后，即可将图像输出。在“优化”菜单中选择“编辑输出设置”选项，如图9.6所示。在弹出的“输出设置”对话框中可以对图像输出的相关选项进行设置，如图9.7所示。

在设置输出选项时，如果要使用预设的输出选项 ，可以在“设置”选项的下拉菜单中选择一个选项；如果要自定义输出选项，则可以在弹出菜单中选择HTML、切片、背景或存储文件等选项。

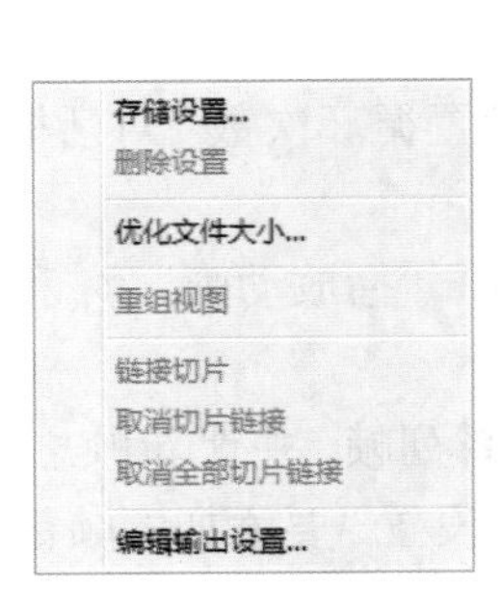

图9.6　“编辑输出设置”选项

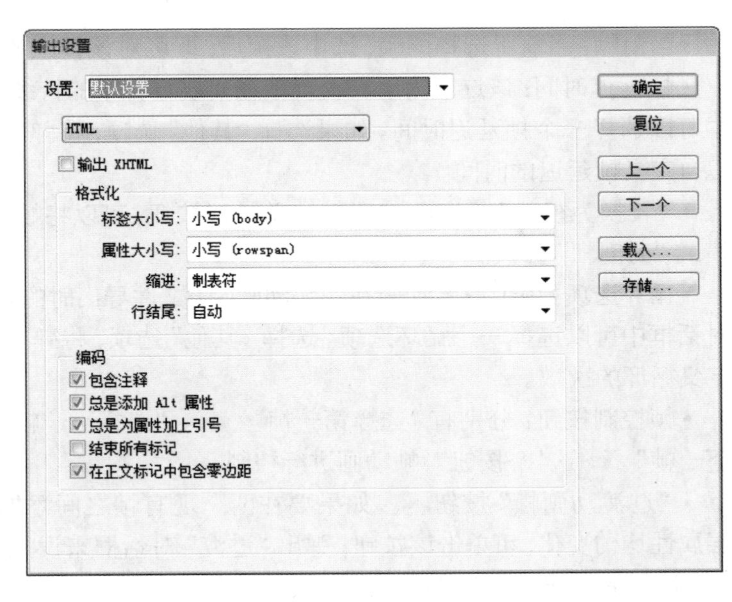

图9.7　“输出设置”对话框

9.2 创建动态图像

GIF动图是在网页上经常使用的一种动画形式，其动画原理是在特定的时间内显示的一系列图像或帧，当每一帧较前一帧都有轻微的变化时，连续快速地显示这些帧就会产生运动或其他变化的视觉效果，从而产生动态画面。Photoshop中使用“时间轴”面板来制作GIF动画。

9.2.1 认识“时间轴”面板

“时间轴”是Photoshop动画的主要编辑器，在“窗口”菜单中选择“时间轴”命令，可打开“时间轴”面板，若面板为视频模式“时间轴”面板，单击面板下方的“转换为帧动画”按钮，将面板转换为帧模式“时间轴”面板，如图9.8所示。帧模式“时间轴”面板会显示动画中的每个帧的缩览图，使用面板底部的工具可浏览各个帧、设置循环选项、添加和删除帧以及预览动画。

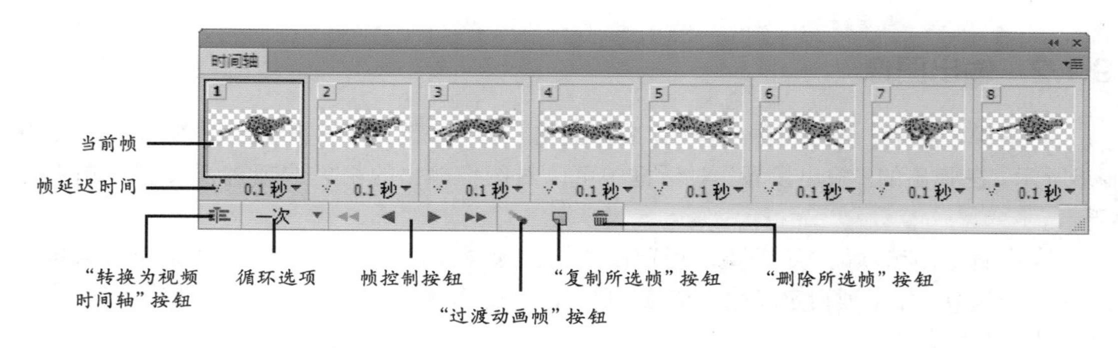

图9.8 帧模式“时间轴”面板

- 当前帧：当前所选择的帧，选中该帧后，即可对该帧上的图形进行相应的处理。
- 帧延迟时间：该选项为用户设置帧在回放过程中的持续时间。单击该选项，在弹出菜单中可以选择一个帧延迟时间。如果选择“其他”选项，将弹出“设置帧延迟”对话框，用户可以自定义帧延迟的时间。
- “转换为视频时间轴”按钮：单击该按钮，可以将帧模式“时间轴”面板切换为视频模式“时间轴”面板。
- 循环选项：用于设置动画在作为动画GIF文件导出时的播放次数。单击该选项在弹出的对话框中可以选择一个循环选项。选择“其他”选项，将弹出“设置循环次数”对话框，可自定义循环的次数。
- 帧控制按钮：分别有“选择第一帧”、“选择上一帧”、“播放动画”和“选择下一帧”这4个按钮对帧动画进行控制。
- “过渡动画帧”按钮：如果要在两个现有帧之间添加一系列帧，并让新帧之间的图层属性均匀变化，可单击该按钮，弹出“过渡”对话框来设置。如设置“要添加的帧数”为2，单击“确定”，即可在“帧动画”面板中新增两帧。
- “复制所选帧”按钮：单击该按钮，可以复制所选中的帧，得到与所选帧相同的帧。

• “删除所选帧” 按钮 ：选择要删除的帧后，单击该按钮，即可删除选择的帧。

9.2.2　创建GIF动画

新建文档，打开“时间轴”面板，将面板中间的按钮从“创建视频时间轴”，切换到“创建帧动画”，如图9.9所示。单击“创建帧动画”按钮，时间轴上会创建动画的第一帧，如图9.10所示。在画布上绘制图像，即可完成第一帧的制作。

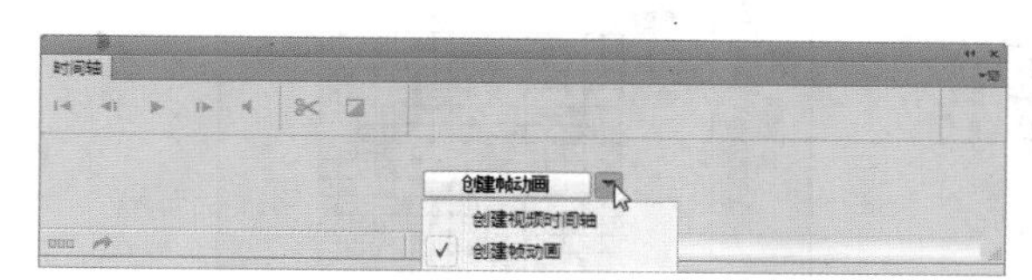

图9.9　创建帧动画

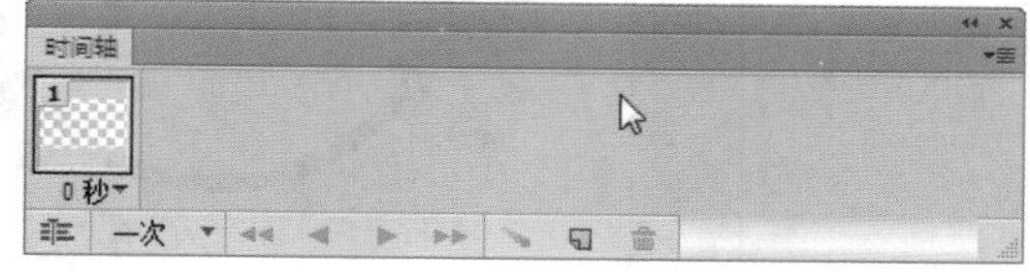

图9.10　新建动画第一帧

使用时间轴面板下方的“复制所选帧”按钮 ，添加一个动画帧，在图层面板上新建一个图层，编辑第二帧的图像，注意配合图层面板的显示/隐藏图层操作，将需要在第二帧显示的图层显示，其余图层隐藏。单击“帧延迟时间”下拉菜单，为该帧选择帧延迟时间，如图9.11所示。设置帧延迟时间的目的是为了让动画更流畅播放，若不设置帧延迟，播放动画时速度较快会影响观看效果。使用相同的方法，再添加两个动画帧，并建立相应图层，绘制图像，分别在不同的帧上显示不同图层中的图像，时间轴和图层面板如图9.12所示。

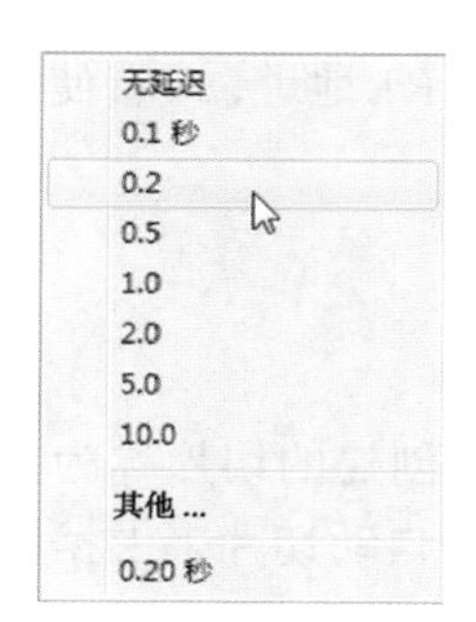

图9.11　“帧延迟时间”下拉菜单

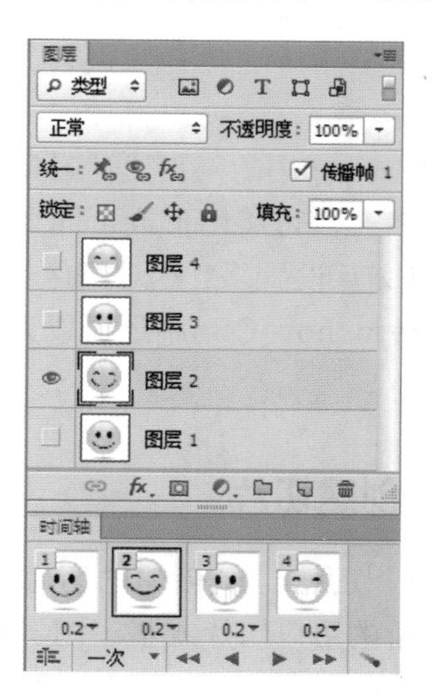

图9.12　时间轴和图层面板

9.2.3　存储动画

完成动画后可执行“文件”菜单中的“存储为Web所用格式”命令，在“存储为Web格式”对话框中单击“播放动画”按钮，预览动画效果，如图9.13所示。单击“存储”按钮，在弹出的“将优化结果存储为”对话框中进行设置，单击“保存”按钮，可导出GIF图片动画。保存的动画可在IE浏览器中打开看到制作的动画效果。

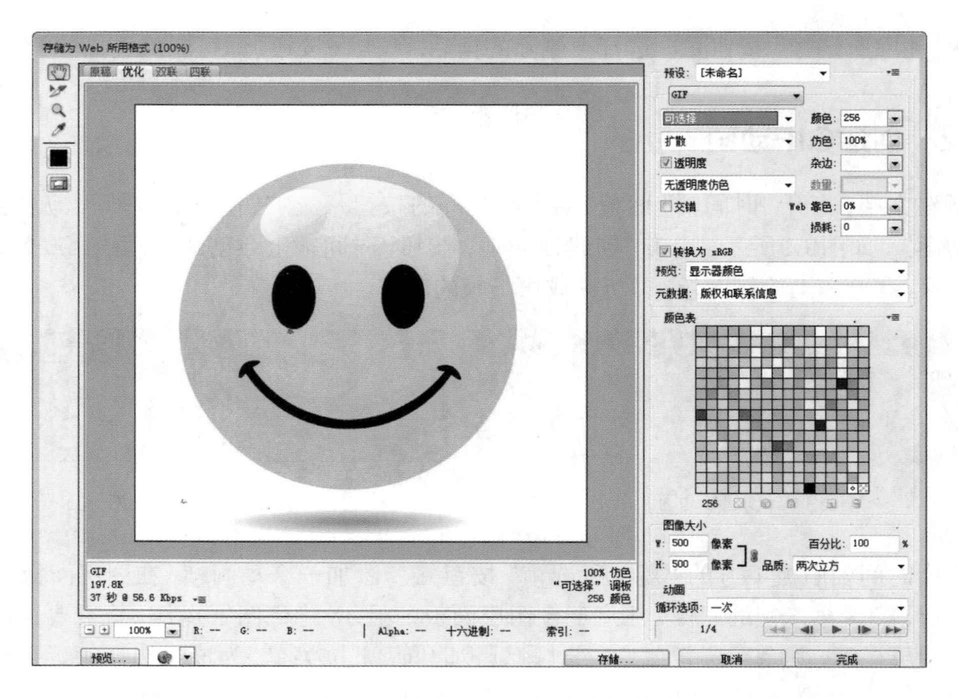

图9.13 “存储为Web所用格式”对话框

9.3 编辑和管理切片

Photoshop中的网页设计工具可以帮助设计和优化单个网页图形或整个页面布局。通过使用切片工具可将图形或页面划分为若干相互紧密衔接的部分，并对每个部分应用不同的压缩和交互设置。当然对图像切割的最大好处就是提高图像的下载速度，减轻网络负担。在Photoshop CS6中还可以为切片制作动画，链接到URL地址，或者使用切片制作翻转按钮。

9.3.1 创建切片

使用“切片工具”创建的切片称为用户切片，通过图层创建的切片称为基于图层的切片。创建新的用户切片或基于图层的切片时，会生成附加的自动切片来占据图像的其余区域，自动切片可填充图像中用户切片或基于图层的切片未定义的空间。每次添加或编辑用户切片由实线定义，而自动切片则由虚线定义。

打开需要创建切片的图像文件，在工具栏中选择“切片工具”后，在图像中单击并拖曳出一个矩形框，释放鼠标即可创建一个用户切片。该切片以外的部分会生成自动切片，用虚线框表示，如图9.14所示，蓝色数字标识的即为用户切片，灰色数字标识的为自动切片。

图9.14　创建切片

9.3.2　编辑切片

在创建切片时有时会碰到创建的切片没有达到想要的效果，若删除重新创建会耗费时间，这时可以采用编辑切片的方法。单击工具箱中的“切片选择工具”按钮，在“选项”栏中可以设置该工具的选项，如图9.15所示。

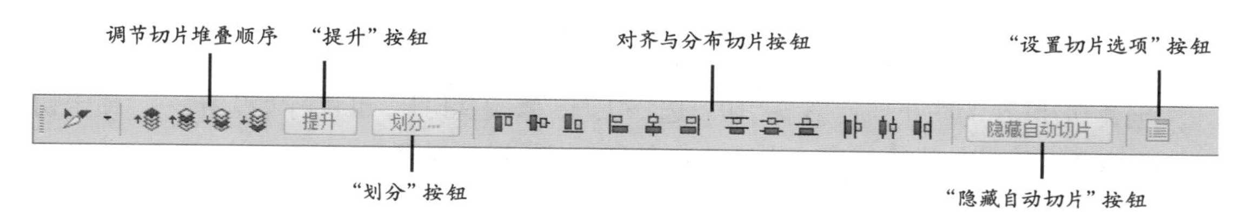

图9.15　编辑切片工具栏

• 调整切片堆叠顺序：在创建切片时，最后创建的切片是堆叠顺序中的顶层切片。当切片重叠时，可以单击该选项中的按钮，改变切片的堆叠顺序，以便能够选择到底层的切片。

• “提升”按钮：单击该按钮，可以将当前所选中的自动切片或图层切片转换为用户切片。

• “划分”按钮：单击该按钮，将会弹出“划分切片”对话框，在该对话框中可以对所选的切片进行划分设置。

• 对齐与分布切片按钮：选择多个切片后，可单击该选项中的按钮来对齐或分布切片，这些按钮的使用方法与对齐和分布图层的按钮相同。

• “隐藏自动切片”按钮：单击该按钮，可以隐藏图像中的自动切片，只显示图像中的用户切片，再次单击该按钮，即可以显示出所有切片。

• “设置切片选项”按钮：单击该按钮，将弹出“切片选项”对话框，在该对话框中可以设置当前选中切片的名称、类型并制订URL地址等选项。

通常对图像进行切片时，可能会产生偏移或误差，使用“切片选择工具”既可以移动切片的范围框，也可以移动切片及其内容，调整图像中创建好的切片。如将图9.14中的切片使用“切片选择工具”调整边界位置后，可显示如图9.16的效果。

图9.16 选择和移动切片

创建切片后，为防止切片影响“切片选择工具”修改其切片，可执行“视图”→“锁定切片”命令，将所有切片进行锁定 ，再次执行改命令即可取消锁定。

9.3.3 删除切片

创建切片后，若对创建的切片不满意，可以对切片进行修改，也可以将其删除。选择需要删除的切片，按“Delete”键可删除切片。如果要删除所有用户切片和基于图层的切片，可执行“视图”→“清除切片”命令，即可将所有用户切片和基于图层的切片删除。

9.3.4 保存切片

切片创建成功后，可使用“文件”→“存储为Web所用格式”命令，如图9.17所示，打开

“优化”对话框，选择下方“存储”按钮可打开“存储结果”对话框，选择存储路径和文件名后，可在“格式”下拉菜单中选择“HTML和图像”或“仅限图像”类型，如图9.18所示。若选择“仅限图像”后，单击“保存”按钮即可将图像中所有切片保存至指定目录，包括用户切片和自动切片。

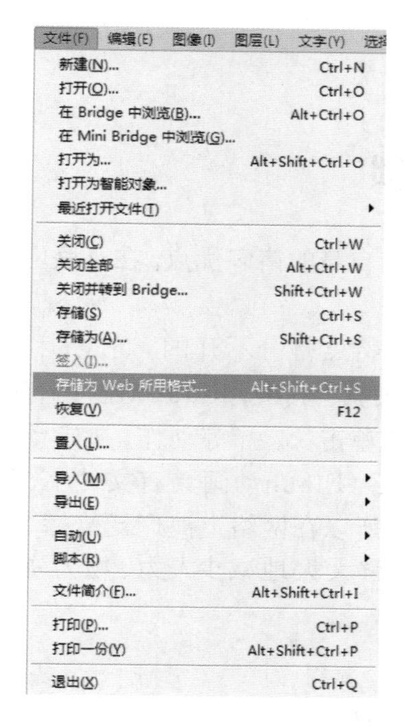

图9.17　导出切片

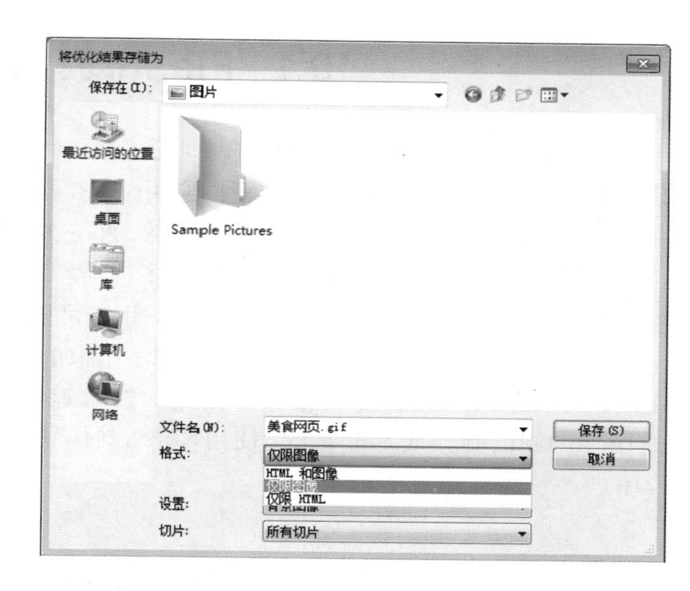

图9.18　选择导出格式

第10章　认识Flash

10.1　Flash动画基础

Flash动画是时下较为流行的动画表现形式之一，它凭借自身的诸多优点，在互联网、多媒体设计及游戏制作等领域均有广泛的应用。

Flash动画能在短短几年时间风靡全球，和它鲜明的特点是分不开的。首先，利用Flash制作的动画是矢量的，无论把它放大多少倍都不会失真。其次，Flash动画具有交互性优势，可以更好地满足所有用户的需要。用户可以通过单击、选择等动作，决定动画的运行过程和结果，这一点是传统动画所无法比拟的。第三，Flash动画具有文件小、图像细腻、效果好、传输速度快、播放采用流式技术等特点，所以在网络上被广泛传播。同时，Flash动画的制作成本非常低，使用Flash制作动画能够大大地减少人力、物力资源的消耗。

10.2　Flash的工作环境

10.2.1　Flash的启动与退出

启动Flash CS6可以采用以下几种方式：

•执行“开始”→“程序”→“Adobe Flash Professional CS6”菜单命令，即可启动Flash CS6。

•双击桌面上的快捷方式图标Fl。

•双击Flash CS6的关联文档。

启动Flash后会出现一张开始页，在开始页中可以选择新建项目、模板及最近打开的项目，如图10.1所示。

退出Flash则可以使用如下几种方式：

•单击Flash程序窗口右上角的“关闭”按钮。

•执行“文件”→“退出”菜单命令。

•双击Flash程序左上角的图标。

•按“Alt+F4”组合键。

10.2.2　Flash工作区界面

新建文档后即可进入Flash的工作界面，如图10.2所示。

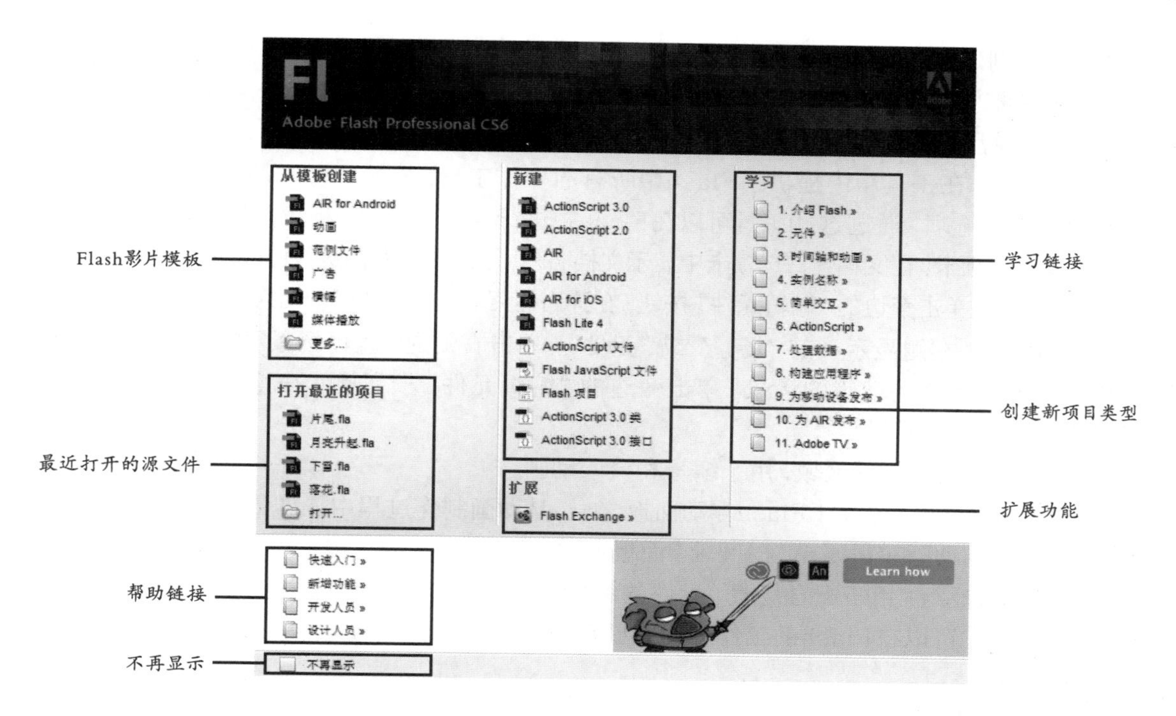

图10.1　开始页面

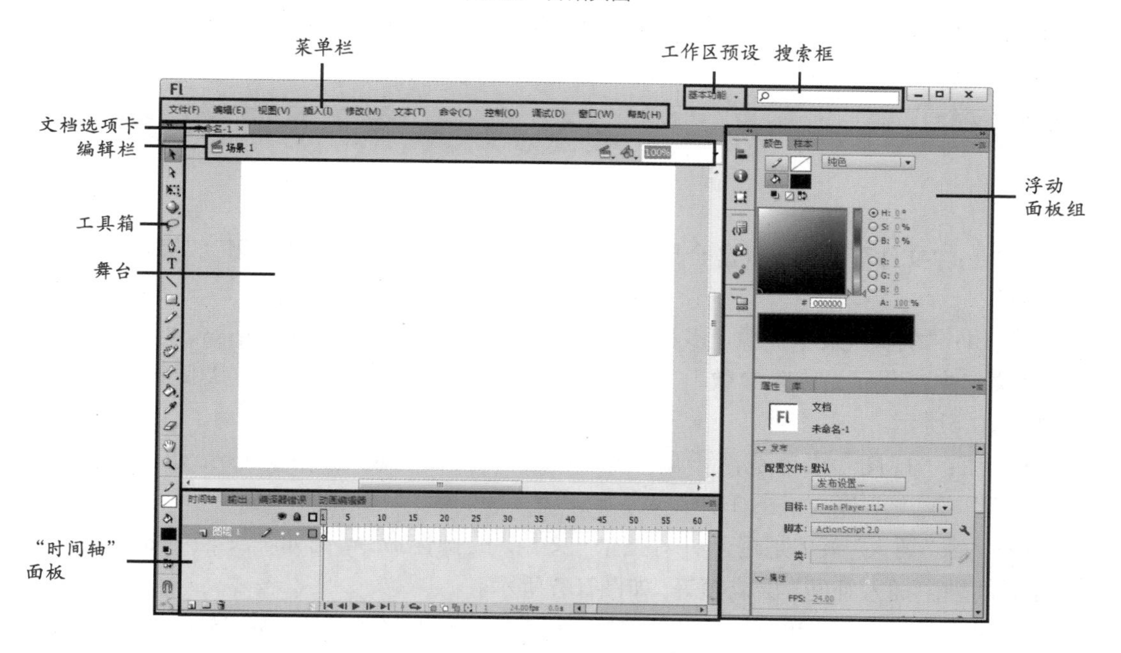

图10.2　Flash CS6的工作界面

•菜单栏：在菜单栏中分类提供了Flash所有的操作命令，几乎所有的可执行命令都可以在此找到相应的操作选项。

•工作区预设：Flash提供了多种软件工作区预设，在该选项的下拉列表中可以选择相应的工作区预设，选择不同的选项，即可将Flash的工作区更改为所选择的工作区预设。在列表的最后提供了"重置""新建工作区""管理工作区"3种功能，"重置"用于恢复工作区的默认状态，"新建工作区"用于创建用于创建个人喜好的工作区配置，"管理工作区"用于管理个人创建的工作区配置，可执行重命名或删除操作。

• 搜索框：该选项提供了对Flash中功能选项的搜索功能，在该文本框中输入需要搜索的内容，按键盘上的“Enter”键即可。

• 工具箱：在工具箱中提供了Flash中所有的操作工具，笔触颜色和填充颜色，以及工具的相应设置选项，通过这些工具可以在Flash中进行绘图、调整等相应的操作。

• 文档选项卡：在文档窗口选项卡中显示文档名称，当用户对文档进行修改而未保存时则会显示“*”标记。单击旁边的“编辑元件”按钮，在弹出的菜单中可以选择要切换编辑的元件。

• 编辑栏：左侧显示当前“场景”或“元件”，单击右侧的“编辑场景”按钮，在弹出的菜单中可以选择要编辑的场景。单击旁边的“编辑元件”按钮，在弹出的菜单中可以选择要切换编辑的元件。

• 舞台：动画显示的区域，用于编辑和修改动画。

• “时间轴”面板：属于Flash浮动面板之一，是动画制作过程中操作最为频繁的面板之一，几乎所有的动画东需要在“时间轴”面板中进行制作。

• 浮动面板组：用于配合场景、元件的编辑和Flash的功能设置，在“窗口”菜单中执行相应的命令，可以在Flash的工作界面中显示或隐藏相应的面板。

10.2.3 菜单栏

Flash的菜单栏包含文件、编辑、视图等11个菜单，如图10.3所示。

文件(F)	编辑(E)	视图(V)	插入(I)	修改(M)	文本(T)	命令(C)	控制(O)	调试(D)	窗口(W)	帮助(H)

图10.3 菜单栏

• 文件：“文件”菜单下多是全局性的命令，如“新建”“打开”“关闭”“保持”等，如图10.4所示。

• 编辑：“编辑”菜单提供了多种用于工作区元素的命令，如复制、粘贴、剪切等。Flash还在该菜单中提供了“首选参数”“自定义工具面板”“字体映射”和“快捷键”的选项设置，如图10.5所示。

• 视图：“视图”菜单是用于调整Flash整个编辑环境的视图命令，如“放大”“缩小”“标尺”“网格”等，如图10.6所示。

• 插入：“插入”菜单是用于针对整个“文档”的操作命令，例如在文档中插入元件、场景；在时间轴中插入补间、层或帧等，如图10.7所示。

• 修改：“修改”菜单包括一系列对工作区中元素的修改命令，如“转换为元件”“变形”等以及对文档的其他修改命令，如图10.8所示。

• 文本：通过“文本”菜单可以执行与文本相关的命令，如设置“字体样式”“大小”“字母间距”等，如图10.9所示。

• 命令：在“命令”菜单中可运行、管理用户创建的命令或使用Flash默认提供的命令，如图10.10所示。

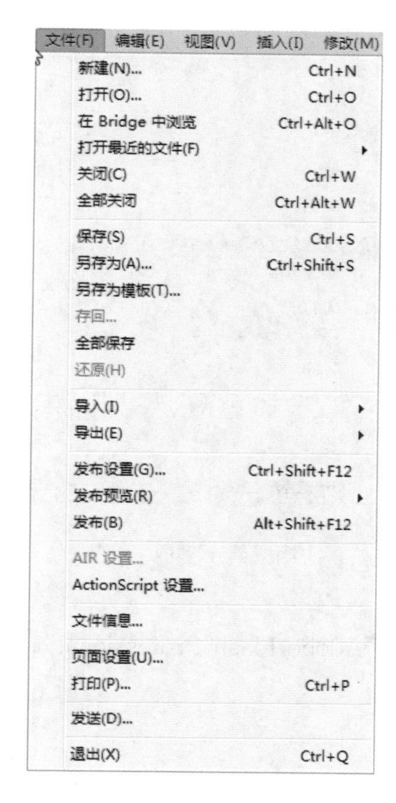

图10.4 “文件”菜单

图10.5 “编辑”菜单

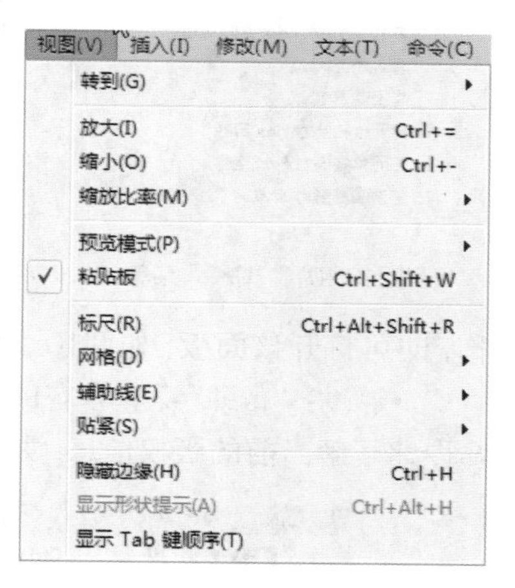

图10.6 “视图”菜单

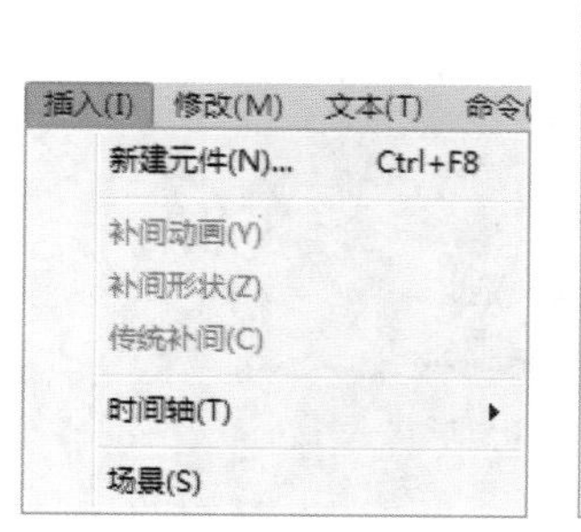

图10.7 “插入”菜单

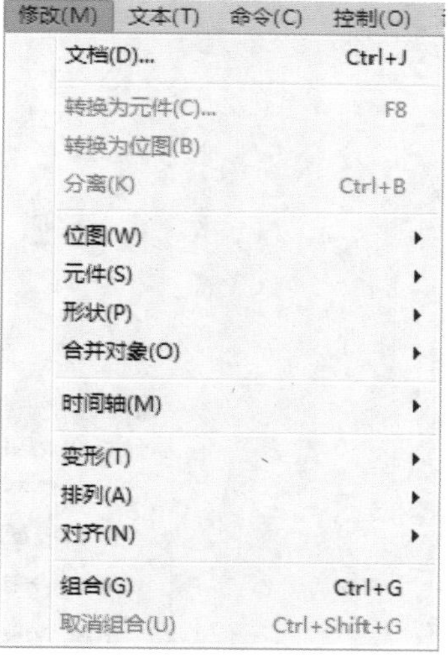

图10.8 “修改”菜单

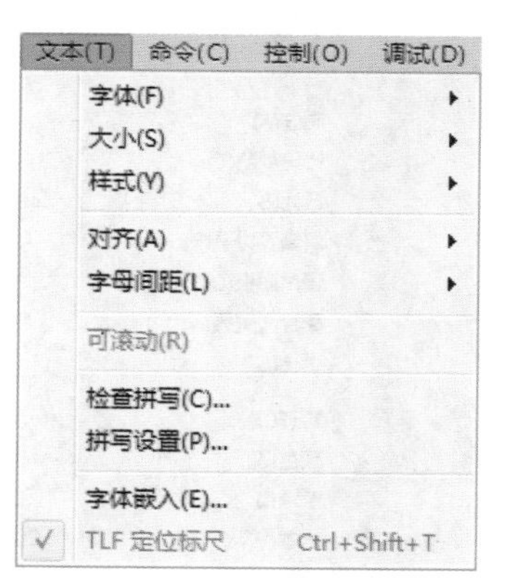

图10.9 “文本”菜单

• 控制：使用“控制”菜单可以选择“测试影片”或“测试场景”，还可以设置影片测试的环境，比如用户可以选择在桌面或移动设备中测试影片，如图10.11所示。

• 调试：“调试”菜单提供了影片调试的相关命令，如设置影片调试的环境等，如图10.12所示。

• 窗口：“窗口”菜单主要集合了Flash中的面板激活命令，选择一个想要激活的面板名

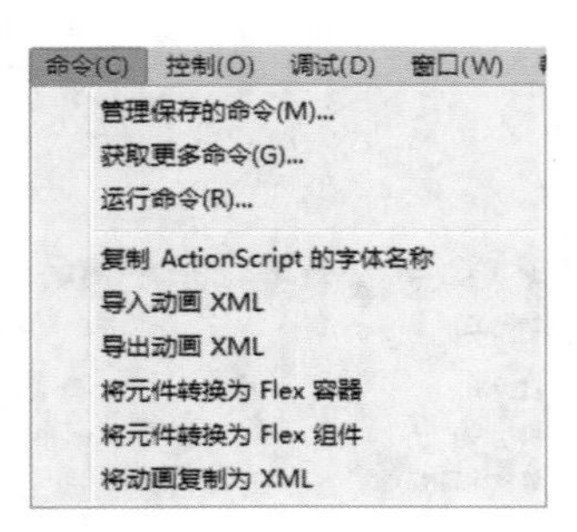

图10.10 “命令”菜单

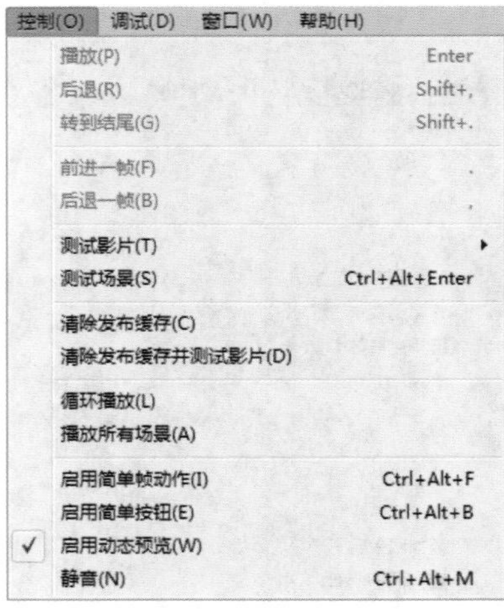

图10.11 “控制”菜单

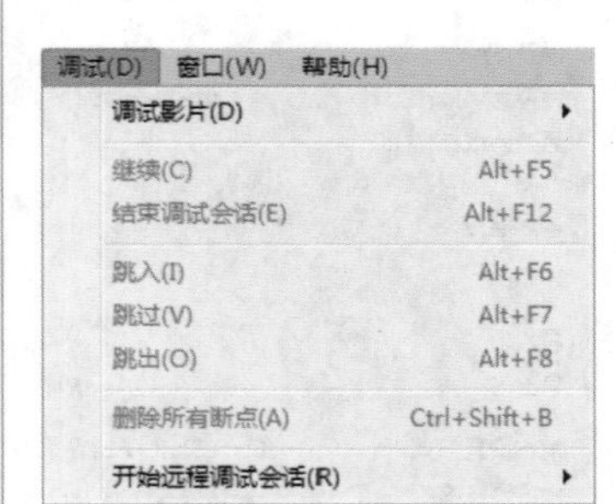

图10.12 “调试”菜单

称，即可打开该面板，如图10.13所示。

• 帮助：“帮助”菜单含有Flash官方帮助文档，可以选择“关于Adobe Flash Professional”命令来了解当前的版权信息，如图10.14所示。

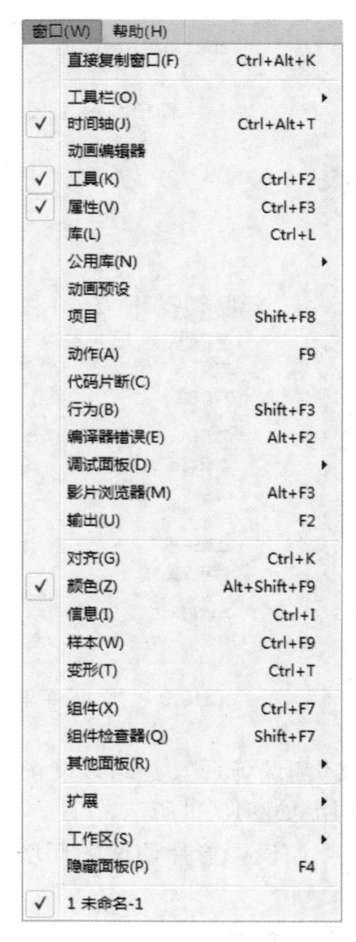

图10.13 “窗口”菜单

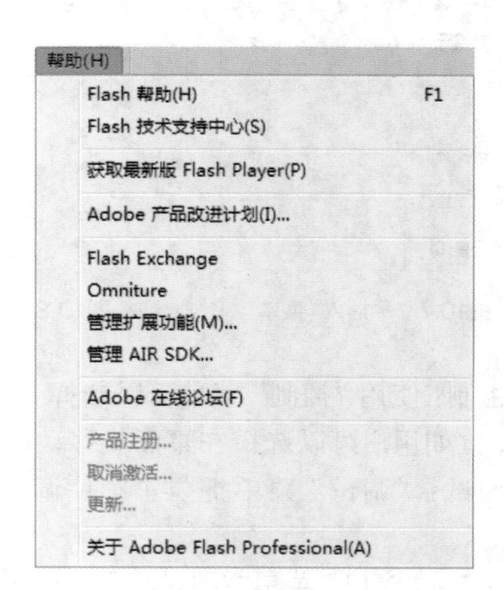

图10.14 “帮助”菜单

10.2.4 工具箱

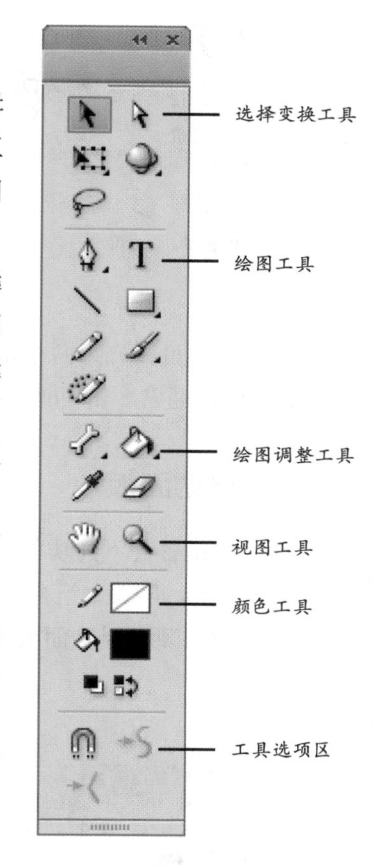

图10.15 工具箱

工具箱是Flash中的主要面板之一，它包含绘制和编辑矢量图形的各种操作工具，主要由绘画工具、绘画调整工具、颜色工具和工具选项区等6部分组成，用于进行矢量图形的各种绘制和编辑操作，如图10.15所示。

•选择变换工具：工具箱中的选择变换工具包括了“选择工具”“部分选择工具”“变形工具组”“3D旋转工具”和“套索工具”，利用这些工具可以对工作区中的元素进行选择、变换等操作。

•绘图工具：绘图工具包括钢笔工具组、“文本工具”“线条工具”“矩形工具组”“铅笔工具”“刷子工具组”以及“Deco工具”，这些工具的组合使用，能让设计者更方便地绘制出理想的作品。

•绘画调整工具：绘画调整工具能对所绘制的图形、元件的颜色等进行调整。它包括“骨骼工具组”“颜料桶工具组”“滴管工具”“橡皮擦工具”。

•视图工具：视图工具中含有“手形工具”，用于调整视图区域；“缩放工具”用于放大、缩小工作区的大小。

•颜色工具：颜色工具主要用于“笔触颜色”与“填充颜色”的设置和切换。

•工具选项区：工具选项区是动态区域，它会随着用户选择工具的不同来显示不同的选项。

将鼠标停留在工具图标上稍等片刻，可现实关于该工具的名称及快捷键。若右下角有三角图标的工具，长按鼠标会显示工具组，选择需的工具即可显示在工具箱图标中。

10.2.5 舞台

舞台是用户在创建Flash文件时放置图形内容的区域，可以包含矢量插图、文本框、按钮、导入的位图图形或视频剪辑等。Flash动画编辑是可以超出舞台区域的。如果需要在舞台中定位项目，可以借助网格线、辅助线和标尺。在动画演示时显示的矩形区域即为舞台大小，可以更改舞台显示比例，在工作空间中放大或缩小舞台。

10.2.6 时间轴

时间轴是Flash动画编辑的基础，用以创建不同类型的动画效果和控制动画的播放预览。时间轴上的每一个小格称为一帧，是Flash动画的最小时间单位。连续的帧中包含保持相似变化的图像内容，便形成了动画，如图10.16所示。

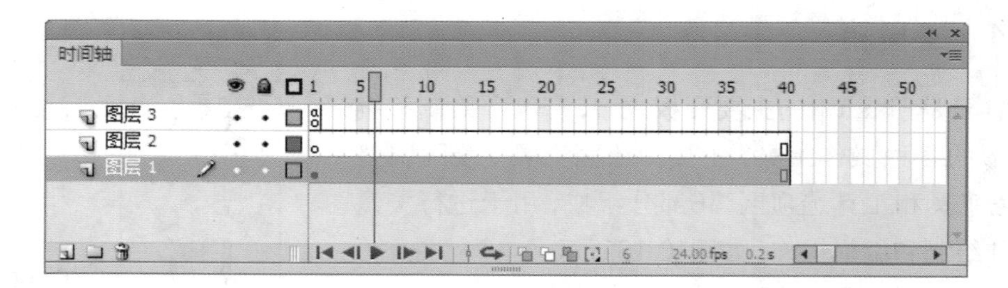

图10.16　“时间轴”面板

“时间轴”面板分为两个部分：左侧为图层查看窗口，右侧为帧查看窗口。一个层中包含着若干帧，而通常一部动画影片又包含着若干图层。

10.2.7　浮动面板

浮动面板由各种不同功能的面板组成，如“库”面板、“颜色”面板等，如图10.17所示。通过面板的显示、隐藏、组合、摆放，可以自定义工作界面。可以使用“窗口”菜单里的各项命令，来显示/隐藏各浮动面板。

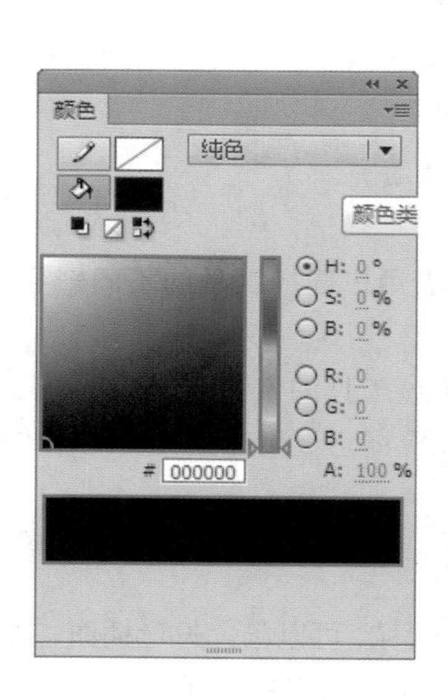

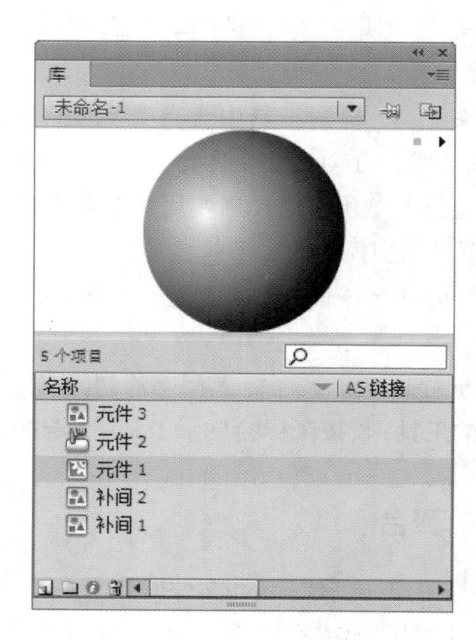

图10.17　浮动面板

10.2.8　属性面板

“属性”面板可以显示所选中对象的属性信息，并可通过“属性”面板对其进行编辑修改，有效提高动画编辑的工作效率及准确性。当选择不同的对象时，“属性”面板将显示出相应的选项及属性值。图10.18所示即为几种常见对象的属性面板。

图10.18　对象的“属性”面板

10.3　Flash的文件处理

Flash文件是指通过新建命令创建的动画源文件，扩展名为.fla，包含有图层、库元件或动作代码等大量的原始信息，需安装Flash才可打开编辑。而当发布或测试Flash文件时，会创建扩展名为.swf的Flash影片文件，这种文件格式是Flash文档的优化版本，其中仅保留了项目文件中实际用到的元素，仅安装Flash播放器即可打开观看。

在Flash中对文档的基本操作，主要包括新建文档、设置文档属性、打开和保存文件等。

10.3.1　新建Flash文件

启动Flash CS6后，执行“文件”→“新建”命令，弹出“新建文档”对话框，在该对话框中单击“常规”选项卡，如图10.19所示。选择相应的文档类型后，单击“确定”按钮，即可新建一个空白文档。

选择ActionScript3.0或ActionScript2.0选项，表示使用ActionScript作为脚本语言创建动画文件，生成一个格式为*.fla的文件。可以根据开发者的习惯预先选择所需要的as语言版本。选择Flash项目则可以创建一个项目，确定后会打开“项目”面板，可以在该面板中创建新的项目。

在“新建文档”对话框中，单击“模板”选项卡，如图10.20所示。选择相应的文档类型后，单击“确定”按钮，即可新建Flash模板文件。有AIR for Android、动画、范例文件、广告、横幅、媒体播放和演示文稿等几种大类下面若干小类的预设模板供选择。

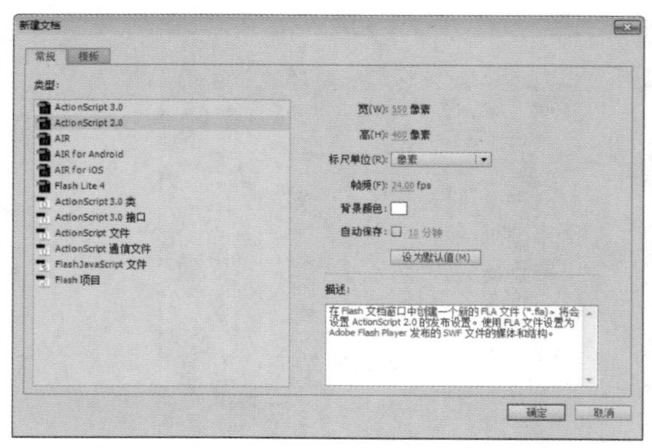

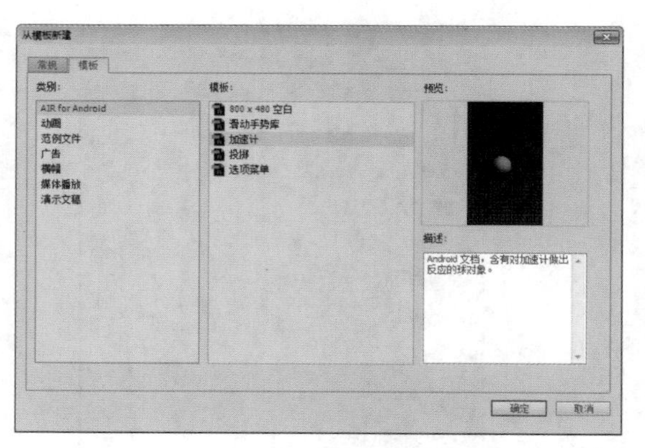

图10.19 “新建文档”对话框

图10.20 “从模板新建”对话框

10.3.2 Flash文档属性

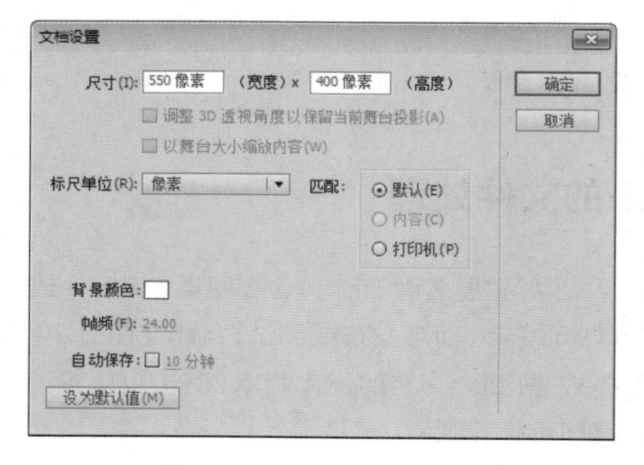

图10.21 “文档设置”对话框

执行“修改”→“文档”命令，可弹出“文档设置”对话框，如图10.21所示，在该对话框中可对文档的相关属性进行设置。

尺寸：可对动画的尺寸进行设置，系统默认的文档尺寸为550像素×400像素。若需要在文档中调整舞台上3D对象的位置和方向，以保持其相对与舞台边缘的外观，可以选中“调整3D透视角度以保留当前舞台投影”选项，默认情况下是选中的。若当修改舞台大小时使舞台中的对象也能自动进行缩放以适应新的舞台大小，可以选中“以舞台大小缩放内容”复选框，默认情况下未选中。

标尺单位：用来设置动画尺寸的单位值，在该选项的下拉列表中可以选择相应的单位，默认为像素。

背景颜色：可以使用该选项右侧的色块□，在弹出的“拾色器”窗口中可以选择动画背景的颜色，系统默认的背景色为白色。

帧频：在文本框中可输入每秒要显示的动画帧数，帧数值越大，则播放的速度越快，系统所默认的帧频为24 fps。

匹配：可以设置Flash文档的尺寸大小与相应的选项相匹配。“默认”为默认选项，表示文档的尺寸为设置的文档尺寸大小；“内容”可以将Flash文档的尺寸大小与舞台内容使用的间距量精确对应；“打印机”则可以将Flash文档的尺寸大小设置为最大的可用打印区域。

10.3.3 打开Flash文件

执行“文件”→“打开”命令，在弹出的“打开”对话框，选择需要打开的Flash文件的路径和文件名，单击“打开”按钮，即可在Flash CS6中打开所选的文件，该操作对应的快捷键为“Ctrl+O”。当然，也可以直接双击Flash关联的动画文件，如*.fla文件等，在Flash窗口中打开。

10.3.4 保存Flash文件

完成Flash文件编辑后，使用“文件”→“保存”命令，即可按原路径保存该文件并覆盖掉编辑前的文件，该操作对应的快捷键为“Ctrl+S”。

若要将编辑前的文件保留，可选择“文件”→“另存为”命令，在弹出的“另存为”对话框中选择新的保存文件路径和新文件名，如图10.22所示，单击“保存”按钮，即可完成操作，该操作对应的快捷键为“Ctrl+Shift+S”。

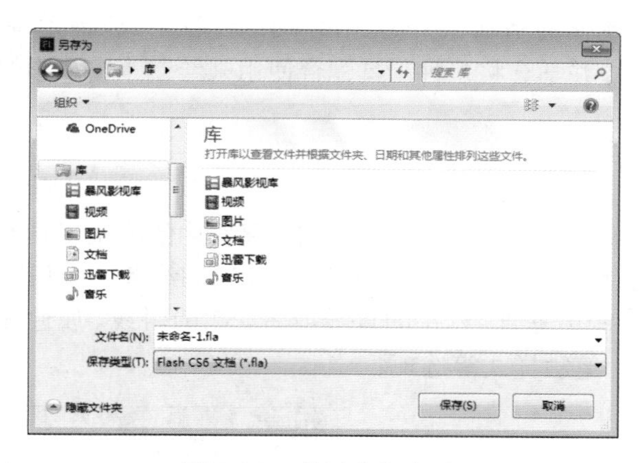

图10.22 “另存为”对话框

10.3.5 关闭Flash文件

使用“文件”→“关闭”命令，即可关闭当前文件，也可以单击该文件窗口选项卡上的“关闭”按钮，或者按快捷键“Ctrl+W”。若执行“文件”→“全部关闭”命令，则会关闭在Flash CS6中已打开的文件。

第11章　Flash基本操作

11.1　基本绘图工具的使用

Flash CS6工具箱中包含各种基本绘图工具和辅助工具，熟练掌握这些工具的作用和使用方法是Flash动画制作的基础和关键。在学习的过程中，应清楚各工具的用途及对应属性面板里各参数的作用，并学会将多种工具配合使用来绘制丰富多彩的图形。

11.1.1　线条工具

"线条工具"的主要功能是绘制直线。单击工具箱中的线条工具，当鼠标移动到工作区后变成十字形，即可使用该工具绘制平滑的直线。绘制线条的过程中若按下"Shift"键的同时拖曳鼠标，可以绘制出垂直、水平的直线或者45°的斜线。属性面板如图11.1所示，包括笔触颜色、笔触高度、笔触样式等选项。

图11.1　"线条工具"属性面板

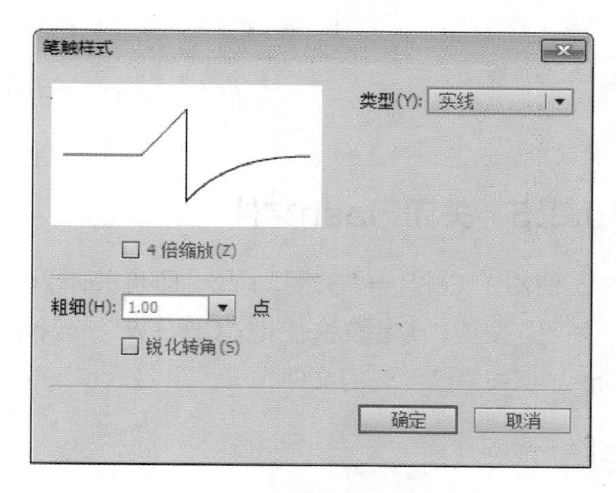

图11.2　"笔触样式"对话框

•笔触颜色：可以设置线条的笔触颜色，单击属性栏中"笔触颜色"工具按钮，在弹出的"颜色样本"面板中直接选取某种预先设置好的颜色作为线条的颜色值，或输入十六进制RGB值。

•填充颜色：由于线条不是封闭区域，所以填充颜色不可选。

•笔触：设置线条的粗细，可以通过调节笔触的值来实现粗细的变化。默认的笔触高度为1像素，滑块和后方文本框中的值相对应，使用哪种方式设置均可。

•样式：通过选择预置笔触样式和自定义笔触来实现样式的变化。在下拉列表中可以选择线条类型，Flash CS6已经预置了一些常用的线条类型，如实现、虚线、点状线、锯齿线、点刻线、斑马线等。单击后方的“编辑笔触样式”按钮，在对话框中可以对所选的笔触样式进行相应的属性设置，如图11.2所示。

• 缩放：限制动画中线条的笔触缩放，以防止出现线条模糊。该选项包括“一般”“水平”“垂直”和“无”4个选项。

• 端点：下拉列表中可选择线条的端点样式，有“无”“圆角”“方形”3种选择。

• 接合：就是指设置两条线段相接处，也就是拐角的端点形状。Flash CS6提供了3种结合点的形状，即“尖角”“圆角”和“斜角”。

11.1.2　几何形状工具

在Flash中使用“形状”工具组可以轻松地创建图形的几何形状，基本的“椭圆工具”和“矩形工具”简单而实用，使用“基本矩形工具”和“基本椭圆工具”可以容易地创建较复杂的形状而无需手动移动各点或合并多个形状。

1.矩形工具

使用“矩形工具”可以绘制长方形和正方形，在绘制矩形时按住“Shift”键拖曳鼠标，则可以绘制正方形，其属性面板如图11.3 所示。默认设置下，绘制出的矩形是直角的，在Flash CS6中也可以绘制圆角矩形，在如图11.3所示的“矩形选项”中填写相应属性即可。

• 矩形选项：用于指定矩形的角半径。直接在各文本框中输入半径的数值即可指定角半径，数值越大矩形的角越圆，若输入负数则为凹角即反向的半径效果，默认绘制直角值为0。如果取消选择“将边角半径控件锁定为一个控件”按钮，则可以分别调整每一个角的半径，制作不对称角的矩形，如图11.4所示。

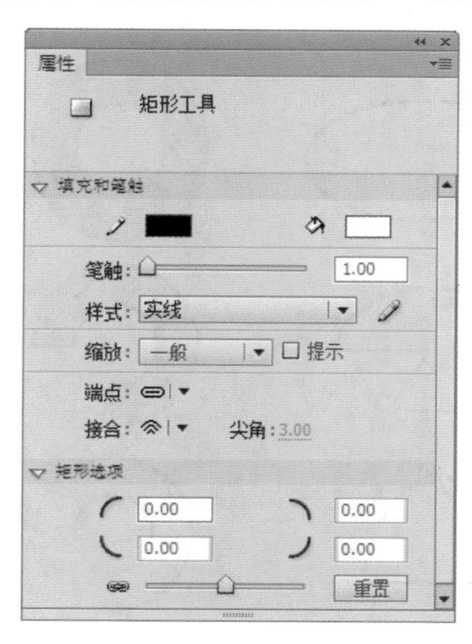

图11.3　“矩形工具”属性面板

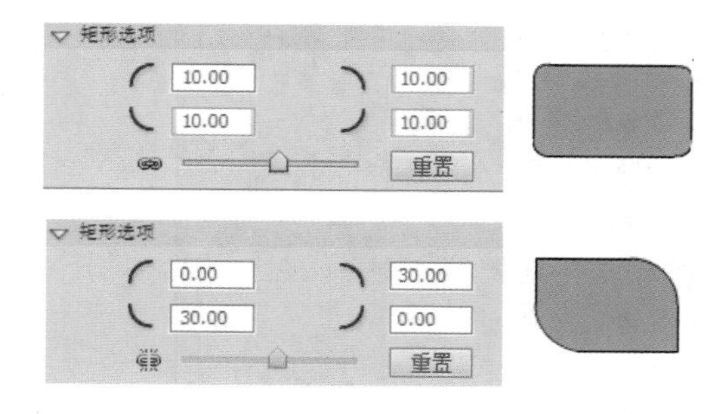

图11.4　“矩形选项”设置及绘制效果

2.基本矩形工具

“基本矩形工具”和“矩形工具”用法类似，属性面板设置也相似，区别在于它的圆角设置。使用“矩形工具”应在绘制前设置矩形选项，绘制后不可调整；而使用“基本矩形工具”绘制矩形后，可以使用“选择工具”对基本矩形四周的控制点进行拖曳操作，调出圆角，如图11.5所示。

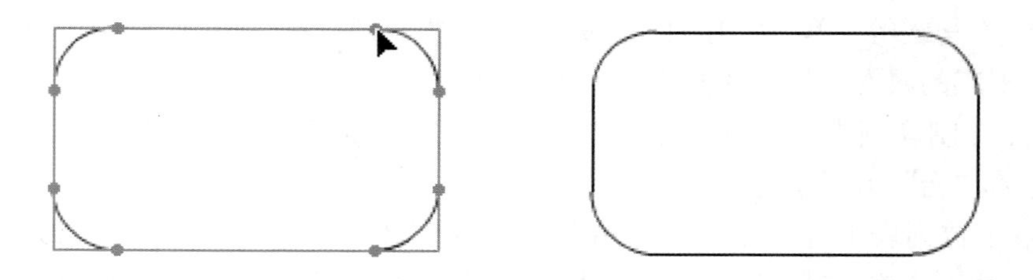

图11.5　基本矩形圆角设置

3.椭圆工具

使用“椭圆工具”绘制的图形是椭圆形或圆形图案，使用方法与矩形工具类似，按住“Shift”键拖曳可绘制正圆形，“椭圆工具”属性面板如图11.6所示。

•开始角度/结束角度：设置椭圆开始点和结束点的角度，值被限定为0～360°，可将椭圆和圆形的形状修改为扇形、半圆形及其他形状。

•内径：用于指定椭圆的内径（及内侧椭圆）。可以在文本框中输入内径值或拖动滑块调整，允许输入的内径数值范围为0~99，表示删除的填充椭圆的百分比值。

•闭合路径：用于指定椭圆的路径是否闭合（如果指定了内径，则有多个路径），默认情况下“闭合路径”是选中的。若不勾选该复选框，会绘制开放路径，无填充只有笔触效果。各参数设置后绘制的图形效果如图11.7所示。

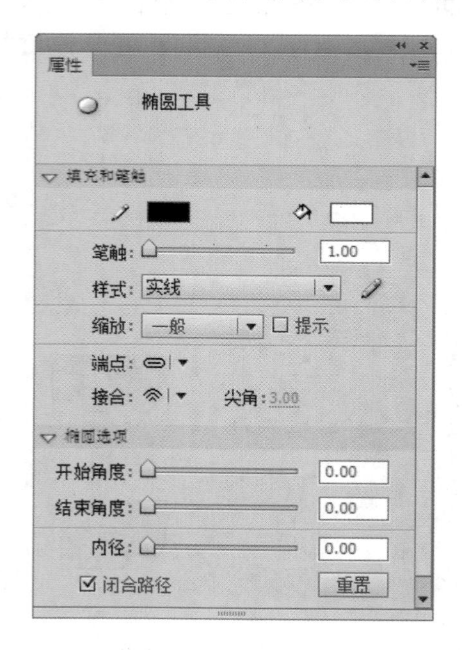

图11.6　“椭圆工具”属性面板

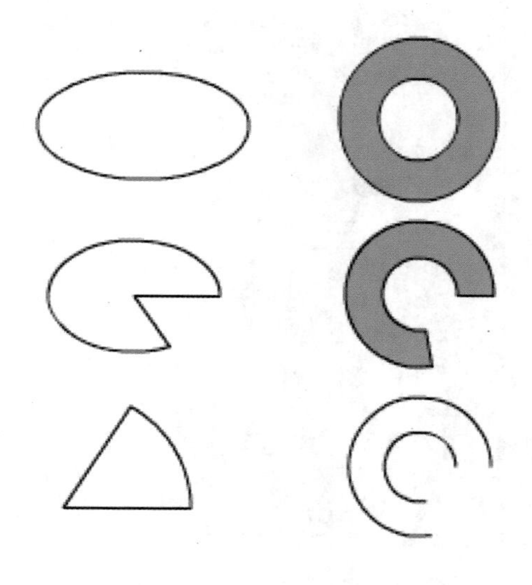

图11.7　可绘制图形效果

•重置：该按钮可将“开始角度”“结束角度”和“内径”的参数恢复为默认值。

4.基本椭圆工具

如需绘制较复杂的椭圆，“基本椭圆工具”可以节省大量的时间。先使用“基本椭圆工具”绘制好图形后，可在“属性”面板中更改角度和内径值等参数，也可直接在图形中拖动控制柄调整图像，创建复杂的形状。其属性面板与“椭圆工具”相似。

5.多角星形工具

“多角星形工具”是一种多用途工具，使用该工具可以绘制多种不同的多边形和星形。单击工具按钮后，在“属性”面板（如图11.8所示）中单击“选项”按钮可以打开“工具设置”对话框，使用该对话框可以设置绘制形状的类型。在“工具设置”对话框中含有可以应用于多边形和星形的两种形状样式。在“边数”文本框中可以设置多角星形的边数，取值范围为3～32，如图11.9所示。“星形定点大小”选项可以控制星形定点的尖锐度，为0～1的值，数值越接近0，星形的角就越尖；数值越接近1，星形的角就越钝。

图11.8　“多角星形工具”属性面板

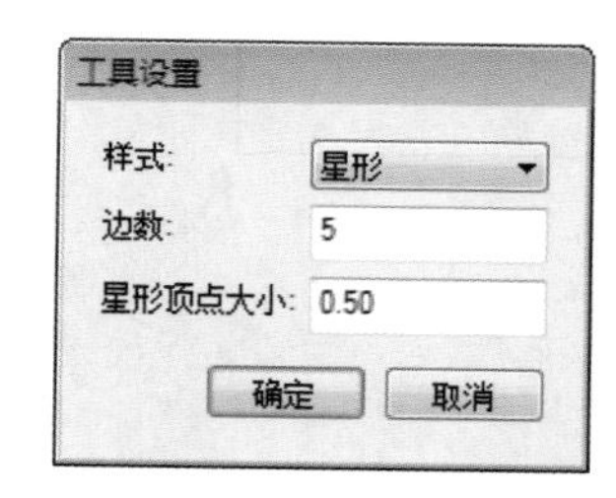

图11.9　“工具设置”对话框

11.1.3　选取工具

选取工具有“选择工具”和“部分选取工具”，用来选择或移动对象，还可以用来编辑对象中的点、线的位置和形状。

1.选择工具

“选择工具”主要用于选取对象并移动对象。

对于由一条线段组成的图形，只需用“选择工具”单击该段线条即可选中。对于由多条线段组成的图形，若只选取其中的某一段线条，只需单击该段线条即可选中，如图11.10所示。对于由多条线段组成的图形，若要选中整个图形，只需用鼠标将要选取的部分用矩形框选即可，如图11.11所示。若要选中整个舞台上的图像，可使用“Ctrl+A”快捷键。选取过程中配合“Shift”键单击，可以依次选取多个对象。

选中的线条会被加粗显示，如图11.12所示。拖曳鼠标操作可将选中的对象移动到指定位置，如图11.13所示。也可在按住“Ctrl”键的同时拖曳鼠标，将选中的图像复制到指定位置。

“选择工具”还具有将直线调整为曲线的功能。选中“选择工具”将鼠标移至需要调整的直线附近（无需单击），当鼠标呈现如图11. 14所示的形状时，单击并拖曳鼠标可将所选线段调整为曲线（图11.15），曲线的弧度和方向由拖动的方向和位移决定。松开鼠标后，线段锁定曲线效果如图11.16所示。

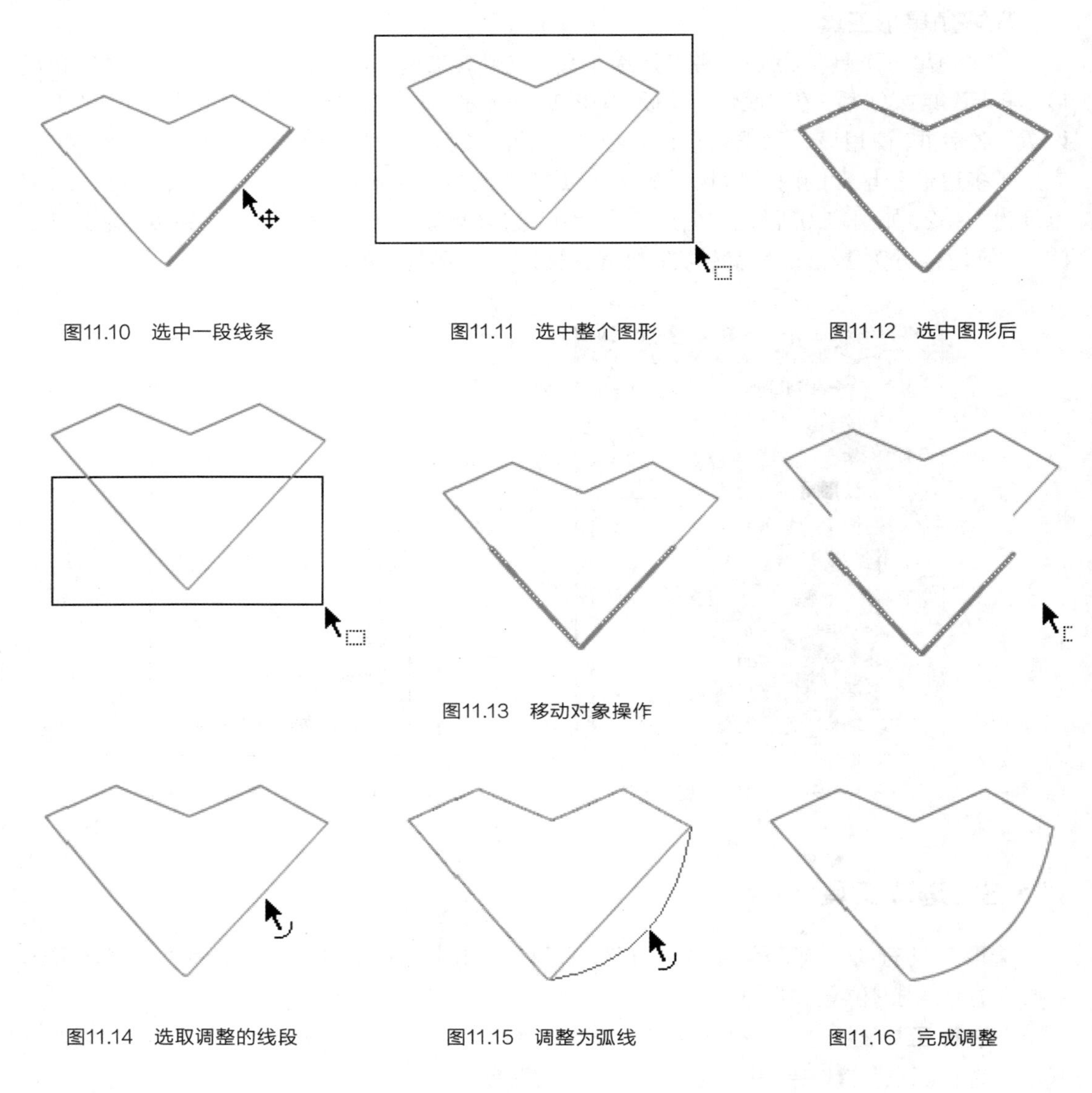

图11.10 选中一段线条

图11.11 选中整个图形

图11.12 选中图形后

图11.13 移动对象操作

图11.14 选取调整的线段

图11.15 调整为弧线

图11.16 完成调整

2.部分选择工具

"部分选取工具" 主要用于对各对象的形状进行编辑。若要选取线条，只需要用"部分选取工具"单击该线条即可。此时线条会呈现绿色，并显示线条上的节点，如图11.17(a)，(b)所示。

若要移动线条，需选中线条中的非节点部分，拖曳鼠标即可移动形状到所要的位置，如图11.17(c)所示。

若要修改路径，只需选中该路径，将鼠标单选需要修改的点，拖曳该点以调整图形，如图11.17(d)所示，到目标位置时松开鼠标即可。

3.套索工具

"套索工具" 主要用于选取任意形状的对象。与Photoshop套索工具一样，使用鼠标在舞台上框选出需要选取的图像即可完成选择。选中图像后的操作与"选择工具"类似。

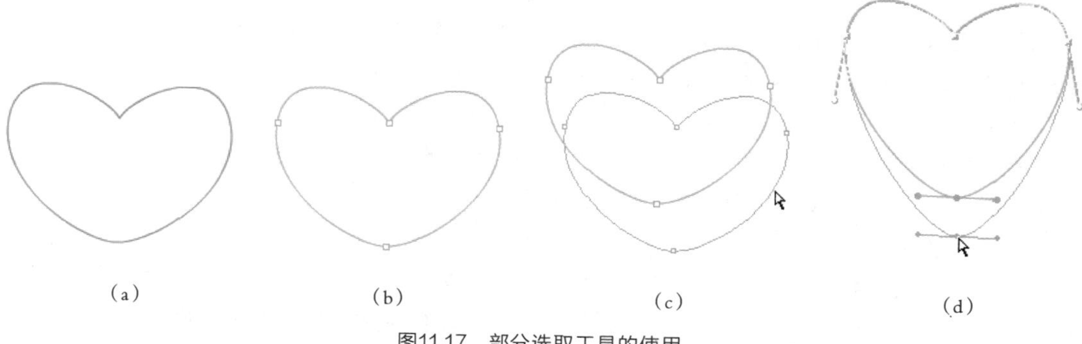

图11.17 部分选取工具的使用

11.1.4 铅笔与刷子工具

在Flash中用于绘制线条和笔触的工具带有应用不同线条处理和形状识别组合的选项，使用这类选项可以准确地绘制和操作基本形状。在使用“铅笔工具”或“刷子工具”绘画时，可以动态地应用这类选项。这些选项是Flash为草图设计者提供的用于轻松绘制精美图形的助手。

1.铅笔工具

“铅笔工具”可以灵活地绘制各种直线和曲线。在绘制前需设置铅笔的属性参数，其中包括线条的颜色、粗细和类型，线条颜色可以通过工具箱中的“笔触颜色”设置，也可以在“属性”面板中设置，铅笔的粗细和线的类型只能在“属性”面板中设置。“铅笔工具”的属性面板如图11.18所示。

选择“铅笔工具”后，在工具箱的最下方会出现其附属工具“铅笔模式”选项，其中包含“伸直”“平滑”和“墨水”3个选项，如图11.19所示。

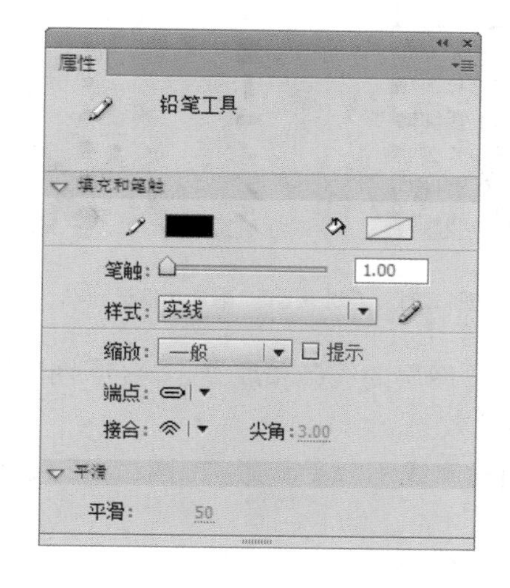

图11.18 “铅笔工具”属性面板

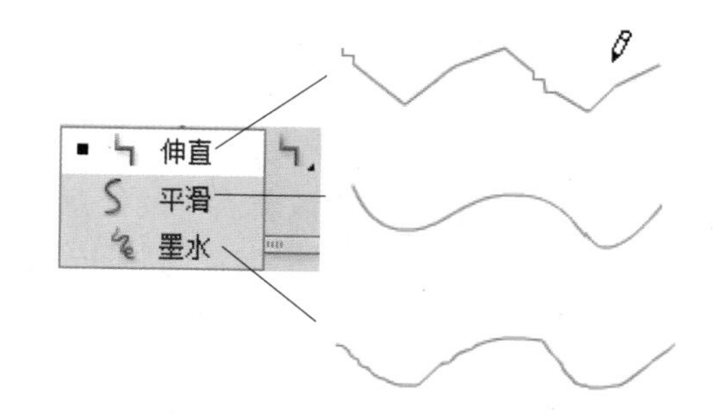

图11.19 “铅笔模式”选项及效果

• 伸直：可以对所绘线条进行自动校正，具有与很强的线条形状识别能力，可以将绘制的近似直线取直，平滑曲线，简化波浪线，自动识别椭圆、矩形和半圆等。

• 平滑：可以自动平滑曲线，减少抖动造成的误差，从而明显地减少线条中的“细小曲线”，得到一种平滑的线条效果。

• 墨水：可以将鼠标所经过的实际轨迹作为绘制的线条，此模式可以在最大程度上保持实际绘制的线条形状，而制作轻微的平滑处理。

2.刷子工具

“刷子工具”可以创建特殊效果，使用“刷子工具”能绘制出刷子般的笔触，是影片中进行大面积上色时使用的工具。与“颜料桶工具”只能给封闭图形填充颜色不同的是，“刷子工具”可以给任意区域和图形进行颜色填充，多用于对填充目标的精度要求不高的对象时使用更灵活。刷子大小在更改舞台的缩放比率级别时也可以保持不变，所以当舞台缩放比率降低时，同一个刷子的大小就会显得更大。使用“刷子工具”进行绘图之前，需要在“属性”面板中设置绘制参数，如图11.20 所示。“刷子工具”属性比较简单，只有填充色的设置和平滑度的设置，其余选项为灰色不可选状态。

选中“刷子工具”后，工具箱的下方会出现刷子的附加功能选项。可以通过“刷子大小”按钮来选择刷子的大小和“刷子形状”按钮来改变刷子的形状，在选项区中单击“刷子模式”按钮后，将弹出“刷子模式”下拉列表框，有5种刷子模式可供选择，如图11.21所示。

图11.20 “刷子工具”属性面板

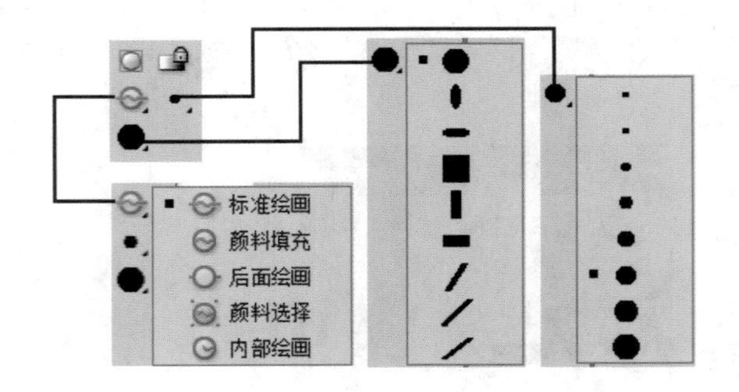

图11.21 “刷子工具”附加功能选项

• 标准绘画：可以涂改舞台中的任意区域，会对同一图层的线条和填充上涂色，图11.22（a）所示为使用刷子的“标准绘画”模式绘制图像后的效果。

• 颜料填充：只能涂改图形的填充区域，图形的轮廓线不会受其影响，图11.22（b）所示是使用“颜料填充”模式绘制图像后的效果。

• 后面绘画：涂改时不会涂改对象本身，制图该对象的背景，不影响线条和填充，如图11.22（c）所示。

• 颜料选择：涂改只对预先选择的区域起作用，如图11.22（d）所示。

• 内部绘画：涂改时只涂改起始点所在封闭曲线的内部区域。如果起始点在空白区域，就只能在这块空白区域内涂改；如果起始点在图形内部，则只能在图形内部进行涂改，如图12.22(e)所示。

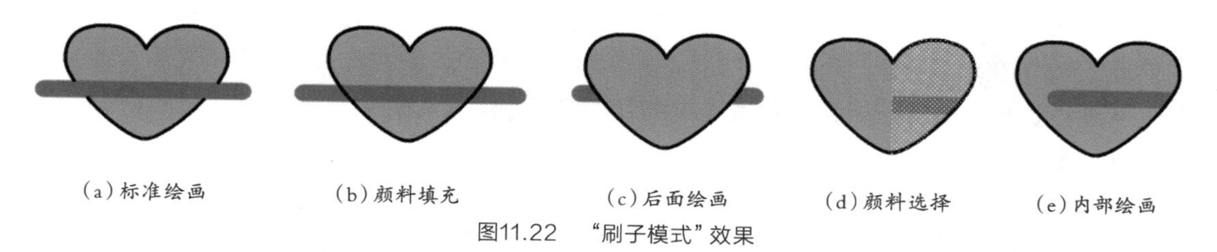

(a)标准绘画　(b)颜料填充　(c)后面绘画　(d)颜料选择　(e)内部绘画

图11.22　“刷子模式”效果

3.喷涂刷工具

“喷涂刷工具” 可以一次性将形状图案“刷”到舞台上，其作用类似于粒子喷射器，默认情况下喷涂刷使用当前的填充色喷射粒子点。也可以选择库中的影片剪辑或图形元件作为图案喷涂。选择“喷涂刷工具”，在“属性”面板中设置相应参数，如图11.23所示。选择“喷涂”选项后的“编辑”按钮，选择库中的“花”元件，如图11.24所示。鼠标变成喷涂状时在舞台上涂抹即可出现如图11.25所示的喷涂效果，相应参数如下。

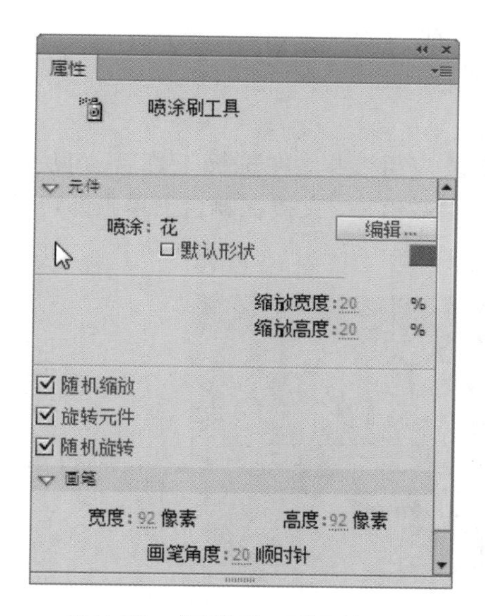

图11.23　“喷涂刷工具”属性面板　　图11.24　使用“花”元件　　图11.25　喷涂效果

• 编辑：单击该按钮，将弹出“选择元件”对话框，可以在列表中选择“库”中的影片剪辑或图形元件用于做喷涂刷粒子。

• 默认形状：如果没有预先存放元件，可以勾选“默认形状”复选框喷涂粒子点。

• 缩放宽度：用来设置喷涂粒子的宽度，当使用“默认形状”喷涂时，用来调整喷涂粒子圆点的大小；当使用自定义元件作为喷涂粒子时，用来调整元件的宽度。

• 缩放高度：用来设置喷涂粒子的高度，仅限于将自定义元件作为喷涂粒子时使用，其值可以调整元件的高度。

• 随机缩放：改变每个喷涂的基本元素的大小。将基于元件或者默认形态的喷涂粒子喷在画面中，其笔触的颗粒大小随机出现。

•旋转元件：将自定义元件作为喷涂粒子时，根据鼠标移动的方向，旋转用于喷涂的基本图形元件。

•随机旋转：将自定义元件作为喷涂粒子时，按随机旋转角度将每个用于喷涂的基本图形元素放置在场景中。

•画笔宽度/高度：表示喷涂笔触的宽度和高度值。

•画笔角度：调整旋转画笔的角度。

4.橡皮擦工具

“橡皮擦工具”可以方便地清除图形中多余的或错误的部分，是绘图编辑中常用的辅助工具。使用“橡皮擦工具”只需要在工具箱中单击，将鼠标移至要擦除的图像上，按住鼠标拖曳，即可将经过路径上的图像擦除。

使用“橡皮擦工具”时，可以在工具箱底部选择“橡皮擦模式”，以应对不同的需求，共有“标准擦除”“擦除填色”“擦除线条”“擦除所选填充”“内部擦除”5种模式供选择，如图11.26所示。5种擦除模式与“刷子工具”的5种模式用法类似。也可以按下“水龙头”按钮直接擦除所选区域内的线条或填充色，是一种智能删除方法，相当于用“选择工具”选中后按“Delete”删除。使用“橡皮擦形状”按钮可修改擦除区域的形状。

“橡皮擦工具”只能对矢量图形进行擦除，对文字和位图无效。双击“橡皮擦工具”可清除舞台上的所有图案。

5.Deco工具

使用“Deco工具”绘图，可以对舞台上的选定对象应用效果。在选择工具后，可从“属性”面板中选择效果，如图11.27所示，设置好相应的参数值后，直接在舞台上单击即可绘制图案。

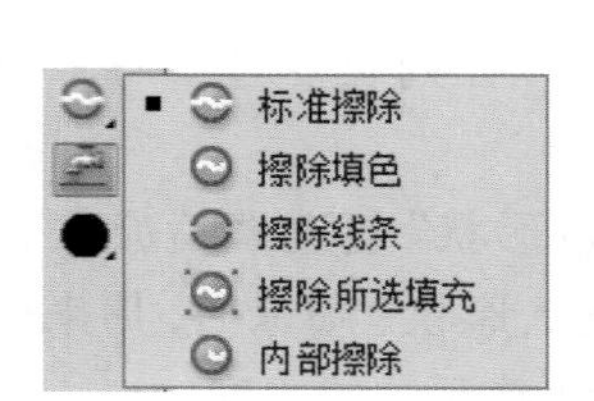

图11.26 橡皮擦模式

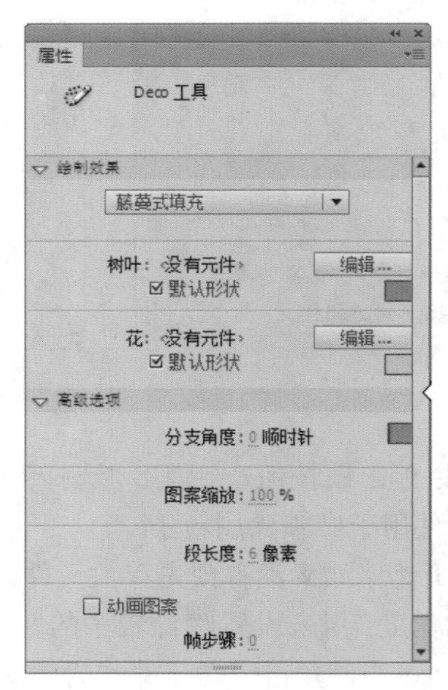

图11.27 “Deco工具”属性面板

在Flash CS6中，Deco工具共提供了13种图案效果，以下列举了3种常用图案效果。

•对称刷子效果：可以使用对称效果来创建圆形用户接口元素（如模拟钟面或刻度盘仪表）和漩涡图案。对称效果的默认组件是25像素×25像素、无笔触的黑色矩形形状，如图

11.28 (a)所示。

• 网格填充效果：使用网格填充效果可创建棋盘图案、平铺背景或用自定义图案填充的区域或形状，如图11.28(b)所示。

• 藤蔓式填充效果：利用藤蔓式填充效果，可以用藤蔓式图案填充舞台、组件或封闭区域，如图11.28(c)所示。

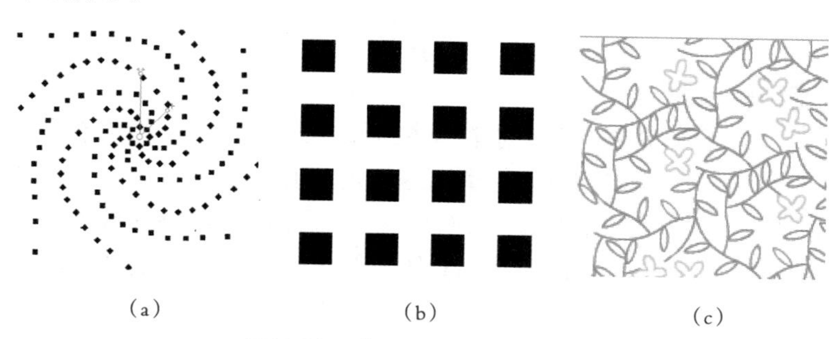

(a)　　(b)　　(c)

图11.28　"Deco工具"图案效果

11.1.5　钢笔工具

"钢笔工具" 用于绘制精确、平滑的路径，各种复杂的图案都可以通过"钢笔工具"轻松完成得很好。"钢笔工具"的属性面板与"线条工具"类似，如图11.29所示。下面重点介绍使用工具箱中"钢笔工具组"中的工具绘制路径的方法，包括"钢笔工具""添加锚点工具""删除锚点工具""转换锚点工具"，如图11.30所示。

图11.29　"钢笔工具"属性面板

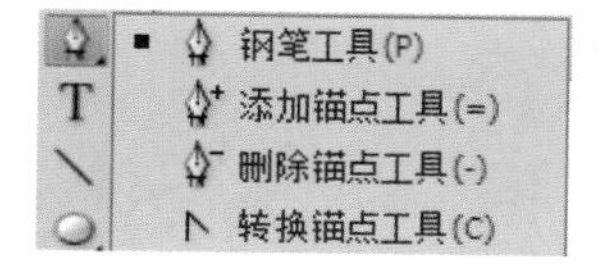

图11.30　"钢笔工具"组

1.绘制曲线

使用"钢笔工具"按钮，在场景中任意位置单击确定第一个锚点，此时钢笔笔尖变成一个箭头状。继续单击绘制另一个锚点，单击同时拖曳鼠标，此时将会出现曲线的切线手柄，如图11.31所示，释放鼠标即可绘制出一条曲线段。

曲线绘制好后，可以按住"Alt"键，当鼠标指针变为形状时，即可移动切线手柄来调整曲线，效果如图11.32 所示，使用相同方法，在场景中再选取一点，拖动鼠标到合适的位置，双击鼠标即可完成曲线段的绘制。

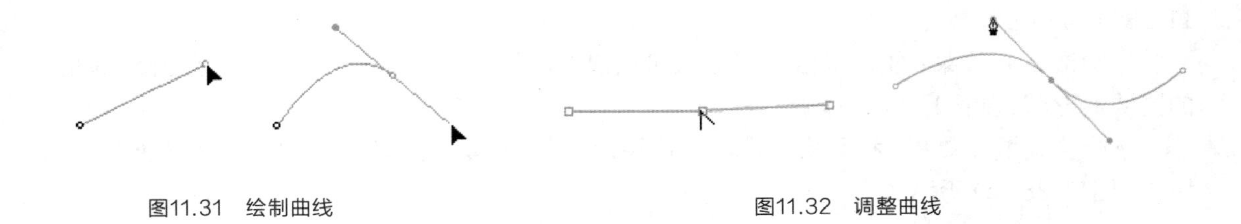

图11.31　绘制曲线

图11.32　调整曲线

2.调整锚点和转换锚点

使用“钢笔工具”绘制曲线，可以创建很多曲线点，即Flash中的锚点。在绘制直线段或连接到曲线段时，会创建转角点，也就是直线路径上或直线和曲线路径结合处的锚点。

使用“部分选取工具”，选中路径上的锚点并移动，可以调整曲线的长度和角度，如图11.33所示。也可以使用“部分选取工具”选中锚点，然后通过键盘上的方向键对锚点进行微调。

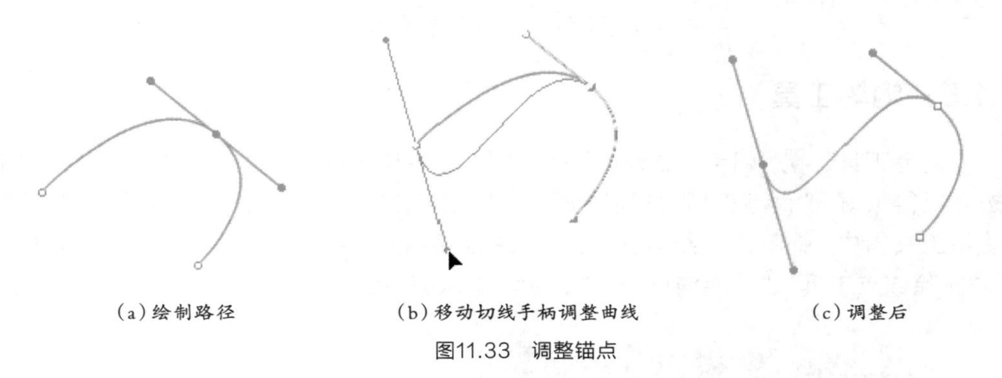

(a)绘制路径　(b)移动切线手柄调整曲线　(c)调整后

图11.33　调整锚点

要将线条中的直线角点转换为曲线段，则可使用“部分选取工具”选中该锚点，按住“Alt”键拖动该点来调整切线手柄，释放鼠标即可将转角点转换为曲线点，转换过程如图11.34所示。也可以使用“转换锚点工具”直接在角点处单击并拖曳鼠标来调整切线手柄，释放鼠标后即完成转换效果。反之，在弧线段中使用“转换锚点工具”单击锚点，也可将弧线点转回成角点。

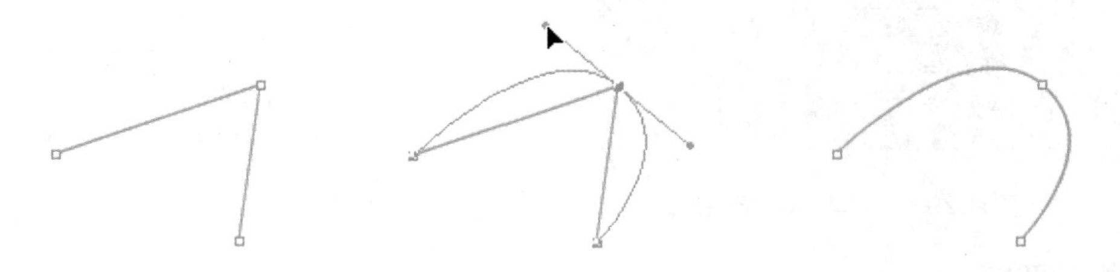

图11.34　转换锚点(角点转成弧线点)

3.添加和删除锚点

使用“钢笔工具”单击并绘制完成一条线段之后，把鼠标移动到任意线段上，当鼠标呈状时，单击即可添加锚点，效果如图11.35所示。除了使用“钢笔工具”外，单击工具箱中的“添加锚点工具”按钮，使用相同的方法，在路径的线段上单击也可完成添加锚点。

图11.35　添加锚点

使用“钢笔工具”，将鼠标指向一个路径的锚点，当鼠标呈状时，单击即可将此点转换为角点，再次将鼠标指向该锚点，鼠标呈状时单击，即可删除此路径锚点，效果如图11.36所示。除了使用“钢笔工具”删除锚点外，也可以单击工具箱中“删除锚点工具”按钮，在需要删除的锚点上单击也可删除锚点，或者单击工具箱中的“部分选取工具”按钮，选中需要删除的锚点并按“Delete”键删除。

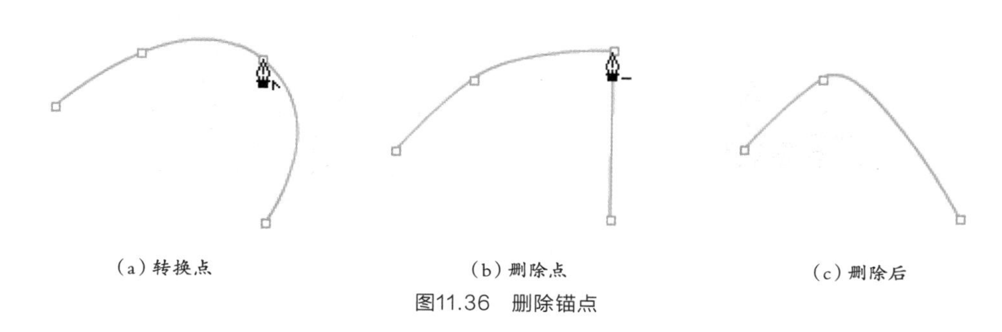

图11.36　删除锚点

11.1.6　颜色工具

制作Flash动画的过程中，给Flash对象添加色彩是一个十分重要的环节，给绘制对象添加丰富多彩的颜色从而来带美的享受。

1.填充颜色和笔触颜色

在Flash中图形的颜色是由笔触和填充组成的，这两种属性决定矢量图形的轮廓和整体颜色，工具箱和属性面板中的“笔触颜色”和“填充颜色”都可以改变笔触和填充的样式及颜色。使用工具箱中的“笔触颜色”和“填充颜色”控件可以快速地设置创建件图形的颜色，单击后面的色块，即可在弹出的“拾色器”窗口中选择适合的颜色，颜色控件及拾色器如图11.37所示。可直接在窗口中选择一种颜色，或在上方文本框中输入十六进制的颜色值。单击“默认填充和笔触”按钮可恢复默认的白色填充和黑色笔触颜色；单击“交换填充和笔触”按钮，可交换填充和笔触颜色。

2.颜色面板

使用“颜色”面板可以动态地应用填充，在对象被创建前后都可以更改和处理对象的颜色，执行“窗口”→“颜色”命令即可打开“颜色”面板。

在“颜色类型”的下拉列表中选择“纯色”选项，可以给对象填充纯色，调整颜色的RGB（红、绿、蓝）值和HSB（色相、饱和度、亮度）值即可选定颜色，图11.38所示为“颜色”面板和图形填充纯色后的效果。

图11.37 颜色控件及“拾色器”窗口

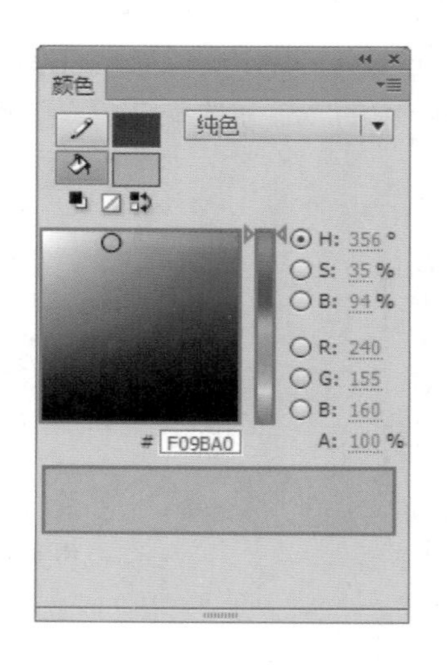

图11.38 “颜色”面板和填充“纯色”的图像

渐变颜色的填充是一种多色填充，即由一种颜色逐渐过渡到另一种颜色，使用渐变色填充可以创建一个或多个对象间平滑过渡的颜色，从而制作出绚丽的效果。“线性渐变”是沿着一条轴线的方向来改变颜色，可在“颜色”面板的“颜色类型”列表中选取，设置渐变面板上的滑块颜色，即可为图形填充线性渐变，“颜色”面板和图像填充效果如图11.39所示。“径向渐变”则是从一个中心焦点向外放射来改变颜色，其设置与“线性渐变”相似。

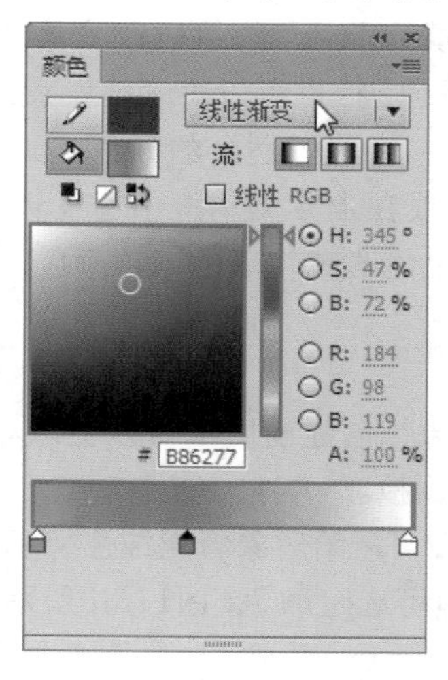

图11.39 “颜色面板”和填充“线性渐变”的图像

•流：选项区可以控制超出线性或径向渐变限制应用的颜色范围。包含“扩展颜色”按钮，用来将指定的颜色应用于渐变末端之外。“反射颜色”按钮，利用反射径向效果使用渐变颜色填充形状。指定的渐变色从开始到结束，再以相反的顺序从渐变的结束到开始，如此循环直到所选形状填充完毕。“重复颜色”按钮，从渐变的开始到结束重复渐变，直到所选形状填充完毕。

•线性RGB：选择此项，可创建兼容SVG（可伸缩的矢量图形）的线性或径向渐变。

•渐变编辑区：可以添加和删除渐变滑块，通过编辑滑块的颜色调整渐变色并能创建多色渐变。将鼠标移动到渐变编辑区下方，当鼠标变成形状时，如图11.40（a）所示，单击鼠标即可添加渐变滑块，如图11.40（b）所示。按住滑块拖离渐变编辑区，则可删除渐变滑块，从而删除渐变颜色。单击滑块可在“调色板”窗口选择颜色。

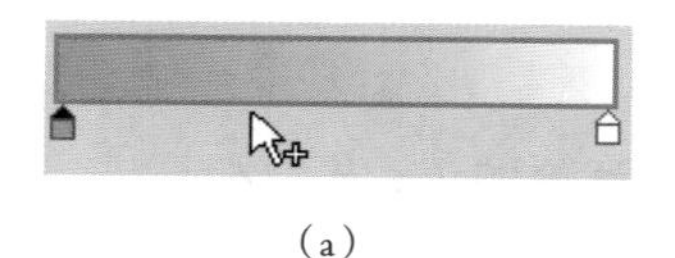

（a）

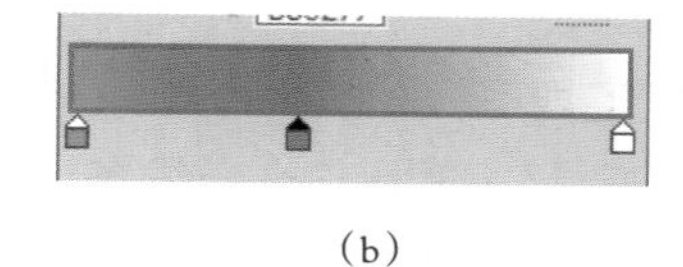

（b）

图11.40　渐变编辑区

在“颜色类型”的下拉列表中选择“位图填充”选项，可以将位图应用到图形对象中，在应用时位图会以平铺的形式填充图形。若没有位图导入选项，会弹出“导入到库”对话框，在该对话框中选择相应的位图文件，如图11.41（a）所示，单击“打开”按钮，可看到“颜色”面板中已有导入的该位图图标，如图11.41（b）所示，在封闭区域内绘图即可出现图11.41（c）所示的填充效果。

（a）“导入到库”对话框

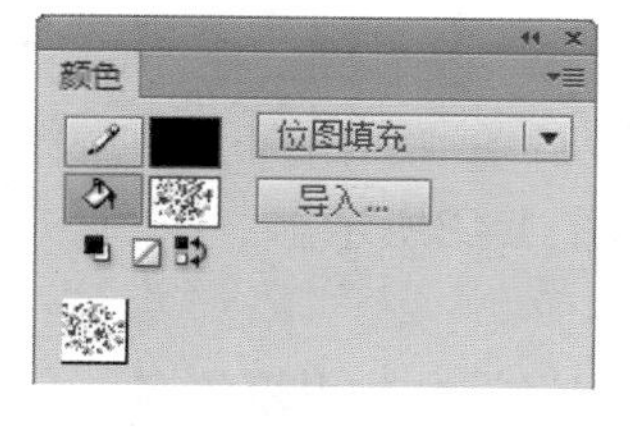

（b）“颜色”面板

（c）绘制椭圆区域

图11.41　“位图填充”选项

3.颜料桶工具

“颜料桶工具”是绘图编辑中常用的填色工具，对封闭的轮廓范围或图形块区域进行颜色填充。这个区域可以是无色区域，也可以是有颜色的区域。填充颜色可以使用纯色，也可以使用渐变色，还可以使用位图。单击工具箱中的“颜料桶工具”，鼠标在工作区中变成一个小颜料桶即可开始填色了。

“颜料桶工具”有3种填充模式：单色填充、渐变填充和位图填充。通过选择不同的填充模式，可以使用颜料桶制作出不同的效果。在工具箱的底部有“颜料桶工具”的附加功能选项“空隙大小”和“填充锁定”。

单击“空隙大小”按钮，弹出一个下拉列表框，如图11.42所示，可以选择填充时判断近似封闭的空隙宽度，不封闭的区域无法填充。有“不封闭空隙”“封闭小空隙”“封闭中等空隙”和“封闭大空隙”4个级别选项。填充区域的空隙大小是一个相对的概念，空隙尺寸过大，颜料桶将无法填充颜色。

单击“填充锁定”按钮，可锁定填充区域无法编辑，其作用和“刷子工具”的填充锁定功能相似。

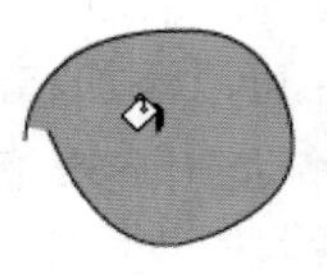

图11.42 “空隙大小”按钮及填充效果

4.墨水瓶工具

“墨水瓶工具”用来改变线条或形状轮廓的笔触颜色、宽度和样式，对直线或形状轮廓只能应用纯色，而不能应用渐变或位图。选择工具箱中的“墨水瓶工具”，打开“属性”面板，设置笔触颜色和笔触高度等参数后，在图像上单击即可绘制图像轮廓。

11.2 文本的使用

文本是动画制作中必不可少的关键性元素，它能够突出表达动画的主题内容，传达信息。使用Flash中的文本工具可以创建不同风格的文字对象。

11.2.1 文本的类型

单击工具箱中的“文本工具”按钮T，在“属性”面板中单击“文本引擎”按钮，在弹出的下拉列表中可以看到两种文本引擎，如图11.43所示。

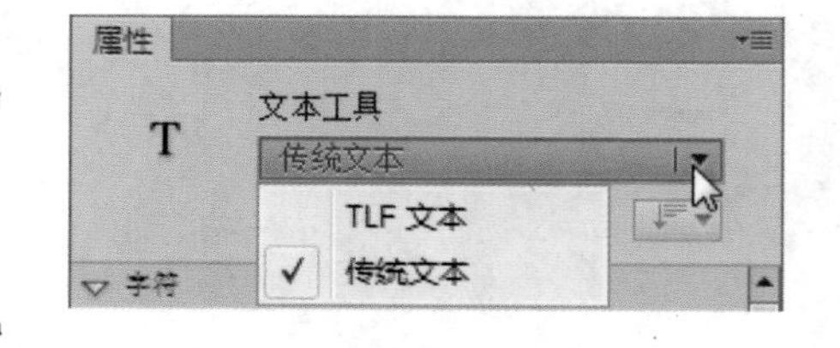

图11.43 “文本工具”的“属性”面板

1.传统文本

传统文本是Flash CS6中早期文本引擎的名称，包含静态文本、动态文本和输入文本3种文本类型。

• 静态文本：文本内容在影片制作时已确定，在没有制作补间动画的前提下，播放过程中不可改变。由于静态文本不具备对象的基本特征，没有自己的属性和方法，无法对其进行命名，因此不能通过编程使用静态文本制作动画。

• 动态文本：动态文本是对象，不是依靠键盘输入来改变的，主要通过脚本在影片播放过程中对其内容进行修改。动态文本只允许动态显示，却不允许动态输入。

• 输入文本：输入文本也是对象，和动态文本有相同的属性和方法，在影片制作过程中文本内容可有可无，其内容主要是通过播放时人工键盘输入来改变的。输入文本的创建方法与动态文本也是相同的，其唯一区别是需要在“属性”面板中的“文本类型”中选择“输入文本”选项。当用户需要使用Flash开发涉及在线提交表单这样的应用程序时，就需要一些可以让用户实时输入数据的文本域，即“输入文本”。

2.TLF文本

TLF文本具有比传统文本更强大的功能，TLF文本同样包含3种文本类型：只读、可选和可编辑。需使用Flash Player10或ActionScript3.0以上版本。

- 只读：该文本是指当作为SWF文件发布时，此文本将无法选中或编辑。
- 可选：该文本是指当作为SWF文件发布时，此文本可以选中并可以将其复制到粘贴板中，但是不可以编辑。
- 可编辑：该文本是指当作为SWF文件发布时，此文本不仅可以选中，而且还可以编辑。

11.2.2 文本的属性设置

文本的基本属性包括文本类型，文本的字体、字号，文本颜色，切换粗体，改变文本方向，对齐方式和格式选项等。

1.字体

在文本“属性”面板上的“系列”下拉列表中，可以选择硬盘上存储的某个字体作为文本的字体，如图11.44所示；也可以通过执行“文本”→“字体”菜单命令，在弹出的快捷键菜单中选择一种字体。

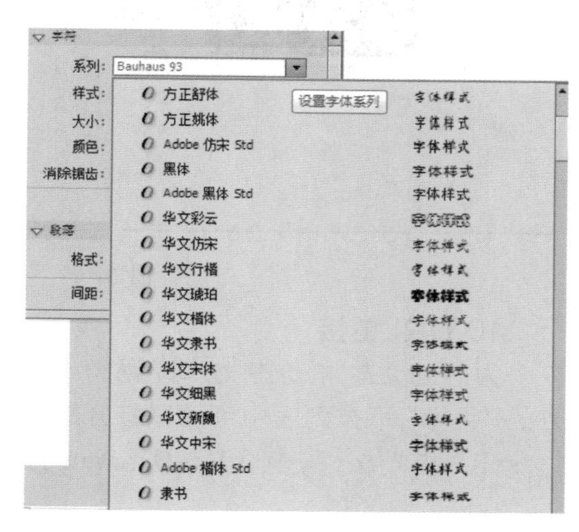

图11.44　“字体”属性选择

2.字体大小

改变字体大小有以下3种方式。第一种，可以通过直接在字体大小文本框中拖曳来改变文字的大小。第二种，可以直接在字体大小文本框中输入想要的字号，这种方法最为准确。第三种，执行“文本”→“大小”菜单命令，来选择当前文字的字体大小。

3.文本（填充）颜色

要设置或改变当前文本的颜色，可以单击颜色:按钮调出颜色样板，在颜色样板中选择即可。

4.改变文本方向

单击“改变文本方向”按钮，在弹出的下拉列表中进行选择，可以改变当前文本输入的方向，切换横排或直排文字，需选择“静态文本”。

5.对齐方式

在“段落”选项组的“格式”一栏中提供了4个按钮，分别是“左对齐”“居中对齐”“右对齐”和“两端对齐”。使用这4个按钮可设置当前段落选择文本的对齐方式。

6.字母间距

字母间距的设置只在文本类型为“静态文本”时才起作用，用户可以使用它调整选定字符或整个文本块的间距。在“字母间距”中输入数字，字符之间会插入统一的间距。

7.实例名称

实例名称用来标识不同的文本，此名称主要用于脚本编辑中对文本的称呼，只有动态

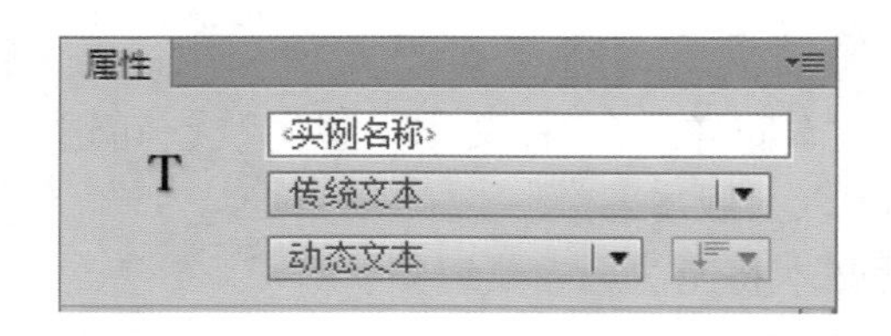

图11.45 “实例名称”属性框

文本和输入文本有此属性，如图11.45所示。

8.显示边框

“在文本周围显示边框”只有动态文本和输入文本才有此功能，单击此按钮，在影片输出后，文字的周围会出现矩形线框。

9.可选

单击“可选”按钮，影片输出后，可以对文本进行选取，并可单击鼠标右键弹出文本快捷菜单对文本进行操作，如图11.46所示。没有选择此项，则影片输出后，不能对文本进行选取，且单击鼠标右键后弹出的菜单内容不包含文本操作。

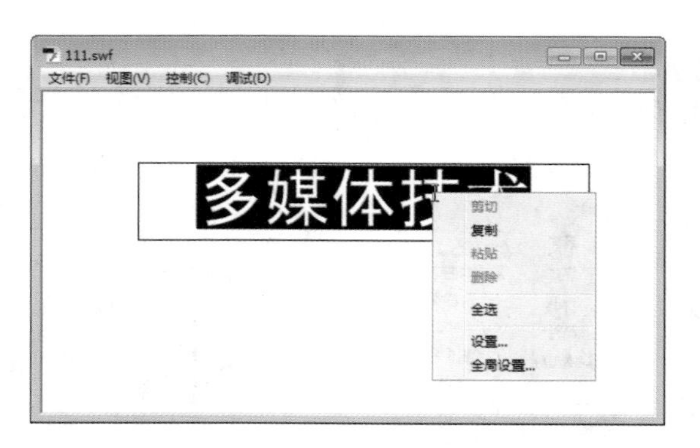

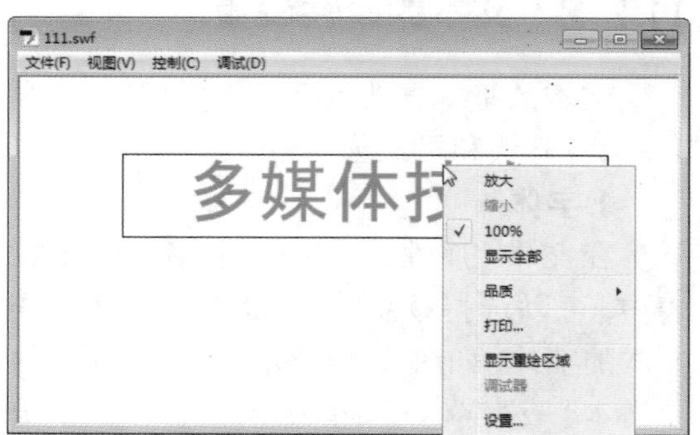

图11.46 “可选”与“不可选”文本

10.URL链接

为静态文本和动态文本设置超级链接，在“链接”文本框中输入链接的地址。在下方的“目标”下拉列表中可设置打开超级链接的方式，有4种选项“_blank”“_parent”“_self”和“_top”，其含义与Dreamweaver中类似。

11.2.3 文本的编辑

对文本进行编辑可以将输入的文本看做一个整体，也可以将文本中的每一个文字作为独立的编辑对象。需要改变整体的文本，一般是对文本的字体、大小、颜色、整体的倾斜度等进行调整。对文本中独立的文字进行编辑，且多为剪切、复制、粘贴等操作。对文本整体的编辑操作步骤，首先使用“文本工具”在舞台中输入文本，接着使用工具箱中的“选取工具”选择舞台中的文本块，最后使用工具箱中的“任意变形工具”，文本四周出现调整手柄并显示出文本的中心点，即可T拖动手柄对文本进行大小调整、倾斜角改变、旋转、拉伸等操作了。删除、复制、剪切和粘贴文本都可以使用菜单命令或相应快捷键完成。

1.分离文本

选中文本整体后，在使用“任意变形工具”对文本进行编辑时，工具箱底部“工具选项区”中可以选择“旋转与倾斜”和“缩放”两项，而另两个选项“扭曲”和“封套”则不可用，如图11.47所示。

图11.47 “任意变形工具”选项区

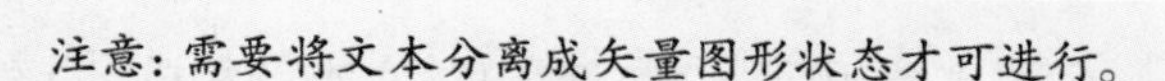

注意：需要将文本分离成矢量图形状态才可进行。

许多更复杂的变形操作，如扭曲、封套、变形文字的某一部分等，必须先将文本分离。

Flash CS6默认分离前的文本为一种特殊的格式，不同于位图和矢量图的格式。分离后的文本被作为矢量图进行编辑。在制作许多静态文字效果时，如渐变颜色、浮雕字等，都需要先把文字分离再对其进行颜色填充、形状改变来达到要求的效果。

若是多个字组成的文本块，需要对其进行两次分离才能完成。第一次分离是将文本块分离为多个以独立文字为单位的小文本块；再次分离则分离成图像文字，如图11.48所示。还可以使用“修改”→“时间轴”→“分散到图层”命令将其分散到不同图层中。

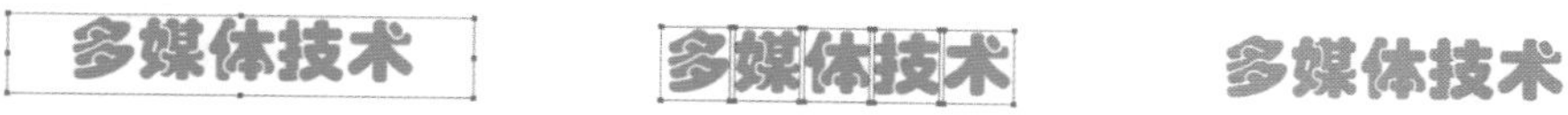

多媒体技术　　多媒体技术　　多媒体技术

图11.48　“分离”文本前后

2.文字描边

使用Flash还可以编辑描边文字，沿着文字轮廓为其添加各种颜色线条。这种编辑只能对被分离为矢量图形的文本使用。即选择工具箱中的“墨水瓶工具”，在属性面板中设置笔触颜色、笔触样式和线的粗细后，选择分离的文本单击鼠标，即可为文字描边，如图11.49所示。

3.创建动态文本

动态文本框创建的文本内容是可以在影片制作过程中输入，在影片播放过程中动态变化的，而此变化是运用ActionScript脚本来控制，是交互式动画的常用手法。

创建动态文本，先选择“文本工具” T，在舞台中拖出一个矩形框，设置文本的字体字号等属性。在“属性”面板中设置文本类型为“动态文本”，在“选项”分类中的变量框中填写一个变量名为word，并给该文本框命名，如图11.50所示。在“动作”窗口中分别为每一帧的动态文本word赋值，5帧赋5个不同的word值，最后给按钮添加动作脚本，让“动态文本”随机显示这5个文本内容，效果如图11.51小窗所示。

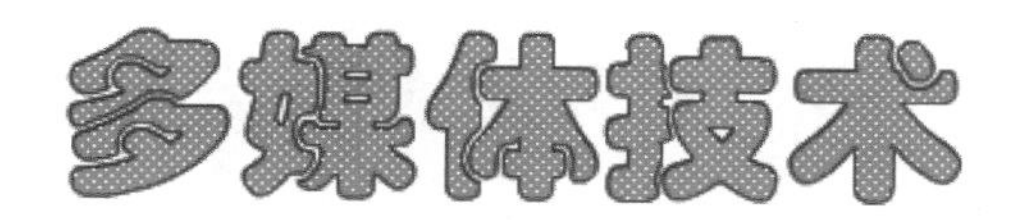

图11.49　描边文字

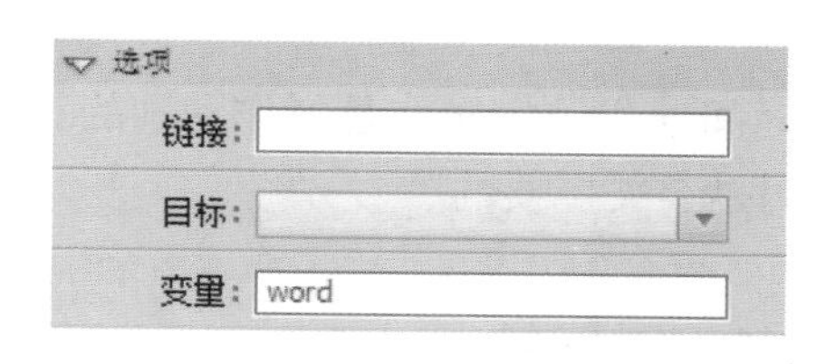

图11.50　“动态文本”的变量名称

4.创建输入文本

输入文本多用于表单页面中，是一种交互式文本格式，类似于HTML中的文本框，用户可以在其中输入文本。创建输入文本的方式与普通文本相同，只需在“属性”面板的“段落”分类中“行为”下拉列表框选择相应的文本行为，如图11.52所示，用户名的输入文本为“单行”，密码的输入文本为“密码”，用户使用flash影片时，密码文本会用密文显示。

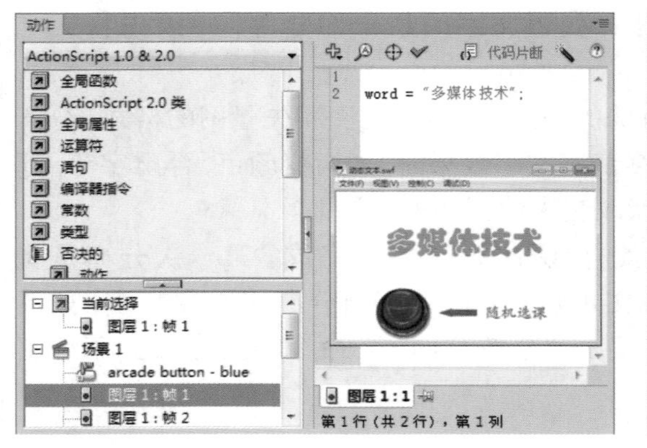

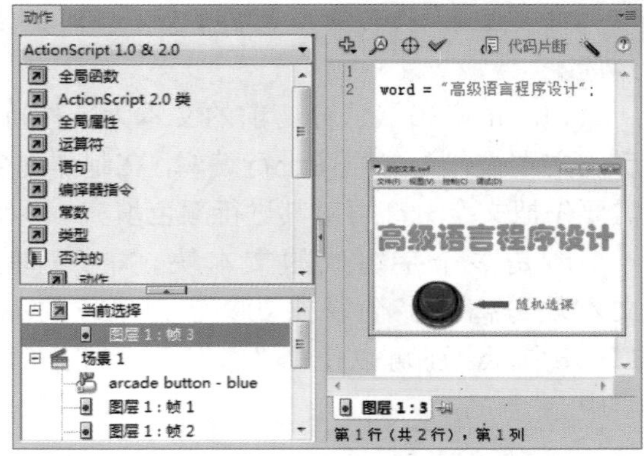

图11.51 动态文本

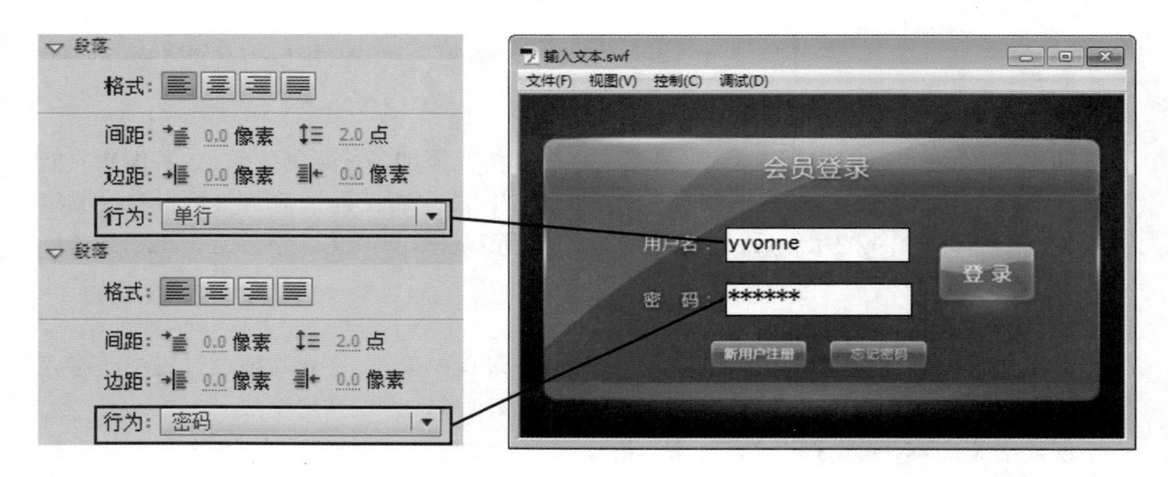

图11.52 输入文本

11.3 时间轴与帧

时间轴和帧的操作是制作动画的基本操作，绝大多数复杂的动画制作中，时间轴和帧的使用是至关重要的。

11.3.1 时间轴

"时间轴"面板可以根据使用习惯拖曳到舞台的任意位置或称为浮动面板，默认在舞台的上下方，可使用"窗口"→"时间轴"命令来显示或隐藏"时间轴"面板。时间轴由图层、帧和播放头组成，如图12.53所示。

- 控制按钮：用来执行播放动画的相关操作，分别是"转到第一帧""后退一帧""播放""前进一帧"和"转到最后一帧"。
- 帧居中：将播放头所处位置的帧置于"时间轴"的中央位置。
- 循环：单击该按钮，在"时间轴"中设置一个循环的区域，就可以循环预览区域内的动画效果。

•绘图纸按钮组：在场景中进行多帧编辑时可用绘图纸按钮组中的功能配合操作，包含“绘图纸外观”“绘图纸外观轮廓”“编辑多个帧”和“修改标记”等按钮。

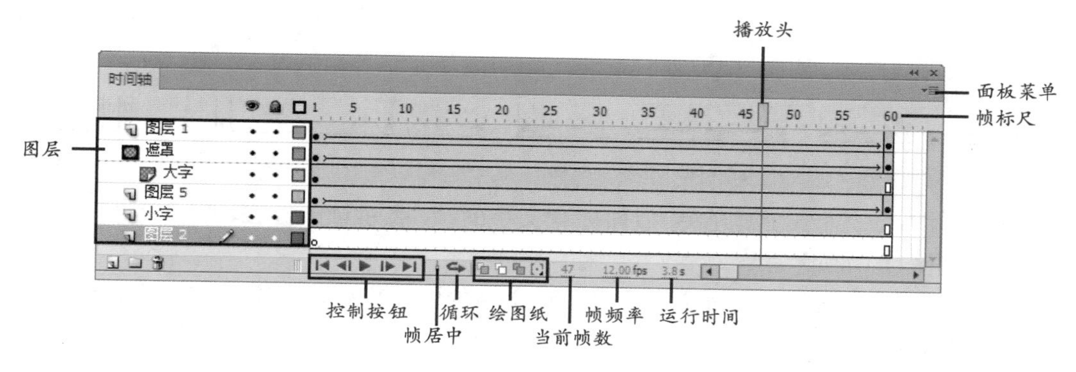

图11.53 “时间轴”面板

•当前帧数：显示当前选中的帧编号。

•帧频率：表示每秒播放的帧数，单位是每秒帧数（fps），这个值可以用来调整动画的播放速度。

•运行时间：表示动画从当前帧开始到结束的运行时间，单位是秒（s）。

11.3.2 帧

帧是动画的基本组成单位，Flash动画都是通过对时间轴中帧进行编辑后连续播放而制作完成的。Flash在时间轴上用不同的标识来显示不同的帧，掌握各种类型的帧，是完成动画的基本。

•空白帧：帧中不包含任何对象（图形、声音和影片剪辑等），相当于空白影片，什么内容都没有，如图11.54所示。

•关键帧：定义动画中的关键元素，包含任意数量的元件和图形等对象，在其中可以定义对动画对象属性所做的改变，用黑色实心原点表示，如图11.55所示。

•空白关键帧：空白关键帧与关键帧的性质和行为完全相同，但不包含任何内容，表示还未编辑的关键帧，用空心原点表示，如图11.56所示。当新建一个图层时，会自动新建一个空白关键帧在第1帧。

图11.54 空白帧　　图11.55 关键帧　　图11.56 空白关键帧

•普通帧：一般在影片制作过程中，常在一个含有图案的关键帧后面添加一些普通帧，使图案延续一段时间，通常为灰色，如图11.55和图11.56所示。空白关键帧后出现的普通帧为白色。

•动作渐变帧：在两个关键帧之间创建动作渐变后，中间的过渡帧称为动作渐变帧也称为动作渐变补间，用浅蓝色填充并用箭头连接，表示物体动作渐变的动画，如图11.57所示。

•形状渐变帧：在两个关键帧之间创建形状渐变后，中间的过渡帧称为形状渐变帧也称为形状渐变补间，用浅绿色填充并由箭头连接，表示物体形状渐变的动画，如图11.58所示。

• 不可渐变帧：在两个关键帧之间创建动作渐变或形状渐变未成功，用浅蓝色或浅绿色填充并由虚线连接的帧，如图11.59所示。

• 动作帧：为关键帧或空白关键帧添加脚本后，帧上出现ActionScript语言标识字母a，表示该帧为动作帧，如图11.60所示。

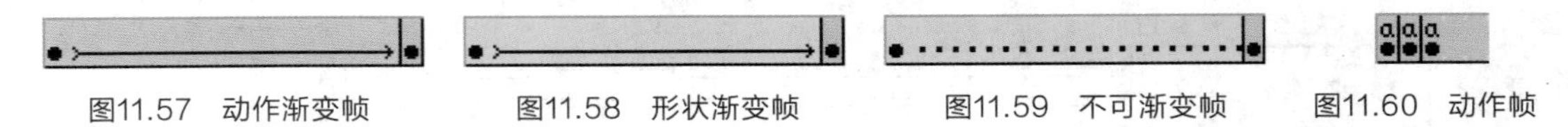

图11.57 动作渐变帧　　图11.58 形状渐变帧　　图11.59 不可渐变帧　　图11.60 动作帧

• 标签帧：以一面小红旗开头，后面标有文字的帧，表示帧的标签，也可以将其理解为帧的名字，如图11.61所示。

• 注释帧：以双斜杠为起始符，后面标有文字的帧，表示帧的注释。在制作多帧动画时，为了避免混淆，可以在帧中添加注释，如图11.62所示。

• 锚记帧：以锚形图案开头，同样后面可以标有文字，如图11.63所示。

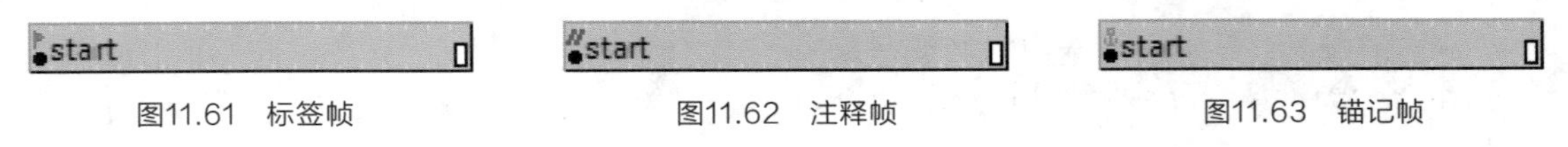

图11.61 标签帧　　图11.62 注释帧　　图11.63 锚记帧

11.3.3 帧的编辑

熟练掌握帧的编辑方法，是Flash动画制作的基础。帧的类型比较复杂，不同的帧在影片中起到的作用虽各不相同，但对于帧的各种编辑操作都是相同的。

1.移动播放指针

播放指针是用来指定当前舞台显示内容所在的帧。在创建了动画的时间轴上，随着播放指针的移动，舞台中的内容也会随着当前帧的位置变化。当然，指针的移动并不是无限的，当移动到时间轴中定义的最后一帧时，指针便不能再拖曳，没有进行定义的帧是播放指针无法到达的。

2.插入帧

在时间轴上需要插入帧的位置单击鼠标右键，在弹出的快捷菜单中选择“插入帧”命令，也可以使用“插入”→“时间轴”→“帧”命令或在选择该帧后按“F5”键，即可在该帧处插入一个过渡帧，其作用是延长关键帧的作用时间，如图11.64所示。

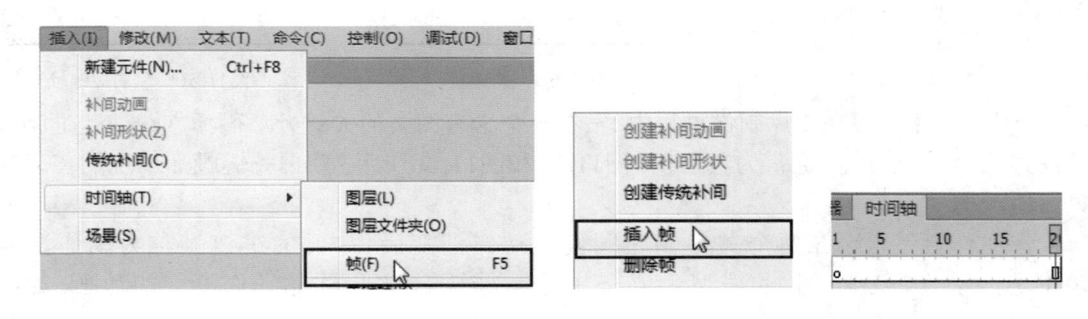

图11.64 插入帧

同样的方法，在时间轴上选择需要插入关键帧的位置后，执行“插入”→“时间轴”→“关键帧”命令，或者按“F6”键，以及右键菜单中选择“插入关键帧”命令，可以在当前位置插入一个关键帧，如图11.65所示。此关键帧会复制前一个关键帧中的图像内容。

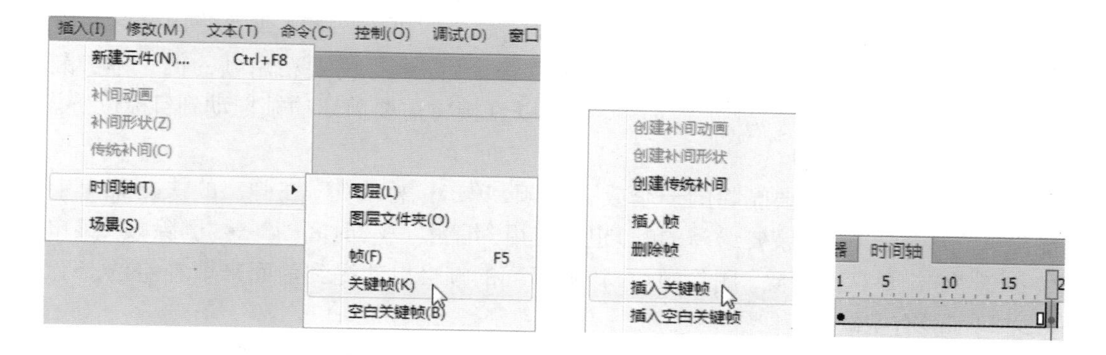

图11.65 插入关键帧

在时间轴上选中需要插入空白关键帧的位置后，执行“插入”→“时间轴”→“空白关键帧”命令，或者按“F7”键，以及在右键菜单中选择“插入空白关键帧”命令，可以在当前位置插入一个空白关键帧，如图11.66所示。空白关键帧的作用是将关键帧的作用时间延长至指定位置。

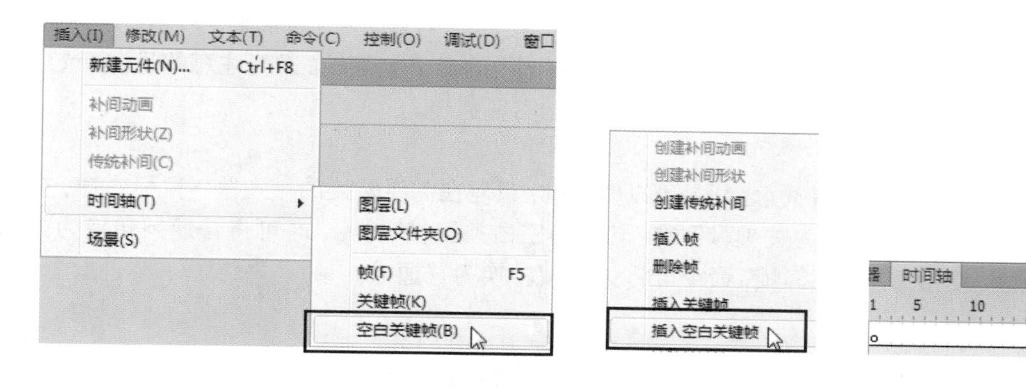

图11.66 插入空白关键帧

3.选取帧

帧的选取可以分为单帧选取和多帧选取。选取单个帧，可以直接单击该帧，或者选取舞台中的内容，该内容所在的帧即被选中。选取多个帧的方法有，在所要选择的帧的头帧或尾帧按鼠标左键不放，拖曳鼠标到所要选取的帧的另一端；或在要选择的帧的头帧或尾帧单击选中后按住“Shift”键，再单击所选多帧的另一端，而选中多个连续的帧；若要选取某一图层上的所有帧，可以直接单击图层。

4.复制帧

选中需要复制的一个或多个帧，使用“编辑”→“复制”命令后在需要粘贴帧的位置单击鼠标左键，执行“编辑”→“粘贴到当前位置”命令即可粘贴帧。或者使用鼠标右键单击需要复制的帧，在弹出的菜单中选择“复制帧”命令后，选择需要粘贴帧的位置单击鼠标右键，在弹出的菜单中选择“粘贴帧”命令。也可以按住“Alt”键拖动需要复制的帧到目标位置。

5.剪切帧

选中需要剪切的一个或多个帧，使用“编辑”→“剪切”命令后在需要粘贴帧的位置单击鼠标左键，执行“编辑”→“粘贴到当前位置”命令即可粘贴帧。或者使用鼠标右键单击需要剪切的帧，在弹出的菜单中选择“剪切帧”命令后，选择需要粘贴帧的位置单击鼠标右键，在弹出的菜单中选择“粘贴帧”命令。也可以直接将需要剪切的帧拖动到目标位置。

6.删除帧和清除帧

在时间轴上选择需要删除的一个或多个帧，单击鼠标右键，在弹出的快捷菜单中选择“删除帧”命令，即可删除被选择的帧，也可使用“编辑”→“时间轴”→“删除帧”菜单命令或快捷键“Shift+F5”删除。删除帧后，该帧后面的帧会自动提到前面来填补空位，Flash中两帧之间不能有空缺。

若选中关键帧，则可使用右键菜单中的“清除关键帧”命令将关键帧中的内容清除，变为普通帧。

> 注意：此时该帧并未删除，动画中帧的总长度不变。

7.翻转帧

翻转帧的功能可使选定的一组多个帧按照顺序反转过来，使最后一帧变为第一帧，第一帧变为最后一帧，产生反向播放动画的效果。使用“修改”→“时间轴”→“翻转帧”命令，或在右键菜单中选择“翻转帧”命令，即可将选中的多个帧翻转。需要注意的是，所选序列的起始位置和结束位置都必须为关键帧，才能实现翻转。

8.帧的转换

帧、关键帧和空白关键帧之间是可以转换的，只需在需要转换的帧上单击鼠标右键，在弹出的菜单中选择“转换为关键帧”或“转换为空白关键帧”命令，即可将普通帧转换为关键帧。反之，使用“清除关键帧”命令可将关键帧转换为普通帧。

11.4 图层概念

在Flash动画创作中，图层的作用好像透明纸的使用，通过在不同的图层中放置相应的元件，在将它们重叠在一起，便可以产生层次丰富、变化多样的动画效果。

11.4.1 图层的原理

在Flash中图层和Photoshop的图层有共同的作用，可以将图层看做叠在一起的透明胶片，当图层上没有对象时可以透过上方图层看到下方图层上的内容，而当图层上有图像时，会挡住下方图层上的内容，将不同的元素放在不同的图层上可以更方便地对对象进行编辑。

新建Flash文件后，系统会自动生成一个图层，并将其命名为“图层1”。影片制作的过程中可以新建各种图层，Flash还提供了两种特殊的图层：引导层和遮罩层。利用这两种特殊的图层可以制作出各种特别又有趣的动画效果。

Flash影片中图层的数量并没有限制，仅受计算机内存大小的制约，但并不是图层数越多影片就一定越复杂，图层越少影片就越简单。增加图层的数量并不会增加影片文件的大小，图层上面的对象才是决定影片大小的主要因素。

对图层的操作是在时间轴左边图层控制区中进行的，如图11.67所示。在图层控制区中可以实现新建图层、删除图层、隐藏图层和锁定图层等操作。选中的图层名称右边会出现铅笔标识表示该图层或图层文件夹被激活。

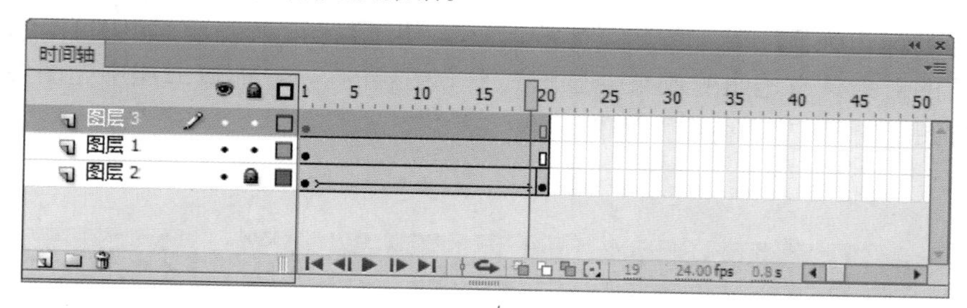

图11.67　图层编辑区

11.4.2　图层的分类

Flash中图层的类型主要有普通图层、引导层和遮罩层3种。

1.普通层

新建Flash文档后会出现一个名为“图层1”的默认图层，该图层的第一帧为空白关键帧，默认为激活状态，如图11.68所示。

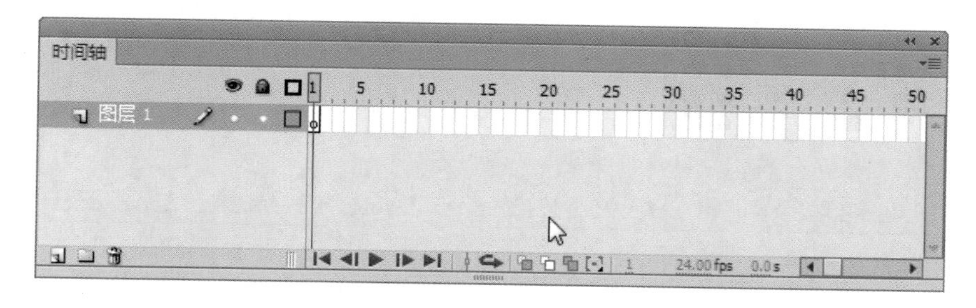

图11.68　普通层

2.引导层

引导层是用于制作引导动画时候绘制路径参考线的图层，其图层标识为，引导层中的内容不会出现在动画的最终效果中，所以若引导层没有被引导对象，该图层标识变为。引导层下方的图层为被引导层，其图层标识会向内缩进一格，如图11.69所示。被引导层可以有多个，在引导层下方缩进的图层均为其被引导层。

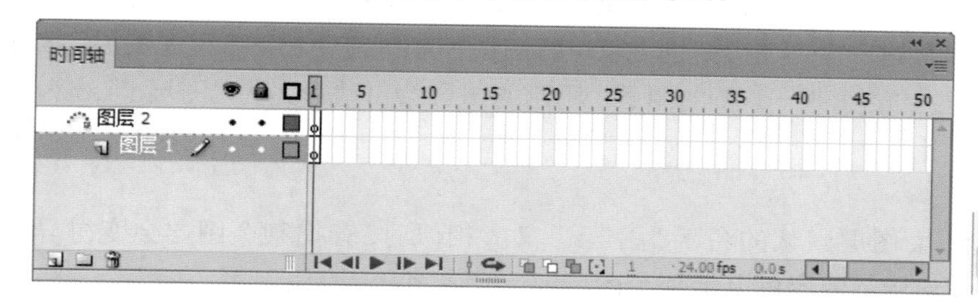

图11.69　引导层

可选中需要添加引导层的图层（被引导层），单击鼠标右键，在弹出的快捷菜单中选择“添加传统运动引导层”命令为其添加一个引导层。也可选中需作为引导层的图层，单击鼠标右键，在弹出的快捷菜单中选择“引导层”命令将其转为引导层，当然此时还需要将被引导对象所在的图层拖动到该图层上完成引导关联，如图11.70所示。

3.遮罩层

遮罩层的标识为，其下方图层为被遮罩层，用标识来表示，如图11.71所示。在遮罩层中创建的对象具有透明的效果会显示其下方图层的内容，而遮罩层中无图像区域则会遮挡住下方图层内容，故而得名“遮罩”。

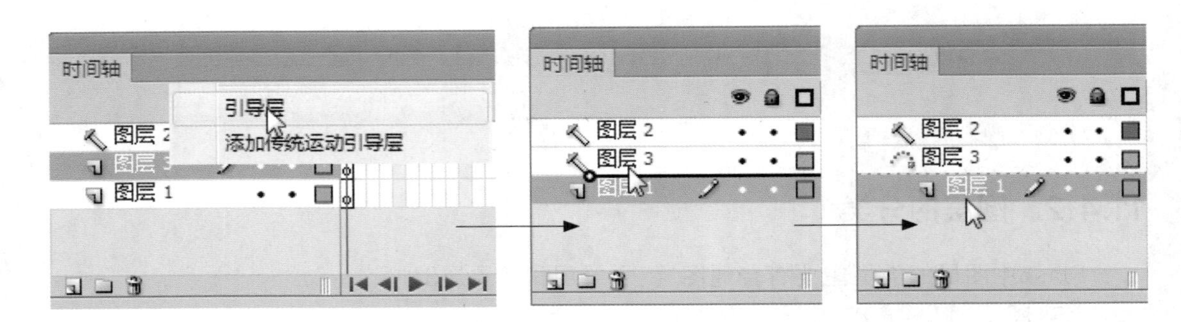

图11.70　“普通层”转为“引导层”

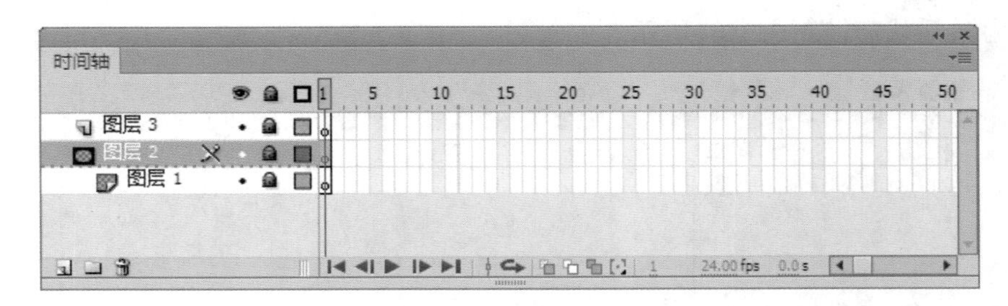

图11.71　遮罩层

11.4.3　图层的编辑

图层的常用编辑操作有以下几种。

1.新建图层

使用菜单“插入”→“时间轴”→“图层”菜单命令创建一个新的普通图层；或在时间轴面板的图层控制区中选择一个图层，单击鼠标右键，在弹出的快捷菜单中选择“插入图层”命令，可在该图层的上方新建一个普通层；也可以单击图层控制区左下角的“新建图层”按钮，在当前编辑的图层上方创建一个新的图层。新建的图层会自动命名为“图层n”，n为递增整数。

2.重命名图层

当创建的图层过多，而图层默认的名字“图层n”又太相似时，查找某个图层会变得异常繁琐，为了便于识别图层中的内容可以给每个图层取一个名字。

在要重命名的图层上双击，即可进入名称编辑状态，在文本框中输入新名称即可；或在图层上单击鼠标右键，在弹出的快捷菜单中选择“属性”命令，打开“图层属性”对话框，在“名称”文本框中输入新的名字也可以重命名该图层。

3.调整图层次序

图层的上下次序会决定舞台上图像的显示效果，上方图层中的图像会遮挡住下方图层的内容，所以编辑时常常需要调整图层的上下次序，以达到预期的效果。具体步骤为选中需要移动的图层，按住鼠标拖曳，此时鼠标处会显示一条粗横线，将鼠标移动到图层需要放置的位置，释放鼠标即可将图层移动到目标位置。

4.图层的属性设置

图层的显示、锁定、线框模式颜色等设置都可以在“图层属性”对话框中进行编辑，如图11.72所示。

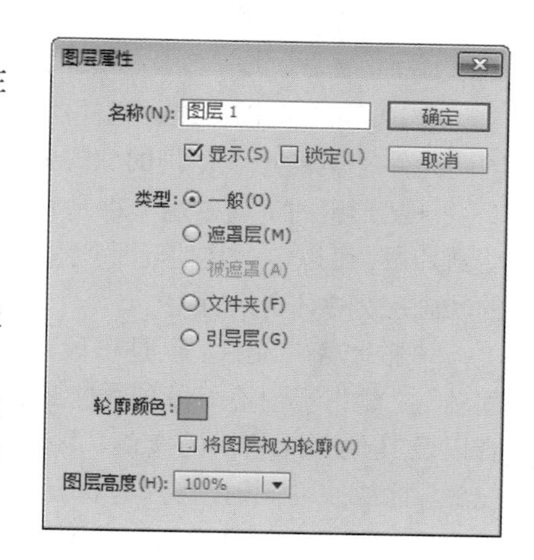

图11.72 “图层属性”对话框

- 名称：设置图层的名称。
- 显示：用于设置图层的显示与隐藏。
- 锁定：用于设置图层的锁定与解锁。
- 类型：用于指定图层的类型，包括“一般”“遮罩层”“被遮罩”“文件夹”和“引导层”5项。
- 轮廓颜色：设定该图层对象的边框线颜色。为不同的图层设定不同的边框线颜色，有助于区分不同的图层。
- 将图层视为轮廓：勾选此复选框可使该图层内的对象以线框模式显示，其线框颜色为在“属性”面板中设置的轮廓颜色。
- 图层高度：从下拉列表中选择不同的值可以调整图层的高度，若有插入了声音的图层，将高度值调大一些会更方便编辑。

5.选中图层

单击所需编辑的图层名称即可选中单个图层；按住“Shift”键后单击第一个图层，再单击最后一个图层，可以选中两个图层之间的相邻多个图层；按住“Ctrl”键后，依次单击需要编辑的图层，可以选取多个不相邻的图层。

6.删除图层

选中需要删除的图层后，可使用右键菜单中的“删除图层”命令删除该图层；也可使用图层编辑区中的删除按钮来删除当前图层；或直接用鼠标将图层拖到“删除图层”按钮上。

11.5 元件和库

元件的使用大大简化了Flash动画的制作过程，如在动画的制作过程中，若对图像元素进行修改，那么所有使用了该图像元素的所有对象均需要重新编辑。这时候如果使用了元件则不再需要进行这种重复的操作了。元件能够帮助用户容易地创建精彩的动画，其主要有简化动画的制作过程、减小文件大小、方便网络传输等优点。

11.5.1 元件的概念与种类

元件是指可以反复取出使用的对象，包括图形、按钮或影片剪辑。元件中的动画可以独立于主场景中的动画进行播放。在Flash动画制作过程中，常常会反复应用同样的对象，可以使用复制操作来达到效果。但复制的对象具有独立的文件信息，多次复制动画影片容量会增大，且当需要修改操作时这些重复的对象都需要一一修改。此时我们可以将对象制作成元件，再由同一元件创造多个实例，Flash反复调用同一个对象，大大减小了影片的容量不说，当需要修改这些实例时，还可以直接修改元件达到统一编辑的效果，提高工作效率。

在Flash中可以创建的元件类型有3种，分别为图形元件、影片剪辑元件和按钮元件。不同的元件种类能产生不同的编辑效果。

• 图形元件：通常用于存放静态图像，还可用于创建连接到时间轴的可以重复使用的动画片段，可以包含其他元件。图形元件与时间轴同步运行，交互式控件和声音在图形元件的动画序列中不起作用。

• 影片剪辑元件：也是一段Flash动画，是主动画的一个组成部分，拥有自己独立的时间轴，主要用于创建一段独立主题内容的动画片段。影片剪辑元件可以包含交互式控件、声音以及其他影片剪辑的实例，也可以将影片剪辑实例放在按钮元件的时间轴内来创建动画按钮。播放主动画时，影片剪辑元件的实例也在循环播放。

• 按钮元件：用于创建动画的交互控制按钮。其元件编辑状态下有4帧内容，表示了按钮的弹起、指针经过、按下和单击4个不同状态，这4个状态的帧内容可以是文本或静态图形，也可以是动画或影片剪辑。可以通过给按钮添加事件和交互动作，创建能响应鼠标的单击、划过或其他动作的交互功能。

11.5.2 创建元件

可以使用以下5种方式来创建新的元件。

第1种：执行“插入”→“新建元件”菜单命令，即可在打开的“创建新元件”对话框中，为创建的元件命名和选择元件行为类型，如图11.73所示。

第2种：执行“窗口”→“库”菜单命令，打开“库”面板，单击“库”面板下方的“新建元件”按钮，也可以打开“创建新元件”对话框。

第3种：在动画的编辑过程中，可以将绘制的图形对象转换成需要的元件。在舞台上选中绘制好的图形后，将其拖曳至“库”面板中，即可弹出“转换为元件”对话框，如图11.74所示，将该图形直接应用到新的影片元件中。

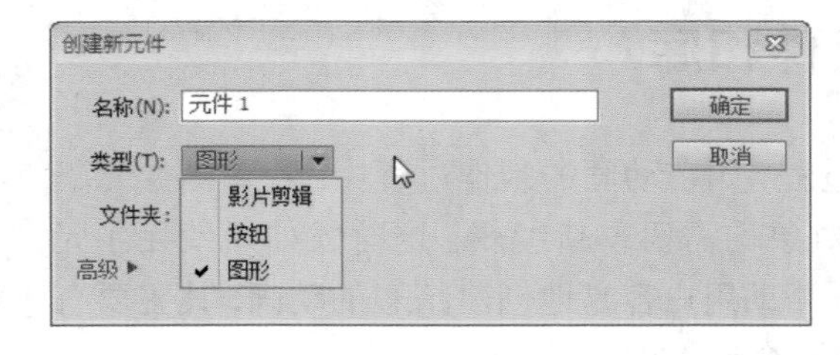

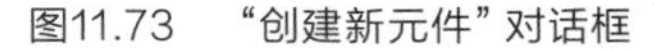
图11.73 “创建新元件”对话框

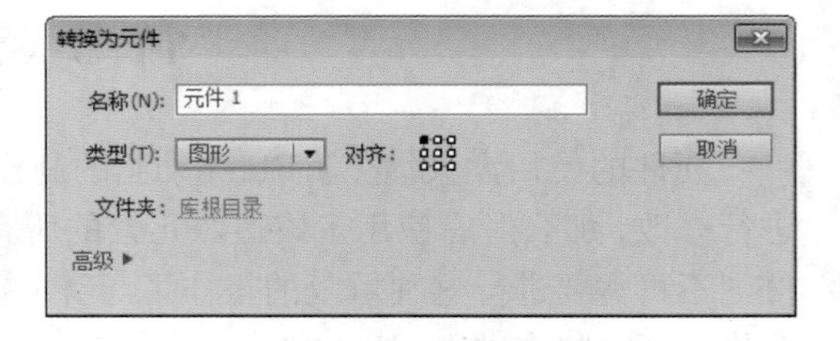

图11.74 “转换为元件”对话框

第4种：选取需要转换为元件的图形对象，执行“修改”→“转换为元件”菜单命令或按“F8”快捷键，即可弹出“转换为元件”对话框。

第5种：选取需要的图形对象，单击鼠标右键，在弹出的快捷菜单中选择“转换为元件”命令，也可弹出“转换为元件”对话框。

创建的元件会在“库”面板中显示记录，双击该元件的图标即可打开元件编辑模式。

1.创建图形元件

图形元件可用于创建静态图像，是一种不能包含时间轴动画的元件，若在图形元件中创建一个逐帧动画或补间动画后应用在主场景中，可测试影片发现该元件的实例并不能生成动画。人们可以将编辑好的图像对象转换为图形元件，如图11.75所示，也可以创建一个空白的图形元件后在元件编辑模式下绘制图像，如图11.76所示。

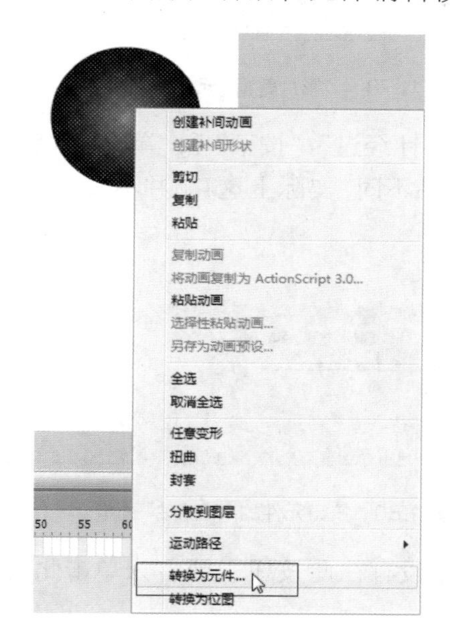

图11.75　将图像转换为元件

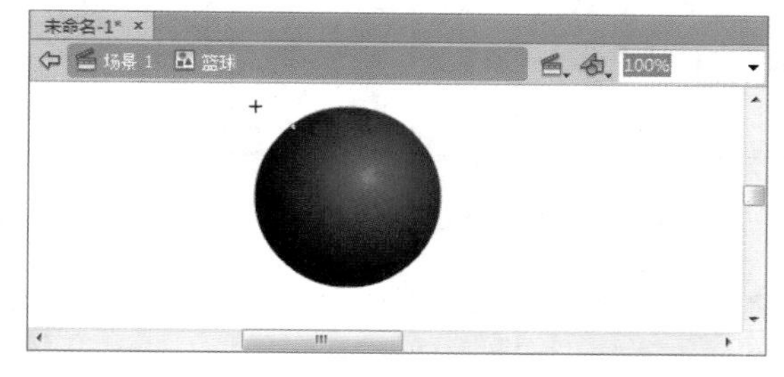

图11.76　元件编辑模式

2.创建影片剪辑元件

在“创建新元件”对话框的“类型”下拉列表中选择“影片剪辑”选项，即可创建一个影片剪辑元件，如图11.77所示。影片剪辑元件是Flash动画中常用的元件类型，从本质上来说影片剪辑就是独立的影片，具有其独立的时间轴，可以嵌套在主影片中，如图11.78所示。

影片剪辑可以和其他元件一起使用，也可以单独地放在场景中使用。例如，可以将影片剪辑元件放置在按钮的一个状态中，创造出有动画效果的按钮。影片剪辑与常规的时间轴动画最大的不同在于：常规的动画使用大量的帧和关键帧来完成动画，而影片剪辑只需要在主时间轴上拥有一个关键帧就能够运行。

3.创建按钮元件

按钮元件是Flash影片中创建互动功能的重要组成部分，可将各种鼠标相应事件结果传递给创建的互动程序进行处理。在“创建新元件”对话框的“类型”下拉列表中选择“按钮”选项，如图11.79所示，即可创建一个按钮元件。

图11.77 创建“影片剪辑”元件

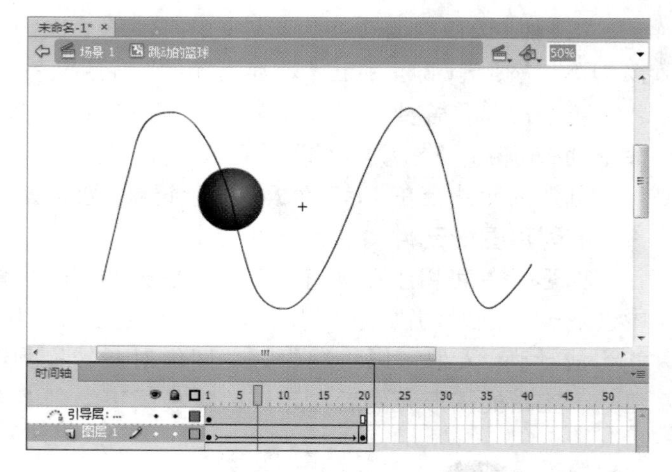

图11.78 “影片剪辑”元件编辑状态

在按钮元件的编辑状态下，时间轴由“弹起”“指针经过”“按下”和“单击”4帧组成，如图11.79所示。按钮元件的时间轴与其他元件时间轴不同，实际上这4帧并不播放，只是对指针运动和动作做出反应，跳到相应的帧。

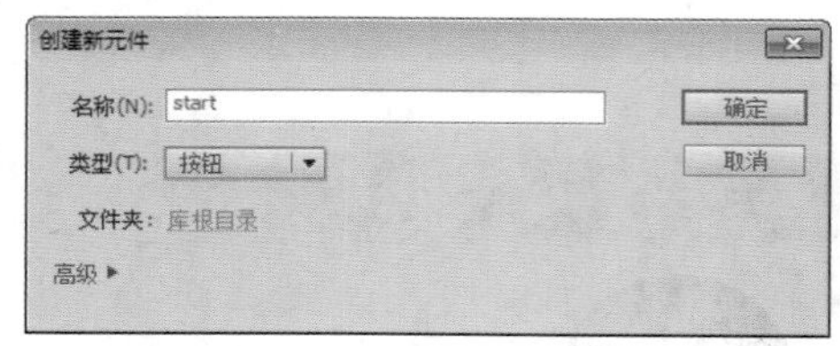

图11.79 创建“按钮”元件

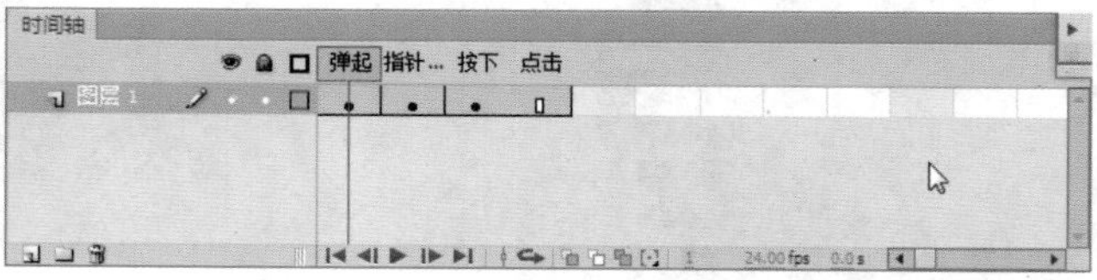

图11.80 按钮元件的“时间轴”面板

• 弹起：按钮在通常情况下呈现的状态，即鼠标没有在此按钮上或者未单击此按钮时的状态。

• 指针经过：鼠标指向状态，即当鼠标移动至该按钮上但没有按下此按钮时所处的状态。

• 按下：按该按钮时，按钮所处的状态。

• 单击：这种状态下可以定义相应按钮事件的区域范围，只有当鼠标进入到这一区域时，按钮才开始相应鼠标的动作。另外这一帧仅代表一个区域，并不会在动画选择时显示出来。若没有特别选取该范围，Flash会自动根据按钮的“弹起”或“指针经过”状态时的图像区域作为鼠标的相应范围。

11.5.3 转换元件

在Flash中可以将“图形”“影片剪辑”和“按钮”元件互相转换，以满足不同动画制作的需要。在文档中选中要转换的元件，在“转换为元件”对话框中设置元件的名称并选择元件类型，确定后即可完成元件的转换。

11.5.4　库

“库”面板可用于存放所有存在于动画中的元素，如元件、插图、视频和声音等，利用“库”面板，可以对库中的资源进行有效地管理，执行“窗口”→“库”命令或按“F11”键能打开“库”面板，如图11.81所示。

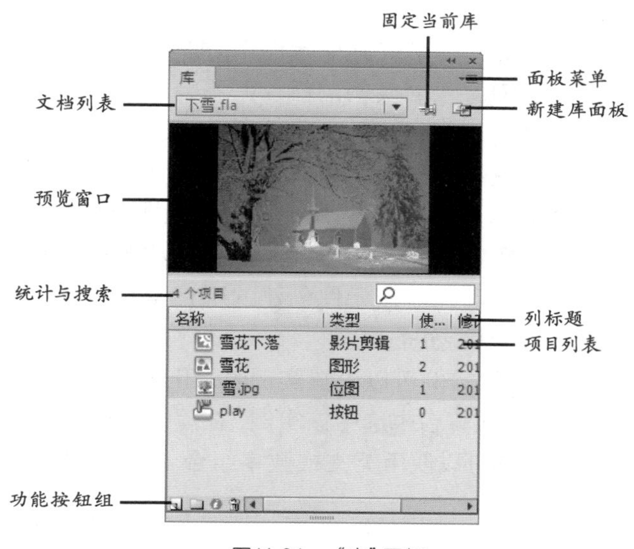

图11.81　“库”面板

• “库”面板菜单：单击下拉菜单，可以从中选择并执行“新建元件”“新建文件夹”等常用命令。

• 新建库面板：新建一个当前的库面板。

• 固定当前库：固定当前库后，可以切换到其他文档，再将固定库中的元件引用到其他文档中。

• 文档列表：可以在下拉列表选项中选择Flash文档。

• 预览窗口：用于预览所选中的元件。如果被选中的是图形元件，则在预览窗口显示图像；若被选中的是按钮元件，预览窗口将显示按钮的普通状态；若选中的是影片剪辑元件，预览窗口右上角会出现“播放”按钮和“停止”按钮，来播放或停止播放动画或声音。

• 统计与搜索：显示元件的数目，并可以在右侧的搜索栏中搜索元件。

• 列标题：显示名称、链接情况、使用次数统计、修改日期和文件类型。

• 项目列表：在项目列表中，列出了库中包含的所有元素及其各种属性，列表中的内容既可以是单个文件，也可是文件夹。

• 功能按钮：包括新建元件、新建文件夹、属性和删除按钮。

11.5.5　公用库

“公用库”面板中的元件是系统自带的，所以不能编辑，只有当将元件拖入舞台后才能对实例进行编辑。使用公用库中的元件方法与调用“库”面板中的元件相同，公用库分为“声音”“按钮”和类等几种类型。

使用“窗口”→“公用库”→“Buttons”和“窗口”→“公用库”→“Classes”命令可以打开相应类型的公用库，如图11.82所示。在库中选择需要的对象拖入舞台中即可完成对象的创建。

11.5.6 实例

将“库”面板中的元件拖曳到场景或其他元件中，即可创建一个该元件的“实例”。一个元件可以创建多个实例，且对某一个实例的修改并不会影响元件本身，也不会影响到其他实例。

创建实例的方法很简单，只需要在“库”面板中选中某个元件，用鼠标拖曳到场景中松开鼠标即可。影片剪辑元件拖到场景中只需占用一个关键帧即可播放。

对实例样式的编辑一般指改变其大小、颜色、实例名称等，若要修改实例的内容则需要进入元件编辑状态进行操作，而此时该元件创建的所有实例都会变更。对实例样式的编辑，可以选中该实例后使用属性面板进行调整。

只有影片剪辑和按钮元件的实例可以设置实例名，用于脚本中对某个具体对象进行操作的代号。当实例创建成功后，在舞台中选中该实例，在属性面板的上方文本框中输入名称即可，如图11.83所示。实例名称可以使用英文或数字组合，区分大小写。

图11.82 公用库

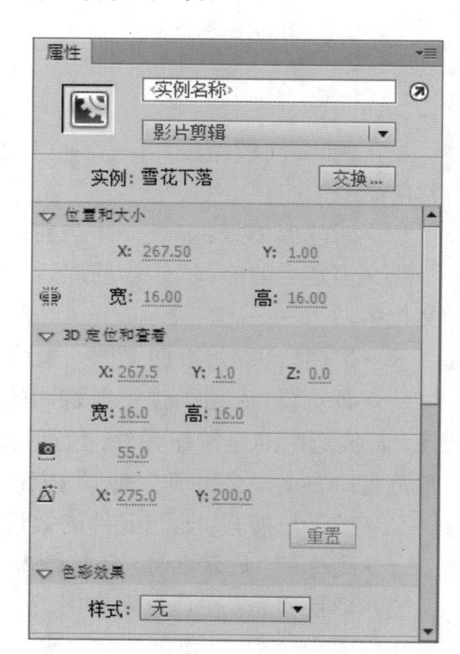

图11.83 “实例”属性对话框

第12章　Flash动画制作

在Flash中，动画的基本类型包括以下5种。

第1种：逐帧动画。逐帧动画是指依次在每一个关键帧上安排图形或元件而形成的动画类型。通常由多个关键帧组成，用于表现其他动画类型无法实现的动画效果，如物体旋转、人物或动物的转身等。逐帧动画的特点是可以制作出流程细腻的动画效果，但由于每一帧都需要编辑，所以工作量较大，且会占用较多的存储空间。

第2种：形状补间动画。形状补间动画是指Flash中的矢量图形或线条之间互相转化而形成的动画。形状补间动画的对象只能是矢量图形或线条，不能是组或元件。通常用于表现图形之间的互相转化。

第3种：补间动画。补间动画的补间是根据对象在两个关键帧中位置、大小、旋转、倾斜、透明度等属性的差别计算生成的，一般用于表现对象的移动、旋转、缩放、出现、隐藏等变化。在Flash CS6中分为补间动画和传统补间动画，以配合新版本增加的3D功能。

第4种：引导动画。引导动画是指使用Flash里的运动引导层控制元件的运动而形成的动画。

第5种：遮罩动画。遮罩动画是指使用Flash中遮罩层的作用而形成的一种特殊的动画效果。遮罩动画的原理就在于遮罩层与普通图层有相反的作用，被遮盖的能看到，没被遮盖的反而看不到。遮罩效果在Flash动画中使用频繁，常常能做出一些令人惊喜的特殊效果。

12.1　逐帧动画

创建逐帧动画的方式非常简单，只需将每个帧都定义为关键帧即可，复杂的是给每个关键帧创建不同的图像。可以使用绘图工具在舞台上直接绘制图像，也可以使用从外部导入的位图或动画图像来创建图像。通常情况下每个新关键帧包含的内容主体和它前面的关键帧相似，因此可以递增地修改动画中的帧。制作逐帧动画的基本思想是把一系列相差甚微的图形或文字放置在一系列关键帧中，动画的播放看起来就像连续变化的动作。

逐帧动画最大的不足是制作过程相对较复杂，尤其在制作大型的Flash动画的时候，制作效率较低，每一帧中都需要编辑图形和文字，所占用的空间会较渐变动画所耗费的空间大。但逐帧动画通常又能创建出许多渐变动画无法实现的动画效果，所以应根据实际创作需要进行取舍。

图12.1所示为运用逐帧动画制作成长的小苗，一共创建8个空白关键帧，在每个关键帧上绘制出小苗的形态，稍作变化即可完成该动画的制作。

图12.2所示为运用逐帧动画制作的打字效果。文字逐帧动画只需要在关键帧上使用文本工具输入文字，在属性面板调整属性即可，下一帧可复制前一帧的内容在其基础上继续添加，从而简化操作。

图12.1 逐帧动画成长的小苗

图12.2 文字逐帧动画效果

12.2 形状补间动画

与逐帧动画的创建比较，创建补间动画就相对简单一些。在同一个图层的两个关键帧之间建立补间动画的关系后，Flash会在两个关键帧之间自动生成补充动画图形的显示变化，以达到流畅的动画效果。

形状补间动画是基于所选择的两个关键帧中的矢量图形存在形状、色彩、大小等的差异而创建的动画关系，在两个关键帧之间插入逐渐变形的图形显示。和移动补间动画不同，形状补间动画中两个关键帧中的内容主体必须是处于分离状态的图形，独立的图形元件不能创建补间形状。

例如创建一个水果变换的形状补间动画。选中图层的第1帧，使用“椭圆工具”绘制一个椭圆形，并在属性面板中设置颜色值，如图12.3所示，并使用“修改”→“分离”命令将图像分离。在同一图层的第30帧插入空白关键帧，使用钢笔工具绘制一个水蜜桃，并设置颜色值，如图12.4所示，同样使用“修改”→“分离”命令将图像分离。在1~30帧中的任意一帧上单击鼠标右键，在弹出的菜单中选择“创建补间形状”命令，时间轴面板如图12.5所示，出现了一个由第1帧指向第30帧的箭头，且补间用浅绿色表示。

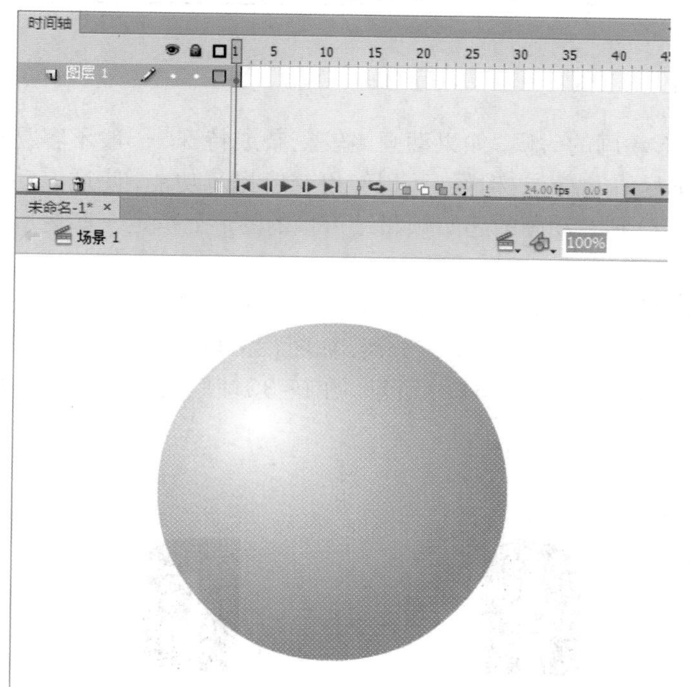

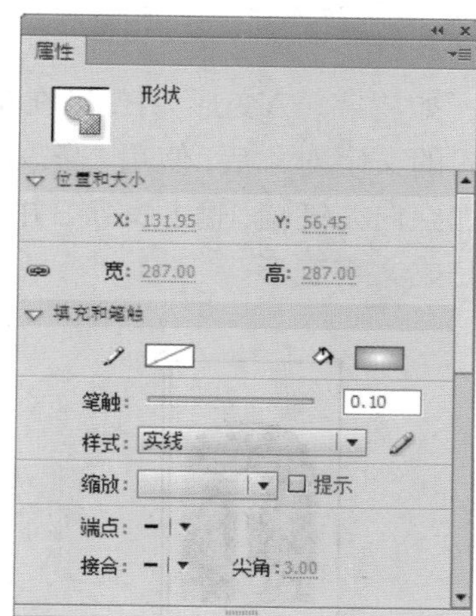

图12.3　第1帧图像及其“属性”面板

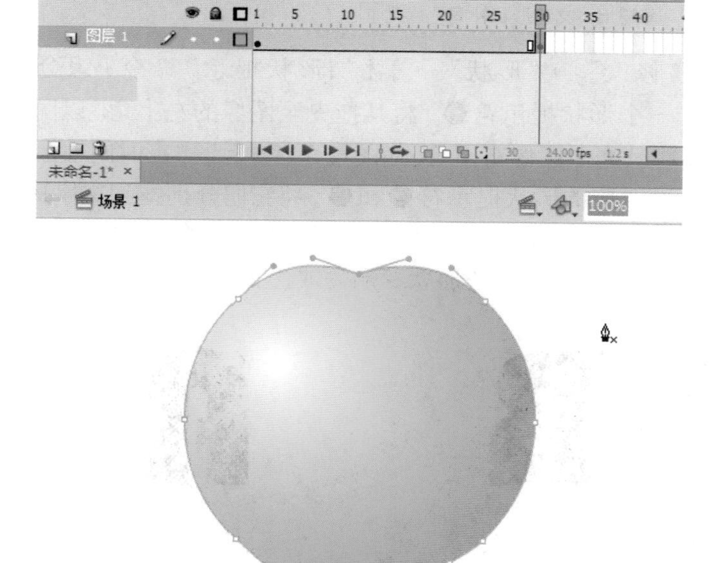

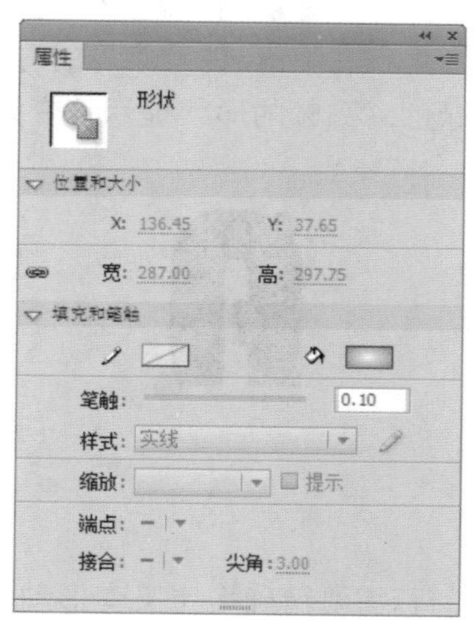

图12.4　第30帧图像及其“属性”面板

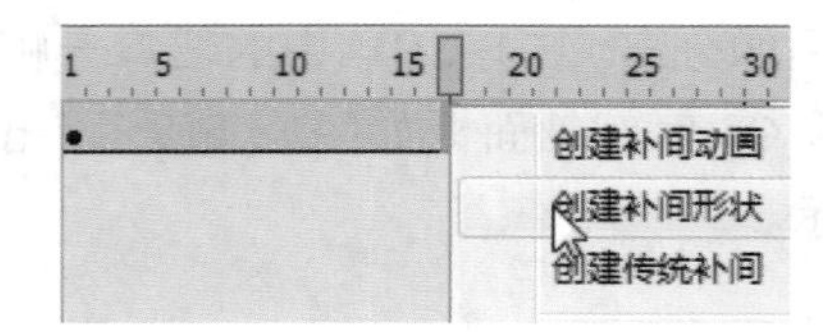

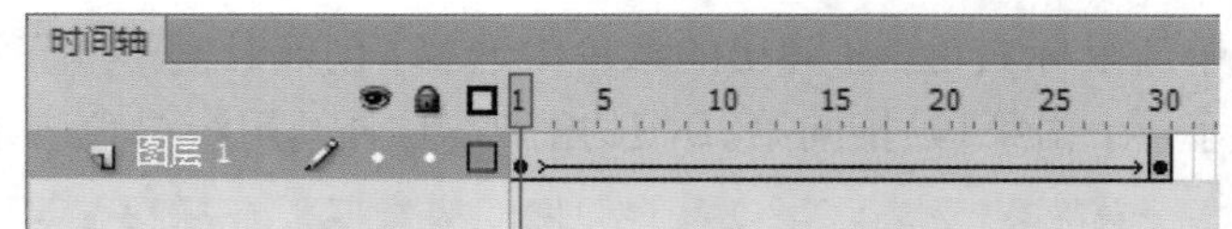

图12.5　创建补间形状及其时间轴

在使用形状补间动画制作变形动画的时候，如果动画比较复杂或特殊，一般不容易控制，系统自动生成的过渡动画常不尽如人意。这时候，可以使用变形提示功能，使过渡动画按照提示设置的方式进行。方法是分别在动画的起始帧和结束帧的图形上指定一些变形提示点。

如将字母A变形为B，可在第1帧中使用文本工具输入文字A，如图12.6（a）所示。选择输入的文字对象后，使用“修改”→“分离”命令将文字分离，如图12.6（b）所示。在第30帧添加空白关键帧，输入文字B并“分离”，如图12.6（c）所示。在1~30帧插入“补间形状”即可完成文字变形。

（a）　（b）　（c）

图12.6　文字形状补间

继续选择第一帧图像，使用“修改”→“形状”→“添加形状提示”命令（组合键“Ctrl+Shift+H”），在图像上添加一个形状提示符，将其拖曳至图像的左上角。以同样的方式再添加一个形状提示符，将其拖至图像右下角，如图12.7（a）所示。在时间轴上选中第30帧，图像中出现了2个与第一帧对应的形状提示符和，将它们分别拖到文字B的左上角和右下角，注意字母的对应关系，如图12.7（b）所示。完成后第30帧的形状提示符变为绿色，第1帧的形状提示符变为黄色，表示自定义的形状变形完成，如图12.7（c）所示。

（a）　（b）　（c）

图12.7　形状提示符

若需要精确地定义变形动画的形状还可以添加更多的形状提示符用于控制。也可以在形状提示符上单击鼠标右键选择“移除提示”命令删除提示符。

12.3　补间动画

补间动画又称为动作补间动画，是指在时间轴的一个图层中，创建两个关键帧，两个关键帧将为同一个对象设置不同的位置、大小、方向等属性参数，再在两个关键帧之间创建动作补间动画，Flash会自动计算这两个关键帧之间属性的变化值，并改变对象的外观效果，使其形成连续运动的动画效果。补间动画是Flash中最为常见的动画类型。

12.3.1　传统补间动画

传统补间动画的制作方法和形状补间动画类似，需要编辑两个关键帧，只是在传统补间动画中的对象应为元件实例、文本、导入的位图或组合对象，主要是将这个对象进行位置的移动，移动过程中可以对其大小、旋转角度、透明度等属性进行调整形成过渡帧。

例如制作一个下落的小球。首先选中图层的第一帧，在舞台上绘制一个桌子截面作为背景，在第20帧插入帧。接着在该图层上方新建一个图层，选择图层的第一帧在舞台上方绘制一个小球，使用“颜色”面板将笔触颜色设为“无”，填充颜色设置径向渐变，使用颜料桶工具填充小球使其高亮显示，如图12.8所示。将小球转换为元件，选中发光的小球使用菜单“修改”→“转换为元件”命令，打开“转换为元件”对话框，如图12.9所示，填写元件名并选择元件类型为“图形”，单击“确定”按钮。

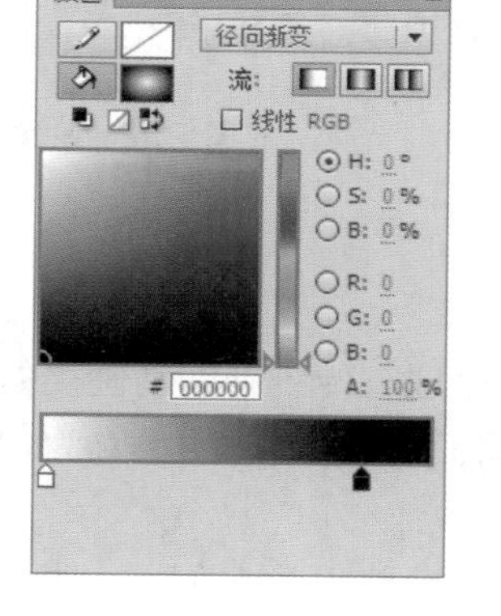

图12.8　绘制小球

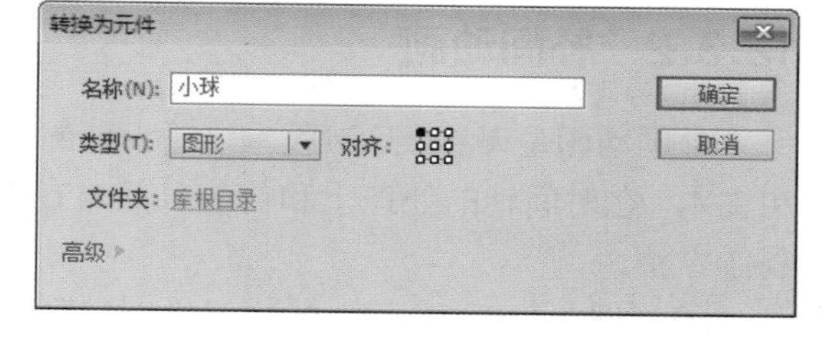

图12.9　将图像转换为元件

在该图层的第10帧和第20帧分别插入关键帧，将第10帧上的小球拖动到桌面上，可按住“Shift”键垂直拖动，如图12.10所示。

选择该图层的1～9帧中的任意一帧，使用菜单“插入”→“传统补间”命令，创建传统动作补间动画；选择10～19帧中的任意一帧，右键单击在快捷菜单中选择“创建传统补间”命令，也可以创建传统动作补间。时间轴面板如图12.11所示，出现了一个由起始帧指向结束帧的箭头，且补间用浅蓝色表示。可以看到动画中小球垂直落下再弹回。

可以选择补间进行属性设置来调整动画运动的效果，如“缓动”参数可以设置运动的加速度，值越大速度变化越快，正数表示减速运动，负数表示加速运动。“旋转”参数可以设置对象在运动过程中按中心点旋转的方向和圈数。如选择刚创建的第一段补间，在“属性”面板上设置补间属性，将“缓动”参数值设置为“-100”，将“旋转”参数值设置为“顺时针1圈”，如图12.12所示。选择第二段补间，同样的方式设置“缓动”值为“100”，“旋转”值为“逆时针1圈”。可使用“测试影片”命令查看动画效果。

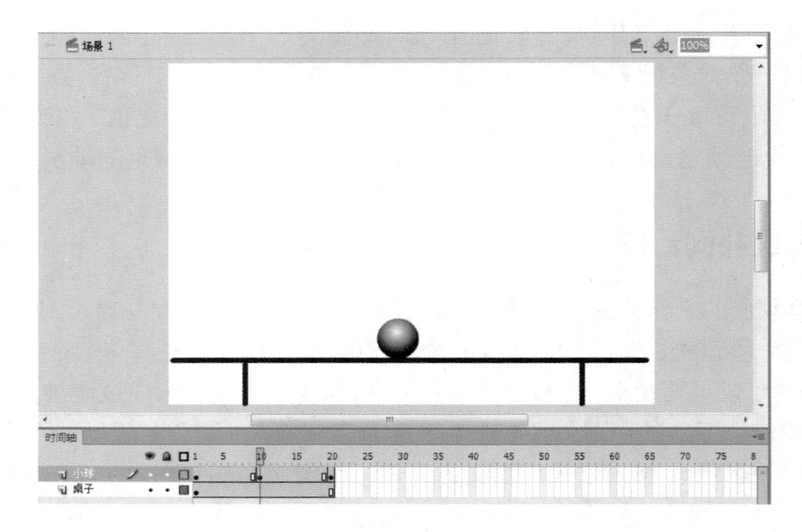

图12.10　第10帧小球位置

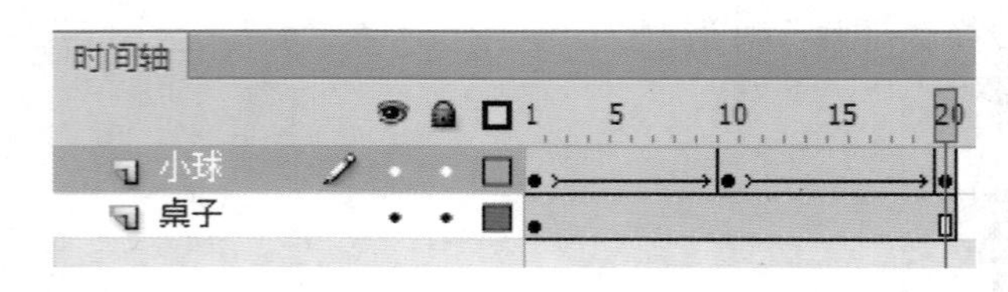

图12.11　创建传统补间动画

图12.12　设置“补间”属性

12.3.2　补间动画

补间动画是Flash CS4版本之后出现的，其原理与传统补间动画类似，只能作用于元件和文本。在时间轴的处理上和传统补间略有不同，下面以愤怒的小鸟为例，学习补间动画的制作方法。

①制作背景图层，导入背景图像至舞台，对齐后使用“修改”→“排列”→“锁定”命令将图像在舞台的位置锁定。新建补间动画图层，选中第1帧，绘制小鸟图像并转换为元件，如图12.13所示。

②选中小鸟图层的第1帧右键单击，在弹出的菜单中选择“创建补间动画”选项，创建一个24帧的补间动画，时间轴颜色由灰色变成淡蓝色，时间轴面板如图12.14所示。若图层中的小鸟未转换为元件会弹出“将所选的内容转换为元件以进行补间”的警告框，如图12.15所示。

③若要增加动画的长度，可将鼠标移至蓝色补间末尾，拖动补间至所需要的帧处，如图12.16所示，将补间长度延长至30帧。

④将播放头移至第30帧，将舞台上的小鸟元件拖至合适的位置，可以使用“任意变形工具”进行缩放旋转等操作，设置完成后，舞台上有一条绿色的路径标识元件是按该路径做直线运动，如图12.17所示。

图12.13　制作补间动画第一帧图像

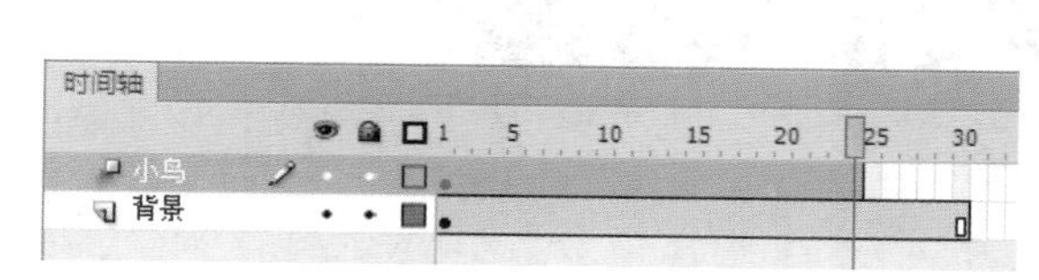

图12.14　创建补间动画“时间轴”面板

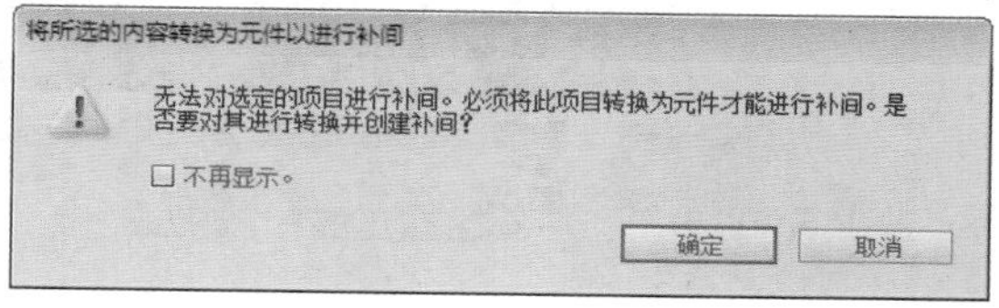

图12.15　警告框

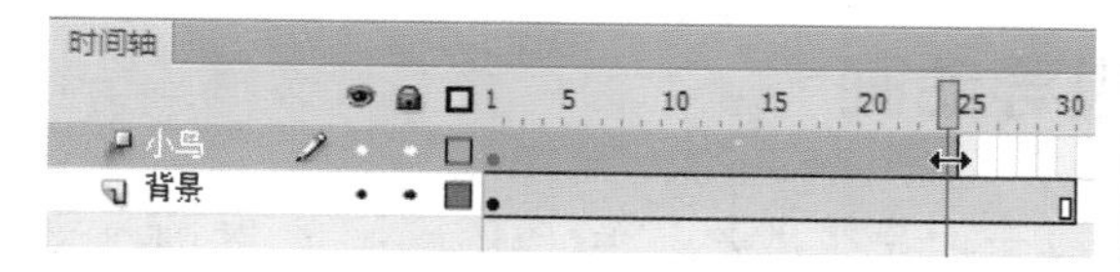

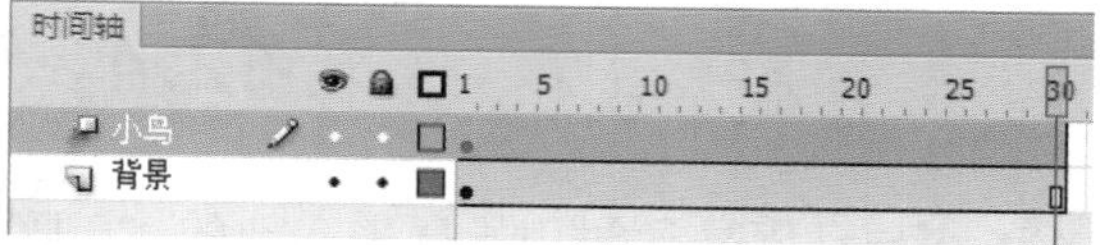

图12.16　增加补间动画的长度

图12.17　元件效果

⑤若想让元件做曲线运动，可以通过更改路径线条来改变运动的轨迹。使用“选择工具”，将光标移至路径上，当鼠标变为图标时，单击并拖动鼠标可调整路径为曲线，如图12.18所示。如果需要更改路径端点的位置，可以将光标移至需要改变位置的端点，当鼠标变成图标时，单击并拖动鼠标即可改变端点位置。如果需要改变整个路径的位置，可以单击路径，当路径线变为实线后，单击并拖动鼠标可以改变整个路径的位置。

⑥动画完成使用快捷键“Ctrl+Enter”测试影片效果。

图12.18　调整路径线

12.4　引导动画

引导动画是通过引导层来实现的，主要用来实现对象沿着特定的轨迹运动。若创建的动画为补间动画，则会自动生成引导线，并可通过调整引导线来实现引导动画；若创建的动画为传统补间动画，则需要为传统补间动画添加运动引导层，在引导层上使用绘图工具绘制路径，再将被引导层起始帧上的对象紧贴至路径起点，结束帧上的对象紧贴至路径终点。

下面以湖畔飞鸟为例，学习引导动画的制作。

①新建一个舞台尺寸为500像素×300像素，帧频为12fps的Flash文档，导入背景和飞鸟素材图像到库面板。新建背景图层，将背景图像拖到舞台上，对齐到舞台并锁定。在背景图层上方新建“飞鸟”图层，将库面板中的飞鸟影片剪辑元件拖到舞台左上角，在第100帧插入关键帧并将飞鸟元件拖到舞台右部，在这两个关键帧中“创建传统补间”，设置补间“属性”缓动值为“-100”，完成一个补间动画图层的制作。在“飞鸟”图层上单击鼠标右键在快捷菜单中选择“添加传统运动引导层”命令，为其添加一个引导层，时间轴如图12.19所示，“飞鸟”图层变为被引导层向内缩进一级。

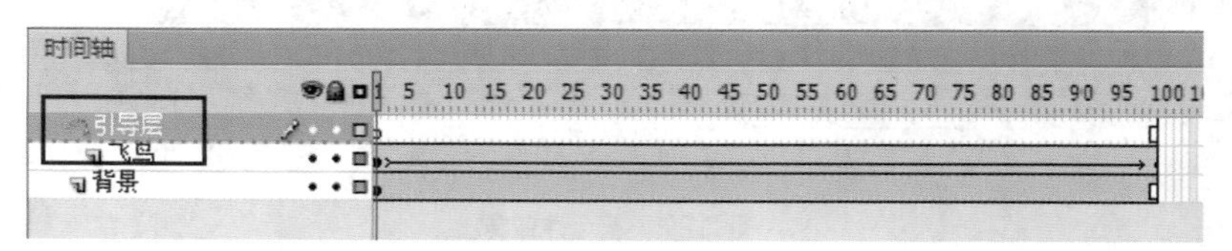

图12.19　添加引导层

②选中引导层的第一帧关键帧，使用“铅笔工具”选择流畅模式后在舞台绘制飞鸟的飞行路径，并将飞鸟层的第1帧和第100帧中的飞鸟元件分别拖至飞行路径的两端，如图12.20所示。

图12.20　引导层上绘制路径

③在背景图层上方再新建一个图层，命名为“飞鸟1”，选择该层第1帧，在库面板中再拖出一个飞鸟元件的实例，同样的方式在第100帧插入关键帧，并在两个关键帧中“创建传统补间”，设置缓动值为“100”。此时，“飞鸟1”图层为普通图层，如图12.21（a）所示。使用鼠标拖曳将“飞鸟1”层选中向上拉到引导层下方，如图12.21（b）所示。将“飞鸟1”层添加为“引导层”的另一个被引导层，如图12.21（c）所示。将“飞鸟1”层的起始帧和结束帧的元件分别拖动到引导层的路径上吸附。播放动画可以看到，两只飞鸟均按照所绘制的路径飞行。

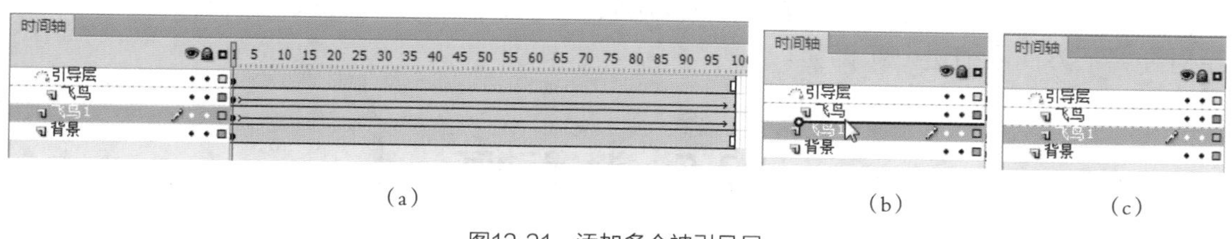

（a）　　（b）　　（c）

图12.21　添加多个被引导层

④使用同样的方式制作“飞鸟2”图层，再绘制一只从舞台右边飞入左边飞出的飞鸟实例。在“引导层”中再绘制一条路径，并将“飞鸟2”图层中起始帧和结束帧的飞鸟分别拖到新路径上吸附，如图12.22所示。

图12.22 湖畔飞鸟引导动画

⑤使用“Ctrl+Enter”快捷键测试影片。

通过该例可知引导动画至少需要两个图层，一个是引导层用来绘制对象运动的路径，另一个是被引导层用来制作运动的对象，通常为运动补间动画。被引导层可以有多个，引导层上也可以绘制多条路径，来创建复杂的运动场景。

制作时需注意，被引导层上的对象中心必须与引导线相连，即吸附至路径上，才能使对象沿着引导线运动。位于起始帧的对象通常会自动连接到引导线上，而结束帧上的对象则需要手动连接。

创建引导动画有两种方法，一种是在需要创建引导动画的图层上单击右键，在弹出的菜单中选择“添加传统运动引导层”选项；另一种方法是先绘制引导线图层，在引导线图层的右键快捷菜单中选择“引导层”选项，将该层转换为引导层后，再将被引导的对象图层拖动至引导层下方向内缩进一级即可。

12.5 遮罩动画

在动画创作的过程中，有些效果用通常的方法很难实现，如手电筒、百叶窗、放大镜及一些文字特效等。这时可以使用遮罩动画来实现一些富有创意的效果。

下面以制作一个夜间小屋的遮罩动画为例，学习遮罩动画的特点。

①新建一个Flash文档，将文档的背景颜色设置为黑色。将小屋素材图像导入舞台中，在属性面板中设置图像的宽度和高度使其大小与舞台一致，在第30帧插入帧，将该图层改名为“小屋”图层，如图12.23所示。

图12.23 创建背景图层

②在“小屋”层上方新建一个图层取名为“灯光”层，选中图层的第1帧，使用“椭圆工具”在舞台左侧绘制一个无边框色任意填充色的圆形，如图12.24所示。

③将“灯光”图层创建补间动画，使用“选择工具”将第30帧处的小球移动到舞台右部，将运动路径转换为曲线，选中第10、15、20和25帧分别将小球的位置调整到舞台的各个方向，如图12.25所示。

图12.24 创建灯光图层

图12.25 创建补间动画

④选中“灯光”图层，在右键快捷菜单中选择“遮罩层”命令，将图层转换为遮罩层，如图12.26所示。

⑤将图层转换为遮罩层后图层图标变为▣，其下方的图层自动转为被遮罩层，向内缩进图标变为▣，舞台上的图像显示遮罩后的效果，如图12.27所示。使用“Ctrl+Enter”组合键观看效果。

由本例可以看出，遮罩层就像一块不透明的布，可以将它下方的图像挡住，只有遮罩层上有图像的地方才会显示下方图层的图像。在遮罩状态下无法编辑图层上的元素，需使用右键快捷菜单中的“显示全部”命令，或在右键快捷菜单中再次选择“遮罩层”命令将图层转回普通图层后再进行元件编辑。在创建遮罩动画时，一般情况下，一个遮罩动画中可以同时存在多个被遮罩图层，但是只能包含一个遮罩层，遮罩层上可以有填充的形状、影片剪辑、文字对象或者其他图形。按钮内部不能存在遮罩层，且不能将一个遮罩应用于另一个遮罩，但是可以将多个图层组织在一个遮罩层下来创建更加复杂的遮罩动画效果。

图12.26　将图层转换为遮罩层

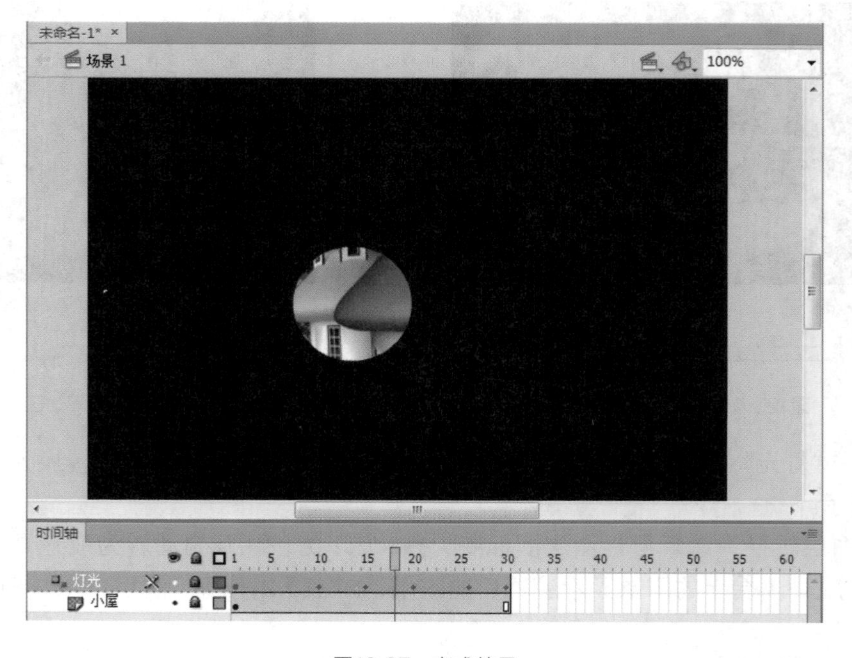

图12.27　完成效果

12.6　优化、导出和发布

在完成Flash影片制作后，可以优化和测试作品，若没有问题即可按要求发布影片，或者将影片导出为可供其他应用程序处理的数据。

12.6.1　优化Flash作品

Flash制作的影片多用于网页中，考虑到网络传输速率和浏览速度问题，应在不影响观赏效果的前提下，尽量减小影片的大小。作为发布过程的一部分，Flash会自动对影片执行一些优化。比如在影片输出时检查重复使用的形状，并在文件中将他们放在一起，同时把嵌套组合转换成单个组合。

在制作影片时应注意以下几点：

①尽量多使用补间动画，少用逐帧动画，因为补间动画与逐帧动画相比占用的空间较少。

②影片中多次使用的元素应转换为元件。

③动画序列应尽量使用影片剪辑元件而不是图形元件。

④尽可能少地使用位图制作动画，位图多用于制作影片背景和静态元素。

⑤尽可能使用数据量小的声音格式，如mp3，wav等。

⑥同一个影片中，使用字体种类和样式尽量少，嵌入字体最好少用，因为它们都会增加影片大小。如无必要文字尽量不要分离。

12.6.2　导出Flash作品

影片优化后测试没有问题就可以导出了。在Flash中既可以导出整个影片的内容，也可以导出图像、声音等文件。

1.导出图像

选取影片中的某帧或场景中的图形，使用“文件”→“导出”→“导出图像”菜单命令，如图12.28所示，在弹出的“导出图像”对话框中，设置保存路径和保存类型，输入文件名，单击“保存”按钮。若选择JPEG类型的文件，在弹出的“导出JPEG”对话框中，还可以进一步设置导出位图的尺寸、分辨率等参数。“包含”下拉菜单中可选择“最小图像区域”或“完整文档大小”以决定导出的图像区域，如图12.29所示。设置完成后单击“确定”按钮，即可完成动画图像的导出，此时可预览图像效果。

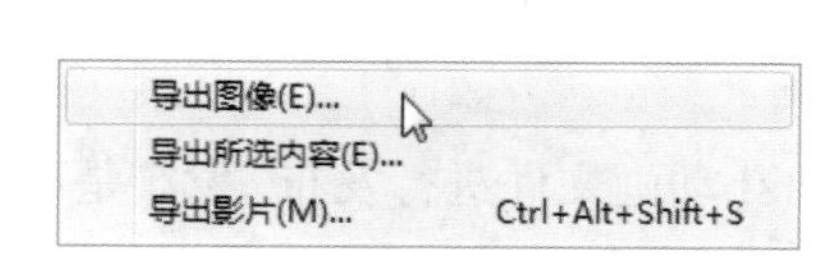

图12.28　“导出图像”菜单命令

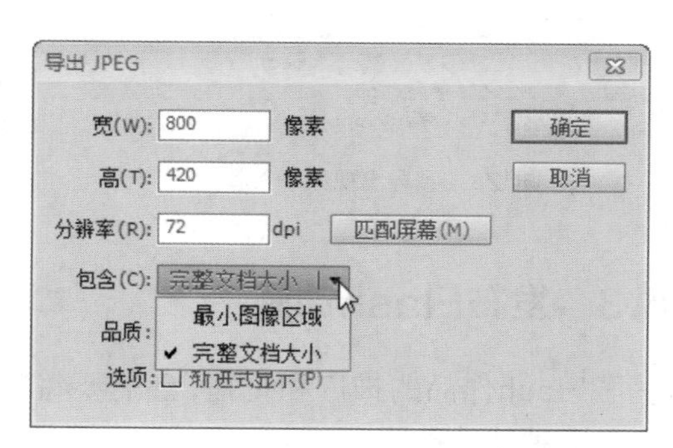

图12.29　“导出JPEG”对话框

2.导出声音

选择影片中的某帧或场景中要导出的声音，执行“文件”→“导出”→“导出影片”菜单命令。在“导出影片”对话框的“保存在”下拉列表框中指定文件要存储的路径，在“文件名”文本框中输入文件名称，在“保存类型”下拉列表框中选择声音保存的类型，如“WAV音频(*.wav)”，如图12.30所示。单击“保存”按钮，弹出“导出Windows WAV”对话框，单击“确定”按钮完成声音文件的导出，如图12.31所示。

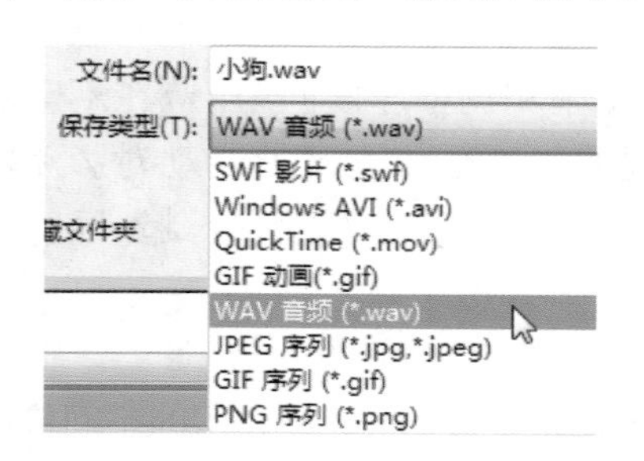

图12.30 选择保存类型

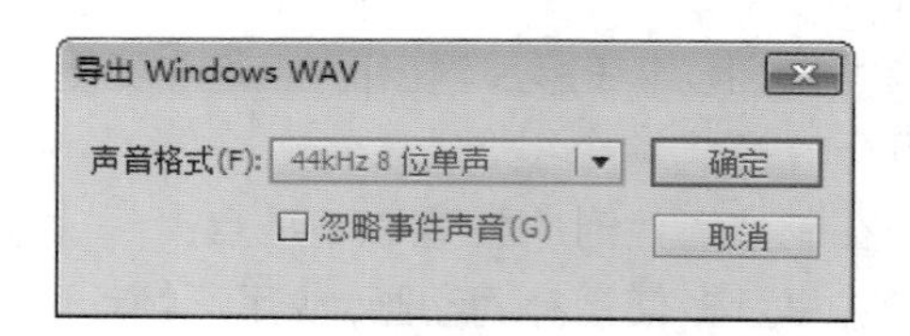

图12.31 “导出Windows WAV”对话框

3.导出影片

选择“文件”→“导出”→“导出影片”菜单命令，打开“导出影片”对话框，在对话框中的“保存类型”下拉列表中选择文件的类型，并在“文件名”文本框中输入文件名，单击“保存”按钮，即可导出动画影片。

默认导出的影片格式为“SWF影片(*.swf)”类型，该文件只需要安装Flash播放器即可播放，是网络中动画的流行格式。

wf格式的动画影片不能直接在电视上播放，所以有时也需要将动画发布为视频文件。建议不要利用第三方软件将swf格式文件转换为视频，以免影响播放效果。应在Flash中直接选择各视频文件格式作为“保存类型”，如图12.32所示，设置相应的视频格式、声音格式等参数后，确定即可，如图12.33所示。视频格式的文件，需使用视频播放器打开观看。

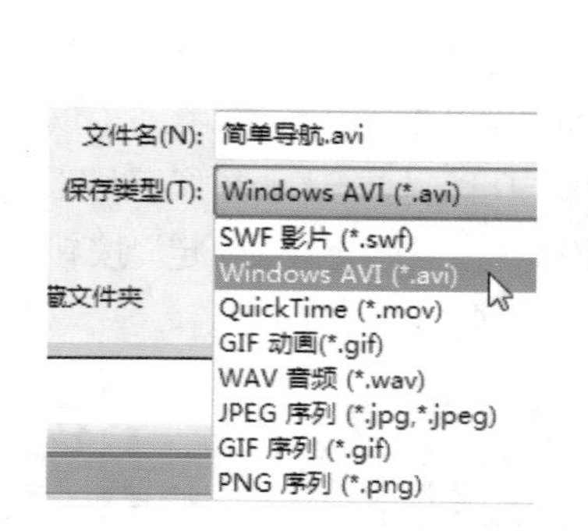

图12.32 导出视频

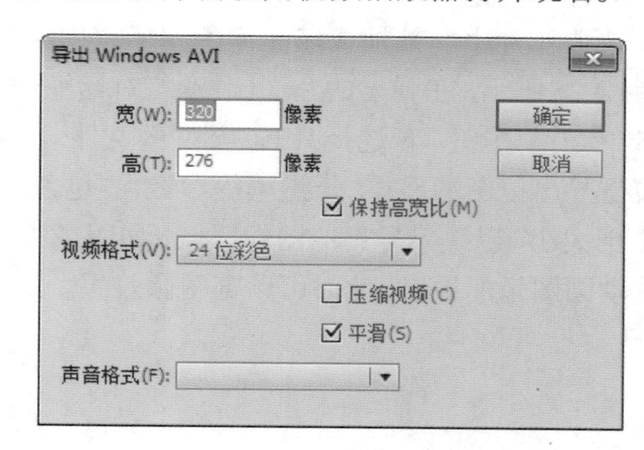

图12.33 “导出Windows AVI”对话框

12.6.3 发布Flash动画

为了Flash作品的推广和传播，还需要将制作的Flash动画文件进行发布。发布是Flash影片的一个独特功能。

执行“文件”→“发布设置”菜单命令，可在“发布设置”对话框中对动画发布各参数进行设置，还能将动画发布为其他图形文件和视频文件格式，如图12.34所示。各参数功能如下：

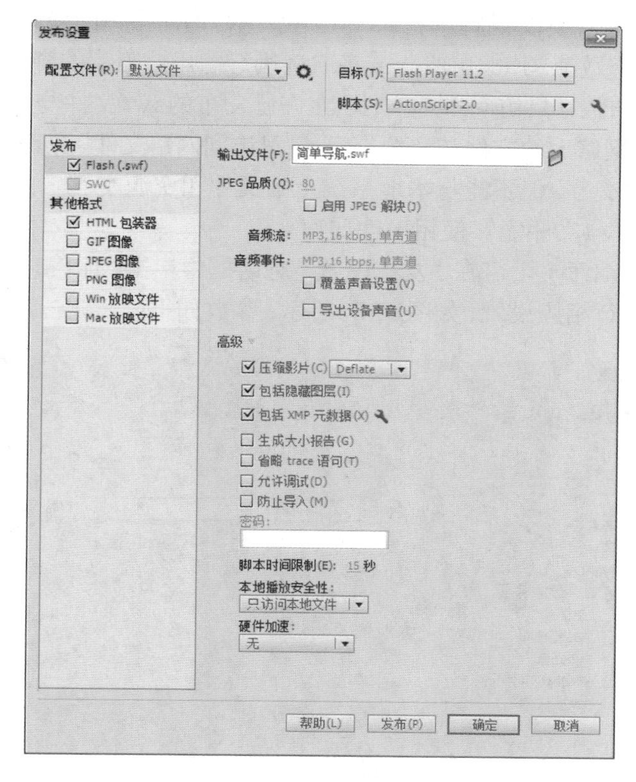

图12.34　“发布设置”对话框

• JPEG品质：该选项用来控制位图图像的压缩率，输入或拖曳滑块可以改变图像的压缩率，若导出的动画中不含位图，则该项设置无效。“启动JPEG解块”选项可使高度压缩的JPEG图像显得更加平滑。

• 音频流：设定导出流式音频的压缩格式、比特率和品质等。

• 视频事件：用于设定导出事件影片的压缩格式、比特率和品质等。若要覆盖在“属性”面板的“声音”部分中为个别声音指定的设置，可选择“覆盖声音设置”选项；若要创建一个较小的低保真版本的swf文件，请选择“导出声音设备”选项。

• 压缩影片：压缩swf文件以减小文件大小和缩短下载时间。

• 包括隐藏图层：导出Flash文档中所有隐藏的图层。取消选择“导出隐藏的图层”选项将阻止把生成的swf文件中标记为隐藏的所有图层（包括嵌套在影片剪辑内的图层）导出。

• 包括XMP元数据：默认情况下，将在“文件信息”对话框中导出输入的所有元数据。单击“修改XMP元数据”按钮打开此对话框，也可以通过“文件”→“文件信息”命令打开“文件信息”对话框。

• 生成大小报告：创建一个文本文件，记录最终导出动画文件的大小。

• 省略trace语句：用于设定忽略当前动画中的跟踪命令。

•允许调试：允许对动画进行调试。

•防止导入：用于防止发布的动画文件被他人下载到Flash程序中进行编辑。

•密码：当选中“防止导入”或“允许调试”复选框后，可在密码框中输入密码。

•脚本时间限制：若要设置脚本在swf文件中执行时可占用的最大时间量，请在“脚本时间限制”中输入一个数值。Flash Player将取消执行超出此限制的脚本。

•本地播放安全性：“只访问本地文件”允许已发布的swf文件与本地系统上的文件和资源交互，但不能与网络上的文件和资源交互；“只访问网络文件”允许已发布的swf文件与网络上的文件和资源交互，但不能与本地系统上的文件和资源交互。

•硬件加速：使swf文件能够使用硬件加速。

若要发布为HTML页面，可在“发布设置”对话框中单击“HTML包装器”标签，在该选项卡中对HTML进行相应设置，如图12.35所示，参数如下：

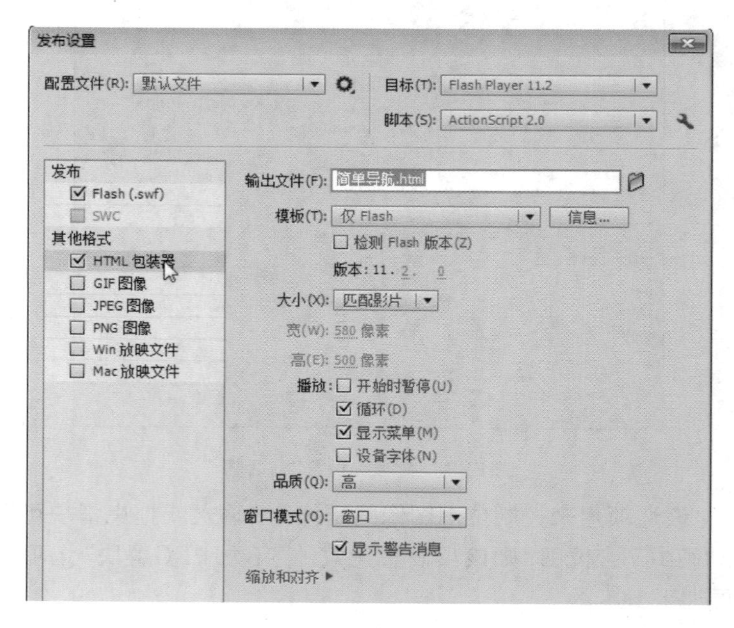

图12.35 “HTML包装器”选项卡

•模板：用于选择所使用的模板。

•大小：用于设置动画的宽度和高度值。主要包括“匹配影片”“像素”“百分比”3种选项。“匹配影片”表示将发布的尺寸设置为动画的实际尺寸大小；“像素”表示用于设置影片的实际宽度和高度，选择该项后可在宽度和高度文本框中输入具体的像素值；“百分比”表示设置动画相对于浏览器窗口的尺寸大小。

•开始时暂停：用于使动画一开始处于暂停状态，只有当用户单击动画中的“播放”按钮或从快捷菜单中选择Play菜单命令后，动画才开始播放。

•循环：用于使动画反复进行播放。

•显示菜单：用于使用户单击鼠标右键时弹出的快捷菜单中的命令有效。

•设备字体：用反锯齿系统字体取代用户系统中未安装的字体。

•品质：用于设置动画的品质，包括“低”“自动降低”“自动升高”“中”“高”和“最佳”6档选项。

• 窗口模式：用于设置安装有Flash ActiveX的IE浏览器，可利用IE的透明显示、绝对定位及分层功能，包含“窗口”“不透明无窗口”“透明无窗口”和“直接”4个选项。

• HTML对齐：用于设置动画窗口在浏览器窗口中的位置，主要有“左”“右”“顶部”“底部”和“默认”5个选项。

• Flash对齐：用于定义动画在窗口中的位置及将动画裁剪到窗口尺寸，可在“水平”和“垂直”列表中选择需要的对齐方式。

• 显示警告信息：用于设置Flash是否要警示HTML标签代码中所出现的错误。

对动画的发布格式进行设置后，可使用“文件”→“发布预览”菜单命令，选择一种要预览的文件格式，即可在动画预览界面中看到该动画发布后的效果。核对无误后即可使用“文件”→“发布”菜单命令，或使用“Shift+F12”组合键完成动画的发布。

参考文献

[1] 蔡立燕，梁芳.网页设计与制作[M].北京：清华大学出版社，2008.
[2] 姚琳.网页设计与制作三合一（CS3）[M].北京：中国铁道出版社，2008.
[3] 金景文化.网页设计完全学习手册[M].北京：人民邮电出版社，2014.
[4] 王大远.DIV+CSS网页布局案例精粹[M].北京：电子工业出版社，2011.